안팎에서 본 주거문화

Housing Cultures and Perspectives

안팎에서 본 주거문화
Housing Cultures and Perspectives

주거학연구회 지음

教文社

안팎에서 본 주거문화를 펴내며...

대부분의 주택이 아파트로 지어지고, 살려고 하는 집보다는 팔 집에 대한 생각으로 집의 거래가 이루어지고 있다. 이러한 우리의 주거상황에 대해 비판적인 시각으로 진지하게 그 대안을 모색해 보았던 '새로 쓰는 주거문화'가 출간된지 벌써 5년이 흘렀다.

그리 오래지 않은 이 기간 동안에 우리는 사상 초유의 경제위기를 경험하고, 그것을 어느 나라보다도 슬기롭게 이겨냈다. 그런 가운데 우리나라의 주거상황은 5년 전 우리가 기대한 대로 많이 개선되기도 하였고, 또 어떤 부분은 우려했던 바대로 개악이 되기도 하였다. 우리의 주거문화에 대해 새로운 방향을 제시하겠다던 취지로 사용한 '새로 쓰는'이라는 수식어가 무색하게 우리의 주거상황이 빨리 변해 버렸다. 이에 주거학연구회에서는 새로운 책을 써야 한다는 데 의견을 모으고 바로 편집회의에 들어갔다. 각자의 다양한 일정 때문에 한번에 모두 모여 의견을 나눈다는 것 자체가 어려움이 있었으나 언제나 그랬듯이 한번 이야기가 되면 일사천리로 진행되었다. 게다가 우연히 잡게 되었던 편집회의 장소가 주거학연구회원들을 충분히 감동시킬 수 있었던 덕분에 새로 쓸 책의 방향 설정에는 무박 2일이면 충분하였다.

이번 책의 전반적인 내용은 대체로 '새로 쓰는 주거문화'와 동일하게 하여 일반인들도 쉽게 읽을 수 있으면서 대학교양교재로서의 전문성도 갖추도록 하였다. 시작은 지난 번 '새로 쓰는 주거문화'에서 지금 상황이 바뀐 부분을 조금 손질하려고 했으나 결국 전반적으로 새로 시작하자는 데에 의견이 모두 모아져 새로운 내용, 새로운 편집으로 출간하게 되었다.

이 책의 1부는 다양한 문화, 다양한 집으로 다른 문화의 민속주거와 디자인이 다양한 개별주택을 소개하여 주거문화에 대한 흥미를 유발하는 내용으로 하였다. 2부는 우리의 현실에 맞는 바람직한 주거형태가 무엇인지에 대한 이해를 돕고자 전통주거에서부터 현대의 초고층 주상복합아파트에 이르기까지 우리 주택의 변천을 둘러보는 내용으로 정리하였다. 3부는 새로운 주거 대안에 대한 모색으로 선진 국가를 중심으로 이슈가 되고 있는 에코하우징, 코하우징, 유니버설 디자인, 양성평등한 집을 주제로 살펴보았다. 4부는 미래의 주거를 보는 관점으로 우리가 과연 살고 싶어하는 곳은 어떤 곳인지에 대해 도시, 동네, 주거단위로 생각해 보았다.

책을 꾸밈에 있어서는 그간 발간한 도서 중에 문화관광부에서 주관한 '우수학술도서'에 선정되었던 경험을 살려 가능한 한 내용을 풍부하고 보기에도 좋게 만들고자 노력하였다. 이런 과정에서 10년 만에 찾아 온 폭서에도 불구하고 아름다운 책의 편집을 위하여 주말도 반납하고, 밤늦게까지 이 책과 씨름하신 양계성 편집부장님께 감사의 뜻을 전한다.

그 동안 집필자들 각자가 해외답사를 통해 직접 취득한 다양한 교재들 덕분에 지난 책에 비해 내용이나 사진 자료가 훨씬 풍부해진 것이 다행이라 생각된다. 특히 멀리 남미에까지 가서 어렵게 만들어 온 귀한 슬라이드 자료를 이번 우리의 교재를 위해 흔쾌히 내어주신 목포대학교 이종화 교수께도 감사를 드린다.

그럼에도 불구하고 집필자의 특성에 따라 서술방식이 조금씩 차이가 나는 것은 지난번과 마찬가지로 여전히 아쉬움으로 남는다. 또한 끝까지 쉽지 않은 결정은 책의 제목에 관한 것이었다. 14인의 주거학 전공 여교수가 바라본 우리의 주거문화에 대한 비평과 바람직한 주거문화에 대한 비전을 제시하려고 했던 의도가 '안팎에서 본 주거문화'라는 제목으로 과연 잘 대변이 되고 있는 것인지 우려가 된다.

모쪼록 많은 지성인들이 이 책을 통하여 건전한 자신의 주거가치가 확립되길 바라며 나아가 우리의 바람직한 주거문화 형성에 조금이나마 도움이 되길 기대한다.

2004년 8월
주거학연구회 집필자 일동

차례 Contents...

제 2 부 | 우리 주거 이해하기 Changes of Korean Housing

차례 Contents...

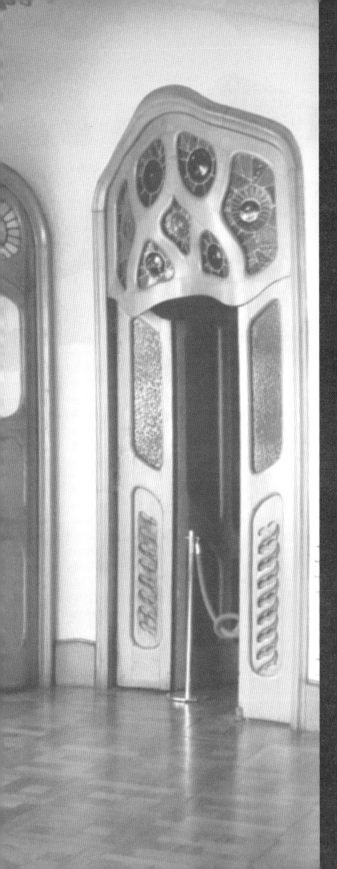

1

다양한 문화, 다양한 집
Cultures & Housings

다양한 민속주거

전 세계에는 지역에 따라 다양한 주택의 형태를 보이고 있다. 특히 민속주택은 지역의 기후에 따라 큰 차이를 보이며 그 지역의 기후에 가장 잘 대처할 수 있는 형태로 지어진다. 그러나 특정지역에서 볼 수 있는 주택들은 때때로 지역의 기후에 적합하지 않은 경우도 있고, 또는 거의 동일한 기후조건 속에서도 주택의 구조나 공간사용 방법이 다른 경우가 있는데 그것은 어떠한 이유에서일까? 이는 주택의 형태에 기후 이외의 어떤 다른 요인이 영향을 미치기도 한다는 것을 보여주는 것이다.

이러한 주택의 형태에 영향을 미치는 다양한 요인에 대한 논의는 수많은 학자들의 논란의 대상이 되어왔으며, 건축학이나 문화지학에서는 기후가 결정적인 요소로 받아들여지고 있고, 때로는 경제적인 요인이 부분적으로 인정되고 있다. 그러나 이보다 더 결정적인 영향력을 미치는 요인으로 문화적·사회적·종교적인 영향력을 꼽기도 한다.

사람들은 주거공간을 중심으로 이루어지는 일상생활을 통하여 의식이 형성되고 이를 기반으로 하여 행동의 방향과 범위가 정해진다. 즉 주거공간은 그 속에 상당한 질서체계를 유지하고 있으며, 이러한 주거공간의 질서는 공간적인 질서, 시간적인 질서 그리고 사회문화적인 질서 등에서 나타난다. 이렇게 주거생활을 통하여 나타나는 물리적인 특성들과 그 속에서 생활하며 구성하는 삶의 양식은 주거문화를 형성하게 된다.

알트만(Altman)은 주거의 형태를 단독적인 요인이 아닌 여러 요인들의 복합적인 작용에 의한 결과로 보았으며, 이러한 요인들에는 기후, 자연자원, 기술적인 요인, 사회적 배경 또는 종교 등이 포함된다. 이러한 요소들은 원인이 되는 독자적인 하나의 요인으로 작용하는 것이 불가능하다. 예를 들어 기후와 같은 요인은 지역에 따라 그 중요성이 다르게 작용한다. 따라서 한 요인이 한 지역에서는 중요하지만 다른 지역에서는 중요하지 않을 수도 있다. 특정한 기후, 즉 북극이나 적도지방에서 기후는 주거의 형태를 결정하는 주요한 요인이 된다. 그러나 온대지방에서 기후는 영향을 적게 미칠 수도 있다. 긴 역사 속에서 많은 요인들의 복잡한 상호작용에 의해 주거가 형성되므로 한 가지 요인의 정확하고 독특한 기여 정도를 분리해내기는 힘들다. 따라서 주택은 다양한 요소들이 반영된 것으로 볼 수 있다.

라포포트(Rapoport)는 매우 유사한 기후조건 하에서 많은 주거유형을 볼 수 있으며, 재료나 구조, 또는 건축기술 등의 요인들도 무엇을 지을 것인지, 또는 어떤 모양으로 지을 것인지를 결정해 주지는 못하므로 이러한 기후나 지형과 같은 자연환경적 요인이나 건축재료나 구조기술과 같은 사회기술적

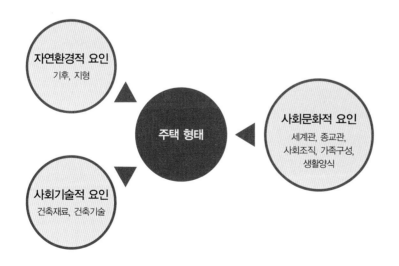

그림 1-1 │ 주택 형태에 영향을 미치는 요인(자료 : Rapoport, 1969)

요인 등을 결정요소라기보다는 수정 또는 제한요인으로 볼 수 있다고 주장하였다. 이에 반하여 한 문화의 독특한 성격, 즉 풍습이나 사회적인 금기, 가치관, 결혼과 가족구성은 주택이나 마을의 형태에 직접적인 영향을 미친다. 특히 이러한 문화적인 요소들은 어떠한 유형으로 주거의 형태를 만들 수밖에 없었는가 하는 점보다는 이러한 문화적 제약 때문에 어떠한 유형의 주거는 불가능한가를 결정해준다.

주택의 형태에 영향을 미치는 보다 더 직접적인 요인으로 생활양식, 가족구조, 종교적인 가치관과 세계관, 사회조직 등을 들고 있다. 즉 생활양식이란 문화, 민족정신, 세계관 또는 국민성 등의 구성요소들이 복합적인 특성으로 나타나는 것이며, 세계관이란 인간이 세계를 보는 특징적 방법이며, 국민성이란 일반적으로 한 사회에서 볼 수 있는 어떤 유형의 인간이 나타내는 개성을 뜻한다.

열악한 자연환경을 극복한 주거 형태

주택은 여러 가지 기능을 수행하기 위해서 지어졌으나, 가장 중요한 기능 중 하나가 거주자에게 알맞는 물리적 피난처를 제공하는 것이다. 주택의 내부는 외부의 온도, 비, 바람을 피할 수 있고, 쾌적한 환경을 창조함으로써 기후를 완화시킬 수 있다. 추운 지역에서는 실내에서 불을 피우거나, 비를 막기 위해 지붕에 방수를 하거나 벽에 방수도료를 바르기도 하며, 눈이 많은 지역에서는 물매가 센 지붕을 설치하는 등 날씨의 영향에 저항하기도 하지만, 상쾌한 공기를 위해서 창을 열거나 밝고 추운 날 창가에 앉아 따스한 햇살을 즐길 때는 날씨를 수용하고 받아들이기도 한다.

더운 지역에서는 주택의 통풍문제를 해결하는 것이 대단히 중요하다. 바람이 잘 통할 수 있도록 일정한 높이를 지상에서 띄워서 생활공간을 구성하는 필로티 형식으로 구성하거나 지붕에 단차를 두어 실내의 열기를 빨리 옥외로 배출하도록 하였다. 또한 건축재료로는 시원한 질감의 대나무나 골풀, 야자

그림 1-2 | 말레이시아의 사라와크 부족의 집

그림 1-3 | 중국 운남성 지역의 태족 민가(자료 : 한동수, 1994)

수잎을 사용하기도 한다.

　말레이시아의 사라와크(Sarawak) 부족의 집, 중국의 열대 우림지역인 운남성의 태족 민가는 죽루(竹樓)의 형식을 가지고 있다. 나무로 된 기둥이 하중을 받고, 사방의 벽면은 대나무로 둘러져 있다. 앞쪽은 약 4m 정도의 방형의 테라스로서 모두 대나무를 이용하여 제작하였고, 가옥 전체는 필로티(pilotis) 형식으로 되어 있어, 통풍과 습기의 차단에 유리하며, 비가 많이 오는 지역이므로 집의 침수와 뱀과 같은 동물이나 곤충의 침입을 피하기 위한 것으로 바닥면의 높이는 지역에 따라 50cm에서부터 200cm 이상 되는 높이까지 다양하다. 건물의 채광은 대나무로 만든 벽 사이의 틈을 통하여 실내로 들어오고, 지붕 위는 짚이나 평평한 기와를 깔았다. 벽체는 얇은 나무판자를 조각하여 바람의 통로를 만들거나, 대나무나 골풀로 짠 얇은 벽체로 구성되어 바람이 잘 통하고, 외부의 직사광선이 직접 실내로 들어와 눈부심(顯輝現狀)을 막아주는 역할을 하기도 한다. 바닥면 역시 대나무를 얇게 쪼개 깔아 후덥지근한 열대의 더위를 식힐 수 있고 바람이 잘 통하도록 되어 있다.

　주택의 주변에는 낙엽수를 심어 뜨거운 태양의 빛을 차단하고, 수목에 의

그림 1-4 | 말레이시아 주택
의 환기에 유리한 이중지붕

그림 1-5 | 일본의 큐슈 지
역 주택의 이중지붕

한 기온저하 효과도 함께 보고 있다. 필로티 형식으로 지어 주택이 지면에서 떨어지므로 공기가 건물의 바닥면으로부터 유통되어 진입하게 함으로써 마치 사람들이 해먹에 매달려 자는 것과도 같다. 그러므로 일반적인 침대와 달리 열함유량은 거의 없다고 할 수 있다.

전 세계적으로 가장 독창적이고 널리 쓰이는 기후완화 장치의 하나는 바람통로(wind-scoop)인데, 이것은 지붕 높이 위의 미풍을 모아 사람이 생활하는 공간으로 들여오는 것으로 북아프리카 지역에서부터 파키스탄에 이르기까지 보편적으로 사용되며, 형태는 다양하다.

파키스탄 남동부의 하이데라버드 신드 지역은 4월부터 6월까지의 한여름 낮기온이 50℃ 이상이나 되어 매우 무덥다. 이 지역의 집들에는 각 방마다 바드기르(badgir)라는 바람잡이 장치가 부착되어 있다. 이것은 시멘트와 판자로 만든 간단한 도구로 지붕에 설치하여 실내의 각 방에 시원한 바람을 공급하도록 한 수동 에어컨으로 계절풍을 각 방에 들어가도록 하여 체온의 조절이 용이하도록 한 것이다. 이 지역에서는 500년 전부터 바드기르를 부착하여 통풍창의 역할을 하게 하였는데 먼지나 추운 공기가 유입될 때에는 환기 구멍을 닫을 수 있도록 덮개를 내릴 수도 있다.

이란의 바드기르는 대개 북쪽으로부터의 바람을 이용할 수 있게 통풍구 또는 커다란 구멍이 있는 탑이다. 주택으로 불어오는 쪽의 높은 압력과 바람이 빠져나가는 쪽의 낮은 압력으로 공기이동을 통해 땀의 증발을 도우므로 체온

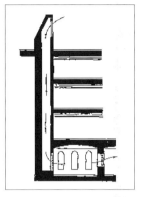

그림 1-6 | 바람잡이인 바드 기르가 설치된 주택의 단면 도

그림 1-7 | 지붕에 말콰프가 설치된 이집트의 주택

그림 1-8 | 모로코의 마쉬라 비아

을 낮추는 효과를 가진다.

이집트 카이로의 오래된 주택의 지붕에서는 쐐기(V자)모양으로 기울어진 바람잡이로 말콰프(malqaf)를 볼 수 있다. 이는 이집트의 무덤에서 발견된 파피루스 그림에서 입증된 것으로 3,500년 전부터 사용되었다. 냉방과정을 보조하기 위해 물이 들어 있는 용기들을 방 입구의 개구부에 설치하거나, 물에 젖은 밀짚거적을 증발에 의해 시원해지도록 통풍구의 개구부 위에 걸기도 하며, 젖은 숯쟁반들을 통풍구 바닥에 놓기도 한다.

모로코의 마쉬라비아(mashrabiya)는 방으로 직접 들어오는 태양빛의 눈부심을 막는 동시에 집안으로 시원한 공기가 유입되게 만들어진 격자 창틀이다. 격자의 장식적이고 기하학적인 패턴들은 외부의 빛 차단을 높이며 작은 무늬의 반복은 취광을 감소시킨다. 이와 유사하게 조각되거나 조립된 격자 스크린들은 동아프리카, 남아메리카, 동남아시아에서도 발견된다.

동남아시아와 뉴기니아를 포함하는 멜라네시아의 주거유형에서는 물매가 센 지붕이 인상적이다. 비가 많이 오는 지역이므로 지붕은 비의 처리가 용이하도록 말안장 모양의 지붕과 가벼운 느낌을 주는 처마를 가지고 있다.

터키의 중앙부에 위치한 카파토키아 지방은 아나토리아 고원에 위치해 있으며 오랜 세월에 걸쳐 바람이나 빙하 등으로 인한 격심한 침식작용에 의해 생긴 원추형의 첨답상 기암이 늘어서 있다. 이들은 부드럽고 굴삭하기 쉬운 응회암으로 되어 있다. 이곳에는 3세기경부터 횡혈을 파서 살기 시작하여 여

그림 1-9 ㅣ 물매가 센 하와이의 민속주택

그림 1-10 ㅣ 터키 카파토키아 지역의 암굴식 주거

러 겹으로 중첩된 거대한 지하도시를 만들어 냈다. 이 지역은 기후적으로 여름에는 건조하고 무덥고, 겨울에는 매우 추운 열악한 기후임에도 불구하고 암굴집의 내부온도는 연간 거의 일정하게 유지된다.

중국 중앙부의 산서성에서 하남동에 이르는 광활한 황토고원은 평균 고도가 1,200m로서 고비사막으로부터 운반된 흙이 200m나 쌓이고 비가 거의 오지 않아 건축재료로 사용될 나무가 자라기 어려운 곳이다. 이곳의 흙은 바람에 실려 와서 쌓인 미세한 흙이기 때문에 부드럽고 다공질로 되어 있어 쉽사리 절개할 수 있고, 배수가 잘되며 건조지대이므로 비에 의한 피해는 걱정하지 않아도 된다. 그 때문에 건조하면 강도가 커지는 황토를 파서 만드는 하침식 주거(生土窯洞)인 '야오동'이 만들어졌다. 겨울에는 따뜻하고 여름에는 서늘하며, 강풍에 의한 먼지를 막을 수도 있고, 좁아지면 주거를 늘릴 수 있으며, 생태계를 파괴시키지 않는 점 등 땅밑 집이 갖는 장점은 많다. 지하 민가는 지상에 건축하는 비용의 1/10로 건축이 가능하며, 이와 같은 지하촌락, 지하주거에 거주하고 있는 중국 사람의 숫자는 현재 1천만 명이나 된다.

이 밖에도 사하라 사막의 마트마타(matmata), 호주의 오팔 광산지역 등 건조하면서 사막에 근접한 지역에서는 일교차가 큰 자연환경을 극복하고 에너지 사용을 최소화하며, 환경보존차원에서 바람직한 지하주택을 지어 살고

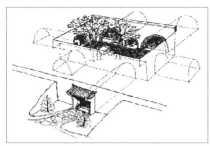

그림 1-11 | 중국 하침식 주거인 야오동과 중정 내부

그림 1-12 | 중국 섬서성 북부의 동굴을 파들어간 연애식 야오동

있다.

기후조건에 따른 주택유형의 결정은 항상 합리적으로 이루어지지는 않는다. 두꺼운 초가지붕 구조는 외기의 온도차가 큰 지역에서 매우 적합하였으나, 양철이 처음 지붕재료로 사용되었던 시기에는 사회적 지위의 상징으로 생각되었으므로 양철지붕이 주택구조로 받아들여진 예도 있었다. 라포포트는 기후를 주택의 유형에 직접 관여하는 것이 아니라 단지 지역에 따른 선택 가능한 범위를 확장시켜 주거나 제한시키는 데 관계하는 요인이라고 보고 있다.

건축재료와 기술의 발달에 따른 주거 형태

주택의 형태는 그 문화권에서 사용 가능한 지식, 기술, 유용한 자원 등을 반영한다. 즉 건물의 재료나 구조, 디자인, 시설설비 등은 그 문화권의 기술 발달단계를 말해준다. 석재가 풍부한 지역에서는 석조건물을 짓고, 에스키모인들은 눈과 얼음이 풍부한 지역이므로 이를 재료로 이글루를 만들어 산다.

그림 1-13 │ 에스키모인들의
이글루 만드는 과정과 단면
도

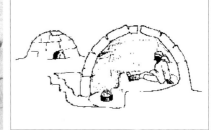

사람들이 초기에 사용했던 가장 단순한 구조물인 움집은 구덩이를 파고 둥근
형태의 지붕을 잇는 형태로 건축되었다. 건축기술 수준이 차츰 발달되면서
움집에서 지상에 짓는 원추형의 구조로 일정한 높이의 벽체구조를 가지고 내
부에서는 서거나 앉아 생활할 수 있게 되었다. 다음으로는 기술적으로 가장
정교하고 복잡한 직사각형의 주택으로 직각으로 평면을 계획하고 트러스의
구조를 만들 수 있는 능력과 지식 때문에 가능하게 되었다.

에스키모인들의 이글루는 춥고 바람이 센 북극의 기후에 적합한 주택형태
로 알려져 있다. 반구의 외형은 바람에 최소한의 저항을 받으며 입구에 있는
작은 벽은 바람을 막아주고 북극의 폭풍에 노출되지 않도록 산에 근접한 바
다 근처에 위치를 정한다.

이들은 건축의 재료로서 가장 손쉽게 얻을 수 있는 얼음을 잘라 블록을 쌓
아서 동굴 형태의 이글루를 짓는다.

이글루는 돔 형태로 최소의 표면적으로 최대의 용적을 제공할 수 있고 돔은
모서리가 없어 차가운 공기나 고인 공기를 형성하지 않으며 에너지나 열기
보존을 가능케 하고 공기의 순환이 용이하다. 이글루의 천장에는 짐승의 가
죽으로 주름 커튼 모양의 반자를 만들어 공기 보온층을 형성하고 있다. 이글
루 내부의 가죽은 외부의 차가운 공기를 갇혀 있도록 하며, 동시에 이글루 내
부 표면이 그 안에서 형성된 열에 의해 얼음집이 녹지 않도록 방지한다.

불로 굽지 않은 흙은 부서지기 쉬워 오랜 세월이 지나면 무너져 다시 흙덩
어리가 되어 버리지만, 돌이나 진흙을 구워 만드는 것보다는 훨씬 수공이 덜
드는 건축재료이므로 누구든지 간단히 만들 수 있다. 흙집은 세월이 흐르면

자연으로 되돌아가서 환경친화적이며 경제적이다. 또한 흙은 열전도율이 낮아서 두꺼운 흙벽을 이용하면 낮에는 서늘하고 밤에는 따뜻하게 지낼 수 있어서 경제적인 온도조절이 가능하다. 또한 흙은 습도가 낮으므로 낮에 외부의 열풍을 집안으로 들어오지 못하게 문을 꼭꼭 닫아 두어도 불쾌한 느낌이 생기지 않으며, 소음이 거의 들리지 않으므로 가장 저렴하면서도 가공도 용이한 방음주거이다.

그림 1-14 | 모로코의 진흙으로 지은 집

사회 · 문화적 차이에 의한 주거 형태

주택은 피난처로서의 수동적인 기능뿐만 아니라 자신의 생활방법에 가장 적합한 환경으로 창조한 적극적인 기능의 결과물이다. 따라서 주택은 다양한 물리적 · 사회적 · 문화적 · 경제적 환경에 대한 상호작용의 결과 창조된 것이다. 세계의 곳곳에서는 서로 다른 형태의 집을 짓고 생활해 왔으며, 동일한 지역에서도 세월의 변화와 더불어 주택의 형태는 변화되어왔다. 그 지역의

그림 1-15 | 가나지역에서 얻기 쉬운 야자나무잎으로 지은 어부의 집과 지붕

그림 1-16 | 미국 프에블로
인디언의 흙집

　물리적인 가능성이 무한할지라도 문화적 특성에 의해서 실제적인 주택의 형
태는 많은 제한을 받게 된다. 즉 주택의 형태는 단순히 기후나 건축재료와 같
은 물리적인 영향의 결과이거나 단순인과요인에 의한 것이 아니라 광범위한
사회문화적인 요인에 의한 결과이다. 그러므로 주거의 독특한 측면을 이해하
기 위해서는 그 지역의 문화적 특성에 대한 이해가 우선되어야 한다. 건물은
현실을 인지하는 방법과 생에 대한 관점이 복합적으로 작용한 시각적인 표현
이다. 따라서 그 집에서 사는 사람들은 어떤 것을 중요하게 생각하며, 어떤
방식으로 행동하고 생활을 영위하는가, 사회적으로 용납될 수 없는 행동은
어떠한 것이며, 그들을 지배하고 있는 주된 가치관은 무엇인가 등의 문화적
인 특성을 이해할 수 있을 때 비로소 주택의 건축적 의미를 파악할 수 있다.
　미국의 미주리(Missouri) 계곡의 히닷사(Hidatsa) 부족은 4~11월은 농사
를 짓는 농민들로서 주로 옥수수, 콩, 푸성귀를 재배하는데, 이들은 이 기간
동안 4개의 중심기둥이 있는 커다란 둥근 목조주택을 지어 생활한다. 이들은
커다란 촌락을 구성하고 여러 세대 동안 지속적으로 생활한다. 그러나 12월
부터 다음해 3월까지는 물소사냥을 하고, 초원에 사는 인디언들처럼 원추형

천막을 지어 생활한다. 이들 주택의 형태는 기후적으로 반대가 되는 경우이지만 이는 서로 다른 생활방식과 경제적 기반에 의한 결과임을 알 수 있다. 삶을 영위하는 경제활동에 따라 농사를 짓는 지역에서는 반영구적 주택을 필요로 하는 반면, 사냥이나 유목과 같이 잦은 이동이 요구되는 생활에 기반을 둔 경우에는 이동이 용이한 임시 주택을 필요로 한다.

그러나 농사를 짓는 정적인 경제생활을 영위하는 대부분의 지역에서는 목재와 흙 등의 재료를 사용하여 거의 영구적인 주거공간을 마련한다.

아메리카 북부에 펼쳐진 대평원에서 버펄로들을 좇아 이동을 반복하고 있는 인디언들은 15분 정도면 조립과 해체가 가능한 티피(tepee)에서 생활한다. 티피는 몇 개의 기둥과 버펄로의 가죽으로 덮은 원추형 텐트로 상부에는 후라프라 불리는 연기를 뽑아내는 막이 설치되어 있는데, 이는 바람 방향에 맞추어 여는 정도를 조절할 수 있는 것으로 뛰어난 배연효과를 발휘한다.

모든 천막 가운데 가장 정교하면서도 간편한 전형(典型)이 바로 몽고포(파오, 겔)이다. 몽고족의 경우는 1년에 20번 이상의 이동이 가능한 일시적인 주

그림 1-17 | 북아메리카 지역의 천막집 티피의 외관과 내부, 천장

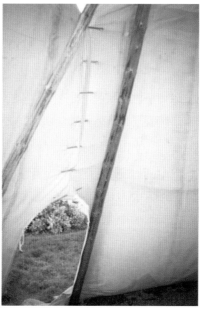

그림 1-18 | 몽고 초원의 몽고포와 내부

거공간인 원주 돔형의 텐트식 주거를 짓고 산다. 몽고포 하나가 한 가정을 포용하며, 단지 모피와 소량의 목재만을 사용하므로 경제적이다. 몽고포는 가느다란 나무를 이용하여 사람 키 높이의 그물판을 편성한 뒤, 하나의 원이 되도록 연결한다. 그리고 윗면에 지붕을 씌우고, 대대로 전해오는 수법대로 나무 구조에 모피를 묶는다. 경험이 많은 양치기는 반 시간 정도면 몽고포 하나를 세울 수 있다. 여름철에는 모피와 범포를 각각 한 층씩 덮으면 되고, 겨울철에는 경우에 따라 8겹 이상으로 덮기 때문에 영하 40℃의 기온과 폭풍 속에서도 몽고포 안은 따뜻하다. 이와 같이 몽고포는 짐승 털의 펠트와 수양버들을 주된 재료로 하여, 천장이나 벽이 접어지기 때문에 이동시에는 가볍고 간편하다. 몽고포를 조립할 때에는 문의 위치가 항상 '말'의 방향이 되도록 하며, 내부는 일정한 가구의 배열방법이 있어 12지의 방위에 따라 각각 정한 위치에 가구를 놓고 햇빛이 비치는 가구의 종류에 따라 시간을 감지한다. 이런 이유로 몽고포를 '초원의 시계'라고도 한다.

북아프리카 지역의 몇몇 원주민과 유럽인들은 태양빛이 강한 지역이므로 기후적으로는 중정식 주택(courtyard house)이 적합한 데도 불구하고 창문이 많은 유럽식의 주택에서 생활하고 있다. 이들은 자신들이 이 지역의 다른 원주민들과는 달리 문화적으로 진보된 존재라는 권위를 보여주기 위한 수단으로 지위와 근대성의 표현인 유럽식의 주택을 짓고 산다. 또한 이들은 자신의 가족구조나 형태, 서구화된 생활양식과 원주민의 주택이 문화적으로 사용

그림 1-19 │ 북아프리카의 중정형 주택

그림 1-20 │ 말레이시아 사라와크 부족의 공동주택

용도가 적합하지 않아서 기후와 관계없이 유럽식의 주택에서 생활하고 있다.

말레이시아의 사라와크 부족은 대나무로 지은 공동주택에서 장방형의 긴 공간을 내부의 복도를 중심으로 양측에 2열로 방을 배열하여 한 가족이 하나의 방을 사용하며, 여러 가족이 공동으로 사용할 수 있는 장소를 중앙에 마련하고, 한쪽에는 공동부엌을 둔다. 동남아지역에서 많이 보이는 이런 형태의 공동주택을 일반적인 명칭으로 롱하우스(long-house)라고도 부른다. 롱하우스에는 긴 복도를 공동으로 사용하고, 개인 가족의 방들이 일렬로 연달아 지어져 있는데, 보르네오(Borneo)와 사라와크 지역에는 길이가 100m가 넘는 경우가 일반적이며, 300m가 넘는 것도 있었다는 기록이 있다.

중국의 복건성 지역에 지어진 거대한 토루(土樓)는 13세기말 이후 객가족(客家族)이 전쟁을 피해 중원지방으로부터 남방의 복건, 광동, 광서 등으로 남하해온 사람들이 현지 토착주민들과의 반목에 대응해 가족의 안정을 지키기 위해 주택의 방위력을 강화시킨 공동주택이다. 토루는 거대한 토벽을 외부로 둘러쌓고 그 속에서 집단생활을 하는 전통적인 주거형태로 개발한 것이며, 외적(外賊)으로부터 일족을 방어하는 요새 역할과 태풍의 영향을 부드럽

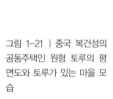

그림 1-21 | 중국 복건성의 공동주택인 원형 토루의 평면도와 토루가 있는 마을 모습

게 하여 자연의 맹위에 적응하기 쉬운 주택이다. 이들은 야수의 침입과 외적들의 공격을 방비하기 위한 목적으로 외부는 흙벽이나 흙벽돌로, 내부는 목구조로 한 이중구조로 폐쇄적이고 웅장한 토루를 지었다. 흙벽이나 흙벽돌은 견고하고 내구적이며 겨울에는 따뜻하고 여름에는 시원한 효과도 가지고 있으므로 온난하고 습기가 많은 기후와 산악지역의 주거건축에 매우 적합하다. 규모도 매우 다양해 3층에서 5층까지 크기가 달라 대형 토루인 경우 방이 280~300여 칸이며, 벽을 따라 많은 방들이 늘어서 있고, 마당의 중앙에는 조상에게 제사를 지내는 조당을 중심으로 공동우물과 공동창고가 있다. 토루는 환형과 口자형의 두가지 형태가 함께 지어지기도 한다. 건물 내에 물이 있고 양식을 저장할 수 있는 창고가 있으며, 토루의 대문 위에는 물탱크를 설치하여 대문 밖으로 수막을 형성하여 효과적으로 화공(火攻)을 막아낼 수 있도록 만들어져 외부의 적으로부터 건물을 지키는 데 유리하다.

북아메리카의 인디언들은 세계를 원의 형태로 보며 이에 따라 집과 마을을 원의 형태로 구축한다. 이들은 하늘을 원의 형태로 인식하고 태양은 원을 그리며 회전한다고 본다. 반면에 고대 중국에서 사람들은 세계를 사각의 형태로 보고, 그들의 마을 형태나 궁전 또는 주택의 평면은 사각의 형태로 구축하였다. 즉 각기 다른 이들의 세계관은 그들의 거주공간을 구축하는 데 작용하였다.

중국의 주택은 그 문화권 내에서의 가치와 가족구조의 특성을 나타내고 있다. 중국의 주택에서는 조상을 모시는 조당(祖堂)이 중요한 장소로 주택의 중앙에 해당되는 정방의 당을 조당으로 마련하여 항상 가족과 함께 생활하였다. 조당은 조상의 위패를 모시는 곳이며, 거실로서 가족의 모임장소이면서 동시에 가족이 식사하는 곳이다. 일상적으로는 접객과 식사를 위한 장소지만 제사를 위시한 관혼상제의 장소로도 사용되는 곳으로 주택의 상징적인 중심이 되는 곳이다. 중국의 가장 대표적인 주택의 형태 중 하나인 사합원은 확대가족의 특성을 잘 반영하고 있다. 각각의 채는 동일한 규모와 구조를 가지고 있는데, 이는 가족구성원들이 모두 동등한 권리와 의무를 지닌 가족구조적 특성이 그대로 반영된 것이다.

로마 시대의 유구가 남아 있지 않은 상황에서 가장 오래되고 보편적인 형태의 주택의 원형과 세월의 흐름에 따라 변화된 과정을 확인할 수 있는 곳이 폼

그림 1-22 | 북아메리카 인디언들의 위그왐(wigwam)이라 불리는 원형주택

그림 1-23 | 중국의 사합원과 평면도(자료 : 손세관, 1995)

그림 1-24 | 가나의 수상주택

그림 1-25 | 중국 계림의 수상주택

페이의 유적지이다. 로마의 주택은 2개의 중정을 중심으로 구성되며 이 집을 드나들 수 있는 출입구는 한 개뿐이다. 출입구에서 가까운 쪽의 중정은 아트리움(atrium)으로 남성의 생활공간이며 손님이 출입하고 연회가 행해지는 공적 성격을 가지게 된 반면, 여성의 중정인 페리스타일(peristyle)은 내부공간으로서 가사활동과 가족생활이 행해지는 사적 성격을 가진 공간이다.

남아메리카 페루의 티티카카 호수에 사는 아이마라족은 호수 위에서 생활한다. 이들은 트툴러 아시라는 풀로 물 위에 뜨는 섬을 만들고, 섬 위에 풀로 집을 지어 살기도 하며, 이 풀로 배도 만들어 고기를 잡기도 한다. 또한 홍콩에서는 평지가 적어 가난한 사람들이 집을 가지기가 어려우므로 유일한 집이 배이며 육지엔 집도 땅도 가지고 있지 않다. 배에서 태어나 배에서 평생을 보내는 사람들인 홍콩의 수상생활자는 역사가 천 년 정도되며 20여 만 명으로 알려져 있는데 이 중 60%가 어업에 종사하거나 뱃사공 등의 일을 하며 생활하고 있다. 중국 계림의 가마우찌를 이용해 고기를 잡는 부족들도 수상주택에서 생활한다.

생각해 볼 문제

1. 주택의 형태에 영향을 미치는 요인들은 무엇일까?

2. 사회적인 제도, 가치관, 세계관, 가족제도 등은 주택의 형태를 결정하는 데 어느 정도의 영향을 미쳤을까?

3. 미래 사회에는 어떤 사회제도, 가족제도, 가치관, 문화들이 존재할 것이며, 이에 따라 주택의 형태는 어떻게 변화할 것인가?

읽어보면 좋은 책

1. Amos Ropoport, 송보영·최영식 공역(1985). 주거형태와 문화, 태림문화사
2. E.T. Hall, 김지명 역(1984). Hidden Demension(숨겨진 차원), 정음사
3. 윤복자 외(2000). 세계의 주거문화, 신광출판사
4. 손세관(2002). 깊게 본 중국의 주택, 열화당미술책방

개성 있는 집

　네모난 판상형 건물이 줄지어 있는 아파트 단지들의 모습은 아름다운 우리
나라의 산천과 너무 대조적이어서 우리를 우울하게 만든다. 한국의 주거수준
은 상당히 높아져서 자기 집을 소유한 사람이 증가하고 있으며, 집안에서 쾌
적하게 생활하기 위한 설비 수준도 외국의 어느 나라와 비교해도 손색이 없
다. 그뿐 아니라 인텔리전트 주택까지 도입되어 삶의 질이 높아진 것처럼 보
인다.

　그럼에도 불구하고, 우리나라에는 아름다운 주거단지나 개성 있는 집들이
그다지 많지 않다. 부족한 주택의 공급을 정책의 최우선 과제로 정하고 노력
하다 보니 비슷비슷한 외관과 실내공간을 지닌 주택이 늘어나는 것에 대해서
관심을 기울이지 못한 것이 그 원인일 것이다. 과거 30년 간 그렇게 많이 지
어놓은 주택들이 조금이라도 개성 있게 지어졌다면 우리의 모습은 지금보다
훨씬 아름다울 수 있을 것이다.

　여기에서는 우리의 주변에 개성 있는 집들이 많아질 것을 기대하면서 형태
와 색채가 개성 있는 집, 외부 공간에서 자연을 느낄 수 있는 집, 가족의 형태
와 라이프스타일을 고려한 집, 공간구성이 특이한 집들에 대하여 실제 사례
를 중심으로 각기 어떤 특성을 지니고 있는지 알아보고자 한다.

형태와 색채가 개성 있는 집

우리들은 자연 그대로의 모습을 아름답다고 한다. 산과 들, 개울, 구름, 바위, 꽃과 나무, 작은 자갈돌까지 아름답게 느껴지는 것은 그들 하나하나가 모두 다르다는 사실 때문인지도 모른다. 그러나 우리 주변에는 지나치게 획일적이어서 지루하고 짜증나는 건축물들이 있다. 지을 때부터 아름다움보다는 경제성과 효율성을 추구했기 때문이거나 너무 비슷비슷해서 개성이 없기 때문이다. 그 중에는 형태나 색채가 특이하여 사람들이 보고 싶어하는 개성 있는 집들이 있는데 그 집들은 어떤 특징을 가지고 있는지 살펴보도록 한다.

정육면체를 나무처럼 모서리 방향으로 세워 놓은 집 : : 큐브 하우스

대부분의 집들은 대지 위에 수직으로 세워져 있다. 그 중에는 필로티 위에 집이 올라앉은 모양으로 지은 집도 있으나 이러한 집들도 벽이 똑바로 세워져 있는 것이 대부분이다. 정육면체를 모서리 방향으로 세우면 나무처럼 보이는데, 네덜란드의 로테르담에는 정육면체를 기둥 위에 모서리 방향으로 얹어 놓은 모양의 집들이 모여 있는 주거단지가 있다.

그림 2-1 | 고가 육교에 계획된 큐브하우스 단지 전경

그림 2-2 | 큐브하우스 단지 내의 골목과 2층의 LDK 공간

그림 2-1에 있는 큐브하우스(Cube House) 또는 트리하우스(Tree House)라고 불리는 이 집들은 현관 홀을 제외한 모든 공간의 벽이 기울어져 있다. 그뿐 아니라 이 집들은 차량 통행이 번잡한 대로 위에 고가(高架) 육교처럼 만든 인공대지 위에 지어져 있다. 이와 같이 큐브하우스는 우리가 지니고 있던 주택의 형태나 대지에 대한 고정관념과는 거리가 멀다.

기둥의 외부 쪽에 설치된 계단을 오르면 현관문이 있는데 문을 열면 조그마한 현관홀이 하나 있다. 이곳은 바닥에 수직으로 세운 기둥과 정육면체의 아래쪽 모서리가 만나는 공간이다. 현관홀에서 계단을 통해 2층으로 올라가면 LDK(living dining kitchen) 공간과 파우더룸이 있다. 3층에는 침실, 서재, 욕실이 있다. 다시 계단을 오르면 제일 꼭대기 방인 선룸이 나온다. 이 선룸은 큐브하우스의 4층으로 정육면체의 상부 모서리에 해당되는 부분이다.

이 집은 모든 벽이 53° 정도 기울어져 있고 창이 경사진 벽의 사방에 있어서 전망이 다양하다는 것이 특징이다. 2층 창에서는 땅이 보이고 3층 창에서는 하늘이 보이므로, 집안에서 외부 세상을 모두 볼 수 있다.

이 단지에는 개인주택 이외에 상점, 학교, 오피스, 실내 스포츠 센터, 병원,

미용실 등의 근린시설들도 갖추어져 있다. 나무가 많은 숲과 같은 주거단지를 만들고자 했던 건축가 피에트 블럼(Piet Blom)이 1984년에 이 주거단지를 완성하기까지는 꽤 오랜 세월이 걸렸지만 현재는 개성 있는 주택, 모험적인 실험주거단지로서 많은 사람들의 관심을 끌고 있다.

실내에 면한 모든 벽이 경사져서 안정적인 분위기의 공간을 조성하기 어렵고, 가구를 배치할 때도 경사진 벽 때문에 특수 가구를 주문해야 하므로 생활하기에 불편할 것 같지만 큐브하우스에 사는 사람들은 무언가 다른 특별한 주택에서 산다는 데 긍지를 느껴서인지, 혹은 새로운 환경에 적응을 잘 해서인지는 몰라도 이 집에 사는 것을 좋아한다.

부드러운 곡선의 외벽이 푸른 바다처럼 보이는 집 :: 카사 바트요

대부분의 집들은 외관과 실내가 모두 수직선과 수평선으로 이루어진 면으로 둘러싸여 있다. 큐브하우스처럼 기울어진 벽으로 이루어진 집은 매우 특수한 경우이다. 그런데 집의 내·외부가 모두 곡면으로 이루어진 집이 있다. 벽과 천장, 문과 창, 조명기구와 가구까지 직선이나 평면은 없고 곡선과 곡면

그림 2-3 | 곡선형 기둥과 해골모양의 창장식이 있는 카사 바트요의 파사드와 용의 비늘처럼 보이는 지붕 타일

그림 2-4 | 부드러운 곡선
과 스테인드글라스로 장식된
카사 바트요 응접실의 문

으로 이루어진 특이하고 아름다운 집이다. 그림 2-3에 제시된 카사 바트요
(Casa Batllo)는 거리에 면한 건물의 파사드(facade)가 바닷속 같기도 하고 파
도치는 푸른 물결 같기도 하다. 카사 바트요 정면은 아름다운 곡선으로 조각
된 석재 기둥, 해골모양의 창 장식, 용의 비늘처럼 엎혀져 있는 지붕 타일의
부드러움은 완벽한 조화를 이루고 있다. 잘게 깨뜨린 타일로 마감된 외벽은
빛에 반사되면서 수시로 건물의 분위기를 바꾸며, 모양과 색이 모두 다르지
만 전체적으로는 푸른빛을 띠는 지붕 타일들은 용마루에 얹은 여러 가지 색
의 둥근 타일과 조화를 이루면서 용이 꿈틀거리는 듯한 착각을 일으키게 한
다.

실내공간도 바닥을 제외하고는 어디 한 군데 수평면이나 수직면을 이룬 곳
이 없다. 실내공간을 구성하는 벽과 천장, 계단, 문과 창, 가구, 조명기구에
도 직선이 이용되지 않았다. 원형의 푸른색 스테인드글라스로 장식된 응접
실의 창이나 문도 디자인이 모두 다르며, 부드러운 곡선으로 이루어져 있다.

이 집은 스페인 바르셀로나에 있으며, 대로에 면한 평범한 5층 건물을 건축
가 가우디가 건물 주인인 바트요의 의뢰를 받아 개성 있고 아름다운 주택으

로 리모델링한 것이다. 1906년에 리모델링이 완성된 카사 바트요는 바트요 가족의 저택으로 사용되다가 몇 번의 과정을 거치면서 회사 건물로 이용된 적이 있는데, 현재는 가우디가 리모델링하였던 당시의 모습대로 복원되어 일반인에게 개방되고 있다.

필로티와 옥상정원이 있는 하얀 집 : : 빌라 사부와

대문을 들어서서 숲속 길을 따라 걷다보면, 나무가 우거진 정원 한가운데에 흰색의 2층 건물이 자리잡고 있다. 육면체의 건물이지만 대지에 직접 면해 있지 않고 필로티로 들어 올려져 있어서 건물이 가볍게 떠있는 듯한 느낌을 받는다. 1층 입구는 곡선의 유리벽으로 둘러싸여 있으며, 직사각형으로 되어 있는 2층에는 가로로 긴 창이 뚫려 있고 건물 전체가 흰색이어서 전체적으로 경쾌한 분위기를 자아낸다.

빌라 사부와(Villa Savoye)는 건축가 르 코르뷔제(Le Corbusier)가 1928년에 설계하였으며 콘크리트를 이용한 일체식 구조의 집으로서 프랑스의 푸아

그림 2-5 | 거실의 유리문을 통해서 본 옥상정원과 건축적 산책로인 램프가 보이는 빌라 사부와, 필로티에 얹혀져 경쾌하게 보이는 외관과 옥상정원의 일부

씨에 있다. 20세기의 대표적인 주택으로 일컬어지는 이 집은 수직이동 동선을 위해서 계단과 램프가 있다는 것이 특징이다. 나선의 원형 계단과 사선의 램프는 서로 대비되는 선과 부피감을 지니면서 조화로운 균형을 유지하고 있다. 빌라 사부와의 램프는 위층으로 올라가기 위한 기능적인 목적뿐 아니라 올라가면서 옥상정원을 감상하도록 계획되어 건축적인 산책로라고 불린다.

이 집이 일반 주택과 차별화되는 또 다른 점은 2층과 3층에 옥상정원이 있다는 것이다. 거실에서 내다보이는 2층은 옥외 모임을 가질 수 있도록 넓은 반면에, 건물의 상부인 3층은 일광욕이나 주위 경관을 감상할 수 있는 정도의 크기이다. 더구나 2층의 거실은 옥상정원 쪽 벽면 전체를 유리문으로 하여 실내의 거실과 옥외의 옥상정원이 시각적으로 연결되어 개방적으로 보인다. 거실의 다른 두 벽면에는 가로로 긴 창을 두어서 공간감이 클 뿐 아니라 사시사철 변화되는 정원의 모습을 즐길 수 있다.

아름다운 색의 외벽과 베란다가 아름다운 집 : : 훈데르트바써 하우스

수백 그루의 나무가 옥상과 테라스에서 자라고 있고 건물의 외벽은 파스텔톤의 파랑, 분홍, 노랑 등의 다양한 색으로 칠해져 있는 동화 같은 아파트가 있다. 이 아파트는 그림 2-6에 제시된 것처럼 창의 형태와 색채가 각기 다르고 발코니를 받치고 있는 여러 개의 기둥도 디자인이 각기 달라서 추상적인 미술작품처럼 보인다. 이 건물은 시영 임대아파트를 유토피아적인 분위기로 개축하기를 희망하였던 오스트리아의 비엔나 시가 훈데르트바써에게 의뢰하여 1986년에 완공한 것이다.

훈데르트바써 하우스는 계단형 테라스와 옥상에 60cm 정도의 흙을 돋우어 친환경적인 조건을 만들어 나무가 자랄 수 있게 하였다. 건물 전체가 푸른 나무로 뒤덮여 있을 뿐 아니라 창에서도 나무가 자라고 있는 모습을 볼 수 있는데 이는 입주목(入住木)이라는 개념을 도입하여 층마다 나무가 자랄 수 있도록 베란다를 만들었기 때문이다.

이 아파트의 다른 특징은 복도의 벽면, 어린이 놀이공간의 바닥, 단지 외부의 통행로, 연못 등을 곡면으로 처리하거나 울퉁불퉁하게 한 것이다. 또 양파

그림 2-6 | 나무가 우거진 훈데르트바써 하우스의 테라스, 창 디자인이 다양한 외벽, 입주목이 자라고 있는 베란다

모양의 돔 지붕, 난간에 설치한 사자상과 여인상은 일반 임대아파트와는 전혀 다른 귀족적인 분위기를 갖게 한다. 52가구가 8가지 평면유형에 살고 있는 입주자들은 자신이 원하는 대로 아파트 창문을 장식하거나 복도의 벽면에 그림을 그릴 수 있는데, 이는 자신이 사는 공간에 아이덴티티를 자유롭게 표현할 수 있게 하기 위한 것이다.

외부공간에서 자연을 느낄 수 있는 집

우리는 자연 속에서 살기를 원한다. 그러나 많은 인구가 모여 사는 도시에서 그러한 꿈을 이루기 어렵다고 생각하고 메마른 주변 환경을 변화시키려는 시도를 하지 않는 경우가 많다. 자연을 느낄 수 있고, 자연과 인간이 함께 하는 집들에 대하여 알아보자.

지붕이 잔디로 덮인 집 : : 하노버 라허비젠 주거단지

모든 집들의 지붕이 잔디로 뒤덮여 있어서 풀언덕 아래로 집의 일부가 보이는 것 같은 동네가 있다. 사람들이 일상적으로 생활하는 주택뿐 아니라 작업장, 선룸, 주차장, 쓰레기 수집창고 등 부속건물의 지붕에도 잔디가 자라고 있다. 진입하는 도로는 사람이 지나다닐 정도의 최소한의 폭으로 만들어 나머지 공간에서 나무와 풀이 자랄 수 있게 하고, 빗물이 땅에 스며들게 하였다. 주택의 외벽도 담쟁이로 뒤덮여 있어 자연 그대로의 싱그러움을 느낄 수 있다.

독일 하노버의 라허비젠에 있는 이 주거단지에는 70여 가구가 사는데 주택, 학교, 주민 센터도 녹화된 지붕과 벽 그리고 우거진 나무 사이로 외관이 조금씩 보일 뿐 녹색 자연의 아름다움을 그대로 지니고 있다.

잔디지붕은 자연과 함께 하는 삶을 누릴 수 있다는 장점뿐 아니라 녹지공간을 지붕에 만듦으로써 건물을 짓는 데 사용한 지표면을 자연에게 되돌려 줄

그림 2-7 | 라허비젠 주거단지의 나무와 꽃이 가득한 출입구, 빗물이 스며드는 진입도로, 잔디로 덮인 지붕

수 있어서 환경친화형 주택에 많이 시도되고 있다. 또 지붕의 잔디는 단열효과가 커서 여름에는 실내가 시원하고 겨울에는 따뜻하여 에너지를 절약하고, 공기의 오염물질을 흡수하고 산소를 방출하여 대기를 정화하며, 빗물에 섞인 먼지를 여과한다는 장점을 지니고 있다.

오솔길과 도랑물이 있어 숲속 같은 분위기의 집 : : 프랑켈우퍼 하우징

도로에 면한 건물에 필로티로 처리된 입구가 있고, 이 입구에 들어서기만 해도 숲속에 온 것 같다는 느낌을 갖게 하는 아파트가 있다. 우거진 나무들 사이의 오솔길을 걷다보면 나무대롱에서 흐른 물이 도랑물을 이루고 있으며, 오솔길 한쪽으로 더 가면 자유로운 곡선의 삼각형 발코니가 있는 3층 건물이 나무 사이로 보인다.

독일 베를린의 프랑켈우퍼 하우징(Frankelufer Housing)은 재건축을 통해서 아름답게 바뀐 소규모 아파트 단지로서 87가구가 살고 있다. 도로에 면한 기존의 건물은 리모델링한 것이고, 안쪽 건물은 3층으로 신축한 것인데 서로 잘 조화되어 어떤 건물이 신축한 것인지 알아보기 어렵다.

이 주거단지는 사각형의 기존 건물과는 전혀 다른 조각적인 요소들이 환경친화적인 정원과 조화를 이룬 좋은 예이다. 실내정원과 연결시켜 자유로운 곡선형으로 돌출시킨 삼각형의 발코니, 숲속에 숨어 있는 듯한 반지하의 주

그림 2-8 | 오솔길과 도랑물이 있어 숲속 같은 프랑켈우퍼 하우징 단지

그림 2-9 | 프랑켈우퍼 하우징 단지의 자유로운 곡선형 발코니와 나무 사이로 보이는 지붕

차공간, 크고 작은 돌들을 바닥에 흩어뜨려 놓은 입구의 필로티 공간, 발코니와 건물 벽의 덩굴식물과 꽃 등의 요소들이 숲속 같은 정원과 어우러져서 딱딱하고 획일적인 기존의 아파트 단지와 차별되는 자연스러움을 지니고 있다.

나무가 우거진 공동마당이 있는 집 : : 유코트(U-Court)

아파트 단지 한가운데에 푸른 나무로 둘러싸인 공동마당과 연못이 있고 건물들이 U자 모양으로 배치된 단지가 있다. 이 단지에는 48가구가 사는데 모든 주택의 현관이 공동마당을 향해 있어서 주민들이 자주 만날 수 있으며 서로 가깝게 지낸다. 아파트 주민들의 모임이나 축제같은 행사는 이 공동마당에서 이루어지며 단지 내의 나무와 연못은 주민들이 자체적으로 관리한다. 이 마당에서는 남동쪽으로 넓은 공원이 보일 뿐 아니라 길만 건너면 쉽게 접근할 수 있어서 숲속에 있는 단독주택에서 사는 것 같은 느낌이 든다.

2층 이상의 주택들도 공동마당으로 면해 있는 계단을 통해서 출입하므로 지나다니면서 나무가 우거진 숲을 즐길 수 있다. 계단에서 각 집의 현관에 이르는 공간에는 작은 화단을 만들어 콘크리트 건물에서 갖는 삭막함보다는 옛 동네의 골목을 지나는 분위기이다.

이 아파트는 일본 교토의 라쿠사이 뉴타운에 위치한 유코트 단지이다. 유

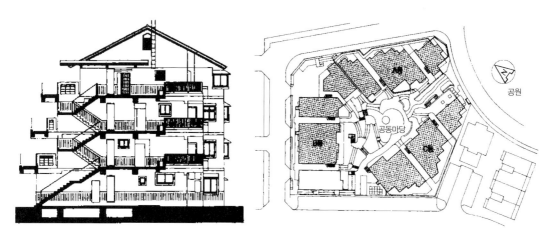

그림 2-10 | 유코트의 단면
도와 배치도

코트의 또 다른 특징은 48세대의 평면과 실내 디자인이 전부 다르다는 것이다. 집의 설계부터 입주까지 주민들이 직접 참여하여 자신의 가족 형태나 라이프스타일에 맞게 설계하였기 때문에 1985년에 입주한 이후 현재까지 이사 간 가족이 거의 없는 단지로도 유명하다. 많은 가구들이 오랫동안 살게 된 배경은 주택에 관심을 가진 사람들이 모여서 '구입하는 집'이 아닌 '거주자가 주체가 되는 집, 거주자가 커뮤니티를 발전시키는 아파트 단지'를 목표로 하기 때문이다.

가족의 형태와 라이프스타일을 고려한 집

가족의 형태나 라이프스타일에 따라 주거공간에 대한 요구가 달라진다. 집은 그 안에서 생활하는 가족의 특성에 맞을 때 비로소 몸에 맞는 옷을 입은 것처럼 편안하다. 사회가 발전하면서 가족이 지닌 특성은 점차 다양해지는데 이러한 다양화 현상을 수용할 수 있는 집이 개성 있는 집이다. 여기에서는 성장한 자녀가 있는 핵가족, 3세대가 함께 사는 확대가족, 자녀가 없는 맞벌이 부부 가족, 재택근무자가 있는 가족, 손님 초대를 즐기는 독신자의 집에 대하여 알아보고자 한다.

성장한 자녀와 부모가 함께 살기 좋은 집

사랑으로 이루어진 혈연집단인 가족이 같은 주거공간에서 함께 생활하는 것은 자연스러운 일이다. 그러나 자녀가 어느 정도 성장하게 되면 그들 나름대로의 프라이버시를 유지하려는 욕구가 강해진다. 그림 2-11에 제시된 2층 주택을 보면, 성장한 자녀가 부모와 함께 거주하면서도 독립적으로 살고 있다는 느낌이 들도록 설계되어 있다. 이 집은 공간구성이 크게 둘로 나누어진다. 즉 부모의 공간과 공동생활공간인 LDK(living dining kitchen)는 1층에, 성장한 자녀의 공간은 2층에 있다.

현관을 들어서면 바로 이층으로 가는 계단이 있어서 부모가 생활하는 공간을 거치지 않고 자녀의 공간으로 올라갈 수 있다. 2층에는 침실 2개와 각 침실에서 직접 출입할 수 있는 욕실, 취미실이 있다. 이 취미실은 자녀들이 거실이나 간이부엌(kitchenett) 및 세탁공간으로 사용할 수 있다. 따라서 2층은 자녀들이 완벽하게 독립적으로 생활할 수 있는 영역이다. 1층에는 계단 오른쪽으로 부부침실이 있고 왼쪽으로 거실, 식당, 부엌, 세탁실이 있다. 거실과 현관은 천장이 2층까지 뚫려 있어서 밝고 넓게 느껴지며 2층에서 내려다 보인다. 이 집은 1층에 있는 부모 공간과 2층에 있는 자녀 공간이 멀리 있다는

그림 2-11 | 성장한 자녀와 부모가 함께 살기 좋은 2층 주택의 평면도

느낌을 준다. 또 공동생활공간인 거실, 식당, 부엌이 개인생활공간인 부모 또는 자녀의 공간과 떨어져 있다. 따라서 이 집은 어린 자녀를 둔 가족보다는 성장한 자녀, 특히 부모로부터 독립된 생활을 하기 원하는 자녀가 있는 가족에게 적합하다.

확대가족이 독립적으로 살기 좋은 집

우리나라에는 확대가족에게 적합한 주택이 적다. 건설업체들이 가족형태의 다양함을 고려하지 않은 채 핵가족을 위한 아파트만을 공급한 것이 원인이다.

3세대가 함께 살면서 각 세대의 프라이버시가 유지되는 집은 없을까? 그림 2-12는 조부모, 부모, 자녀로 구성된 3세대 가족 5명이 독립적으로 살기 좋은 집이다. 이 집은 현관·홀에서 다른 공간을 거치지 않고 부부공간으로 직접 갈 수 있으며, 부부공간과 부엌이 가까이 있음에도 불구하고 복도로 인해서 멀리 떨어져 있는 듯한 느낌을 준다. 부부침실에는 재택근무 공간, 욕실, 붙박이 수납장이 있어서 부부가 프라이버시를 유지하면서 생활할 수 있다.

공동생활공간인 거실·식당·부엌은 집의 중앙에 위치해 있으며, 부엌의 식탁은 회전식이어서 필요에 따라 공간을 융통성있게 사용할 수 있다. LDK 공간 왼쪽에는 노인실과 통하는 문이 있다. 노인 세대가 독립적으로 생활하기 원할 때는 이 문 대신에 마당에 면해 있는 문을 이용할 수 있다. 노인실에도 키치네트와 욕실이 있다. 자녀방은 거실 오른쪽에 있으며 욕실이 가까이 있다. 이 집은 공동생활공간을 중심에 두고 개인 공간을 서로 다른 방향에 배치함으로써 3세대 가족이 독립적으로 살면서도 필요에 따라 함께 지낼 수 있는 것이 특징이다.

그림 2-12 | 확대가족이 독립적으로 살기 좋은 주택의 평면도

노인공간
부부공간
자녀공간
공동생활공간

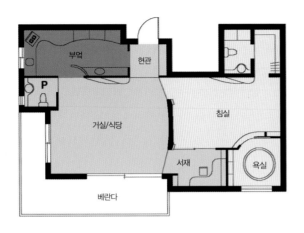

그림 2-13 | 자녀 없는 맞벌이부부 가족이 살기 좋은 주택의 평면도

자녀 없는 맞벌이부부 가족의 집

라이프스타일의 다양화와 가치관의 변화에 따라 현대인이 추구하는 주택은 그 유형이 각양각색으로 변하고 있다. 결혼을 하였으나 자녀를 갖지 않은 상태로 결혼 전의 자유로움을 그대로 누리고 싶은 딩크족(DINK ; double income & no kids)도 새로운 가족유형 중의 하나이다.

그림 2-13은 이러한 딩크족을 위한 주택이다. 이 집은 원룸(one-room)을 기본으로 계획되었는데 다양한 장치를 활용하여 생활구역을 구분하고, 곡면을 이용하여 개성 있는 분위기를 연출하였다. 현관을 들어서면 거실 겸용 식당(living dining)이 있고 유리문 너머로 베란다가 보인다. 현관에는 부엌으로 통하는 문이 있어서 식품반입이 간편하다. 식당과 부엌 사이의 곡면 문은 필요에 따라서 열거나 닫아 놓는다. 거실과 침실 사이에도 곡면으로 처리된 벽과 미닫이문(pocket door)이 있어서 거실이 서재 또는 침실로 연결된다.

침실에는 원형 욕조가 있는 욕실, 의류수납공간(walk-in closet), 화장실, 그리고 서재가 있다. 침실과 서재 사이의 문은 벽 속으로 밀어 넣을 수 있다. 욕실은 붙박이장을 제외한 부분이 유리로 되어 있어서 공간이 넓어 보인다. 이 집은 공간을 융통성 있게 사용할 수 있고, 붙박이장, 문, 탁자에 우아한 곡선을 사용하여 시각적으로 공간감을 갖게 한다는 특징이 있다.

재택근무자가 있는 가족의 집

전문적인 직업인이면서도 직장에 가지 않고 집에서 근무하는 사람이 늘고 있다. 재택근무자는 주거공간에 SOHO(small office home office)를 두고 컴퓨터를 이용하여 업무를 보기 때문에 큰 공간이 필요한 것은 아니다. 그러나 직장에 출퇴근하는 번거로움이 없는 재택근무의 장점을 살리면서 가정생활을 정상적으로 하기 위해서는 몇 가지가 배려될 필요가 있다. 재택근무자가 있는 가족에게 적합한 집이 그림 2-14에 제시되어 있다.

이 집은 현관을 들어서면 사무공간으로 직접 통하게 되어 있고, 현관에 의류수납장과 파우더룸이 있어서 SOHO로서 필요한 최소한의 조건을 갖추고 있다. 사무공간을 제외한 다른 공간은 일반적인 주택과 같이 거실 겸용 식당과 부엌이 있고 침실, 욕실이 있다. 이 집이 일반 주택과 다른 특징은 작은 규모이면서도 현관문이 하나 더 있다는 것이다. 가정생활과 직업생활을 함에 있어서 프라이버시 유지가 어려운 경우를 대비해서 제2의 출입문을 계획한 것이다.

그림 2-14 | 재택근무자가 있는 가족이 살기 좋은 주택의 평면도

손님 초대를 즐기는 독신자의 집

1인 가족 다시 말하면, 독신자가 점차 증가하는 추세를 보이면서 이들을 위한 주택의 수요가 늘고 있다. 이제는 결혼하지 않고 독신자로 사는 것이 현대인의 라이프스타일 유형 중의 하나가 되었다. 독신으로 지내는 이유는 여러 가지가 있으나 가족에 대한 부담이 없는 상태로 자기만의 생활을 보다 풍요롭게 함으로써 삶의 질을 높이려는 욕구로 인한 경우가 많다. 따라서 독신자의 집은 이러한 욕구를 충족시킬 수 있는 집이어야 한다. 혼자 사는 집이니까 원룸 스타일로 계획하여 잠자고 씻고 옷을 갈아입는 정도의 기능을 갖추면 된다는 편견은 버릴 필요가 있다.

그림 2-15에 제시된 집은 사교모임을 자주 갖고 피아노 연주와 음악감상이 취미인 독신자의 아파트이다. 이 아파트는 침실 하나와 욕실, 부엌이 있는 단순한 구조였는데 주인이 바뀌면서 자신의 생활 패턴에 맞게 리모델링한 것이다. 리모델링의 기본 원칙은 손님이 자주 드나들어도 독신자 자신의 프라이버시는 유지되고 동시에 모임에 적합한 공간을 확보한다는 것이었다.

그림 2-15 | 손님 초대를 즐기는 독신자가 살기 좋은 주택의 평면도

리모델링을 통해서 우선, 현관 가까이 있던 부엌을 침실 옆쪽으로 이동시켜서 사회적 공간인 거실을 침실과 차단되도록 하였다. 다음으로는 현관 옆에 파우더룸을 만들어 손님들이 사용하게 하였으며, 부엌과 거실 사이에는 손님을 위해서 식탁을 준비하였다. 파우더룸을 침실에 부속된 욕실과 인접시켜서 물 사용 공간을 모아서 배치하는 코어 시스템의 원리도 충족시켰다. 또 현관 가까이 수납장을 만들어 거실을 둘로 나누는 효과를 냈으며 내부에 면한 공간에는 음악동호인 모임에 필요한 피아노와 오디오를, 집의 중심이 되는 공간에는 소파를 배치하였다.

이 아파트의 특징은 현관에 들어서면 거실 겸 음악실, 그리고 전망이 아름다운 창이 눈에 들어오고, 개인생활공간은 잘 보이지 않아서 손님을 자주 초대하는 독신자의 생활을 잘 수용할 수 있다는 것이다.

공간구성이 개성 있는 집

우리나라 주택의 구성을 보면 단독주택, 공동주택과 같이 주택유형이 다르거나, 주택규모가 차이나는 경우에도 별다른 특징이 없이 비슷한 경우가 대부분이다. 여기에서는 집이 위치한 주변의 환경을 고려한 집, 안마당이 있는 집, 층별로 계단 디자인이 다른 집, 조닝 계획과 코어 시스템을 잘 적용시킨 집의 사례를 중심으로 공간구성이 개성 있는 집에 대하여 알아본다.

다양한 전망을 즐길 수 있는 팔각형 집

대부분의 주택을 보면, 사각형 평면을 기본으로 한
것이 많다. 사각형이 아닌 팔각형, 원형, 삼각형,
부정형으로 집을 지을 수는 없을까? 주변의 전망
이 아름다운 산 속에 팔각형 집이 있다면 어떤 점
이 좋을까?

그림 2-16은 팔각형 평면의 중심에 거실이 배치
되어 있고, 어디서든지 주변의 싱그러운 숲이 내려
다보이는 주택의 평면도이다. 정원을 지나서 계단을
오르면 테라스로 연결되는데 여기에서부터 전망 좋은 숲
이 시야에 들어온다. 현관은 계단과 가까운 왼쪽에 있는데 이
현관을 들어서면 팔각형의 거실이 바로 보인다.

그림 2-16 | 다양한 전망을
즐길 수 있는 팔각형 주택의
평면도

이 집의 평면을 보면 침실 3개가 거실 주변에 배치되어 있으나 프라이버시
를 유지하기 좋게 되어 있다. 그 이유는 거실에서 침실 1과 침실 2가 직접 보
이지 않도록 거실과 두 침실 사이에 전이공간을 두었기 때문이다. 또 침실과
침실 사이에는 붙박이 옷장과 욕실을 계획하였기 때문에 개인공간에 필요한
프라이버시가 확보된다는 점도 바람직하다. 또 거실 한쪽에 벽난로를 두어
부부침실이 다른 두 침실과 시각적으로 멀리 있다는 느낌을 주며, 거실과 식
당, 식당과 부엌이 가까워 동선이 짧고, 가사작업실 뒤쪽에 부출입구가 있어
서 식품을 반입하거나 쓰레기를 반출할 때 동선이 짧아 편리하다.

평면이 팔각형이어서 침실, 거실, 식당 등의 창이 각기 다른 방향을 향하게
되므로 다양한 전망을 즐길 수 있다는 것도 이 집의 큰 장점이다. 거실 앞에
는 테라스가 있어서 옥외 휴식공간으로 이용되는데 건물모양을 따라서 펼쳐
져 있어서 전망을 즐기면서 거닐 수도 있다.

어디서나 안마당을 즐길 수 있는 사각형 집

우리 전통주택에서 안마당은 그냥 거기 있는 공간, 사람이 통과하는 공간
그리고 큰 행사가 있을 때 가끔씩 활용되는 공간이었다. 전통주택의 마당처

침실　　자녀방1　　자녀방2　　서재

부부침실

욕실

안마당

욕실

부엌

식당　　　거실　　　차고

홀

현관

그림 2-17 | 어디서나 안마당을 즐길 수 있는 주택의 평면도

럼 외부공간으로서의 생동감을 그대로 지닌 안마당을 실내공간으로 끌어들여 적극적으로 활용한 집이 있다. 그림 2-17에 제시된 평면도를 보면, 안마당이 집 가운데에 자리잡고 있어서 북쪽에 배치된 방에서도 자연의 빛과 나무의 푸르름을 즐길 수 있고, 접근이 용이하여 가족들이 자주 활용한다.

이 집은 현관 홀을 들어서면 복도가 나타나는데 안마당에 쏟아지는 햇빛이 있어서 매우 밝다. 안마당 주변은 유리로 되어 있어서 모든 공간이 시각적으로 넓게 느껴진다. 거실에 앉으면 실내 쪽으로는 안마당이 보이고 외부 쪽으로는 정원이 보여서 자연 속에 있다는 느낌이 들며, 자녀방이나 부부침실에서도 문을 열면 안마당이 눈에 들어온다. 부엌에서는 작업대 위의 창문을 통해서 안마당이 보인다.

안마당에는 가족들이 좋아하는 나무가 심어져 있고 의자가 몇 개 놓여져 있다. 화창한 날에는 안마당에 나가서 차를 마시고, 비 오는 날에는 거실에 앉아 빗소리를 들으면서 떨어지는 빗방울을 감상할 수 있어 좋다.

층별로 계단의 디자인이 다른 집

그림 2-18의 바우카스텐 하우스(Baukasten Haus)는 외관이 정육면체 모양으로 단순하지만 실내의 공간구성은 매우 특이하다. 독일 뮌헨의 한적한 교외 들판에 있는 이 집은 중앙에 위치한 계단의 디자인이 개성 있다. 계단은 수직적인 통행공간이라는 실용적인 차원에서 인식되는 것이 일반적인데, 이 집에서는 계단이 중요한 디자인 요소로서의 역할을 한다. 현관을 들어서면 집이 매우 밝은데 이는 중앙에 위치한 고창으로부터 빛이 들어오기 때문이다. 즉, 현관·홀과 1층 거실, 각 층으로 오르는 계단이 모두 밝다. 또 다른 특징은 2층과 3층으로 오르는 계단이 연속적이지도 않을 뿐 아니라 디자인이 다르다는 것이다.

그림 2-18 | 바우카스텐 하우스의 외관과 층별로 디자인이 다른 계단(2층으로 오르는 계단과 3층으로 오르는 계단)

그림 2-19를 보면 알 수 있는 바와 같이, 1층에서 계단을 올라가다 계단참을 돌아서 다시 몇 계단을 더 오르면 2층이다. 2층에 올라가면 3층으로 통하는 계단은 보이지 않고 오른쪽으로 브리지(bridge)가 나타나는데 브리지의 난간 양쪽으로 1층 거실과 계단이 보인다. 이 브리지를 지나서 침실 1의 문 앞에 이르면 오른쪽으로 계단이 나타난다. 이 계단은 사선으로 디자인되어 있는데 이 계단을 오르면 3층에 있는 손님방으로 통하게 되어 있다.

그림 2-19 | 층별로 계단이 다른 바우카스텐 하우스의 평면도

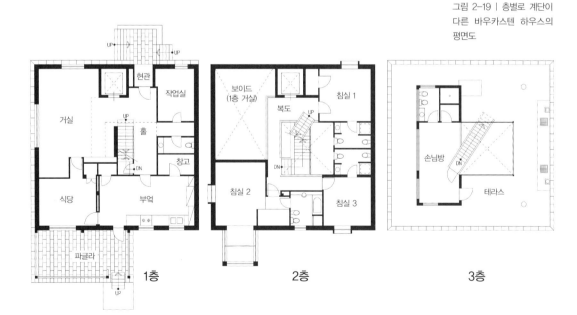

1층   2층   3층

이 방은 손님을 위한 침실이라기보다는 모임이 있을 때 이용되는 반개방형 공간으로서 옥상 테라스로 직접 나갈 수도 있다. 옥상 테라스에서는 사방으로 펼쳐져 있는 푸른 초원을 즐길 수 있다. 이 집은 친구들이 방문하여 며칠 간 편하게 머무를 수 있도록 지어졌으며, 모든 방에 욕실이 부속되어 있다는 것이 또 다른 특징이다.

조닝 계획과 코어 시스템을 잘 적용시킨 집

주택을 계획할 때 공간을 생활내용에 따라 개인생활공간, 공동생활공간, 가사작업공간, 생리위생공간으로 구분하면 여러 가지로 편리하다. 이와 같이 주거공간을 구역별로 모아 계획하는 것을 조닝(zoning)이라고 한다. 즉, 부엌과 세탁실을 인접시켜서 가사작업이 일정한 장소에서 이루어지게 하며, 개인생활공간인 침실들을 모아서 배치하고 공동생활공간인 거실, 식당을 서로 가까이 배치하면 각 공간의 목적을 효과적으로 살릴 수 있다. 조닝 계획은 개인의 프라이버시가 유지되고, 생활의 질서가 잡히며, 가사작업에 소요되는 에너지와 시간을 절약할 수 있다는 장점이 있다.

그림 2-20에 제시된 평면도는 조닝 계획과 코어 시스템을 잘 적용시킨 주택의 좋은 사례이다. 개인생활공간인 침실 4개를 왼쪽 날개에, 공동생활공간인 거실, 식당, 현관, 가족실을 오른쪽 날개에 모아서 배치하고 이들 공간 사이에 가사작업공간인 부엌과 세탁실 그리고 생리위생공간인 욕실을 배치하였다.

물을 사용하는 공간인 욕실, 세탁실, 부엌을 서로 가까이 배치한 것은 배관설비를 요하는 공간을 집중시킴으로써 건축비와 유지관리비를 절약할 수 있기 때문이다. 이와 같이 배관 또는 배선설비를 요하는 공간을 모아서 인접 배치시키는 것을 설비적 코어 시스템(core system)이라고 하는데 경제적 측면과 관리적

그림 2-20 | 조닝 계획과 코어 시스템을 잘 적용시킨 주택의 평면도

침실 2
침실 3
침실 4
침실 1
D W
세탁실
부엌
가족실
P
홀
식당
현관
거실

개인생활공간
공동생활공간
가사작업공간
생리위생공간

측면에서 모두 유리하다.

　이 집의 또 다른 특징은 붙박이 수납공간이 잘 계획되었다는 것이다. 현관에는 운동기구나 외출용 겉옷을 보관하는 수납장이 있고 현관·홀과 식당 사이의 통로에는 일반물품을 보관하는 수납장이 있다. 또 부부가 사용하는 침실 1에는 사람의 출입이 가능한 의류수납공간이 있고 침실 2, 3, 4에도 붙박이 옷장이 계획되어 있어서 생활하기 편리하다.

생각해 볼 문제

1. 내가 살고 있는 집의 특징을 가족구성을 고려하면서 이야기해 보자.

2. 우리 가족에게 이상적인 주택이 되기 위해서는 이 장에서 배운 내용 중에서 어떤 조건을 갖추어야 하는지 생각해 보자.

3. 현재의 우리나라 아파트의 외관과 실내공간이 개성을 지니지 않게 된 이유에 대하여 토론해 보자.

4. 미래의 가족형태와 라이프스타일을 상상해 보고 나에게 적합한 주택의 평면을 그려 보자.

읽어보면 좋은 책

1. 대우건설(1995). Human Space, 대우건설
2. Azby Brown(1996). Small Space, Kodansa

2

우리 **주거**
이해하기

Changes of
Korean Housing

전통마을과 주거단지

도시의 아파트 단지 대부분은 경제성만을 강조하는 획일적인 판상형 일자형 배치계획으로 외부공간 이용이 활성화되지 못하였다. 단지 내에 모여 사는 이웃은 이웃집과 벽만을 공유할 뿐 이웃관계를 형성하지 못하면서 집의 경계를 현관문 안쪽으로 만들어 생활의 방향을 주호 내부로 더욱 향하게 만들었다.

건설회사들은 1990년대 중반 이후 수요자의 주거에 대한 요구 변화, 아파트의 주호 내부계획의 한계, 타 아파트 단지와 다른 차별성 부여, 외부공간 이용의 활성화를 유도하기 위하여 다양한 외부공간 계획을 시도하게 되었다. 또한 사회 전반적으로 건강에 대한 관심이 커지면서 아파트 단지에도 친환경적 요소를 도입하고자 하여 이에 대한 해법으로 전통적인 마을의 건축적 · 공간적 요소를 물리적으로 응용하여 표현한 주거단지를 계획하기 시작하였다.

전통마을에서는 산과 물, 녹지를 고려하여 마을을 자리잡았던 전통적인 지리사상을 읽을 수 있으며 자연에 순응하면서 집과 길이 만들어지고 필요한 시설물들이 들어선 것을 알 수 있다. 마을사람들 간에는 마을 단위로 이루어지는 생산과 제의의 공동체 생활을 통해 결속을 다져 왔다.

아파트 단지에 전통성을 표현하는 해법을 발견하기 위하여 민속마을로 지정된 마을들을 둘러보면서 우리 전통마을의 공간구성원리와 특성을 이해하고, 마을의 전통적 특성이 현대 주거단지에 어떻게 시도되고 있는지 살펴보기로 한다.

마을의 자리잡기

마을은 농업생산의 협동작업을 하기 위하여 사람들이 모여 살면서 만들어졌으며, 마을을 유지하기 위한 공동의 신앙적인 활동을 함께 하는 지연공동체인 동시에 마을사람들이 대를 물려 거주하면서 혈연공동체로서 발전해왔다.

마을의 입지는 생존에 필요한 식수와 경작지, 취사와 난방연료를 동시에 해결할 수 있는 산과 평야가 만나는 배산임수(背山臨水)의 지역에 주로 위치한다. 마을이 자리잡는 데는 지형을 보는 전통적인 사고가 영향을 끼쳤는데 조선 후기에 씌어진 이중환의 『택리지』에 "살 곳을 택할 때에는 처음 지리를 살펴보고, 다음에 생리, 인심, 산수를 돌아본다. 이 네 가지 요소 가운데 한 가지만 없어도 살기 좋은 곳이 못된다."고 하였다. 마을의 터전으로 좋은 곳은 지형적인 조건, 경제적 여건의 생산지, 사회적 여건의 인심(人心), 자연경관으로서의 산수(山水)가 좋아야 하는 것으로 볼 수 있다.

마을에 좋은 입지인 것을 눈으로 쉽게 알 수 있는 것이 지리론의 사상(四相)

그림 3-1 | 명당 마을도와 마을공간의 전개(자료 : 강선중, 1986)

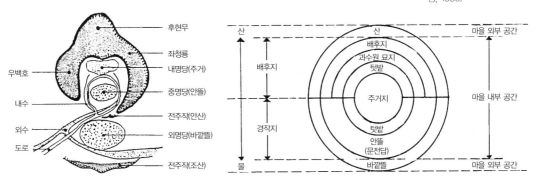

그림 3-2 | 마을길의 짜임
새(자료 : 김용미, 1985)

나뭇가지꼴   그물꼴   활꼴

인데 사방의 보이는 형상으로 좌청룡(左靑龍) 우백호(右白虎) 후현무(後玄武) 전주작(前朱雀)을 말한다. 마을 왼쪽의 청룡은 흐르는 물 또는 산언덕을, 오른쪽의 백호는 긴 길이나 달리는 둔덕을, 북쪽의 현무는 높은 진산(鎭山)을, 남쪽의 주작은 호수 또는 연못을 의미한다. 뒷산인 주산이 크고 당당하게 서 있어서 북서계절풍을 막아주고, 좌우의 백호와 청룡의 맥이 형세를 넓게 벌리고 있어 마을 앞에 충분한 들이 있으며, 물이 흘러들고, 매일 보는 앞의 안산이 수려해서 마을사람들의 심성을 다스려주는 곳이어야 한다.

뒷산은 산수를 즐기며 휴식할 수 있게 풍치림의 역할을 해주며 이곳에 조상들을 모시는 묘자리와 텃밭 그리고 과수원을 둔다. 집 울타리 안팎에는 채마밭과 문전답인 안들이 있고, 외부에는 바깥들이 있다. 풍수지리의 형국도와 견주어 볼 때, 산이 연결된 부위는 마을의 외부공간이 되고, 마을사람들이 생활하는 장소는 마을의 내부공간이 된다.

이러한 자연지형이 모두 충족되기는 어려웠으므로 풍수적 요건이 자연지형만으로 충족되지 못하면 다시 인위적인 보완을 통해 완성시키려고 하였으며 이를 비보(裨補)풍수라고 한다. 예를 들면 산이 적당한 거리에 있더라도 특별히 빼어난 산이 없으면 마을 앞에 인공 숲을 조성하여 마을의 중심상으로 삼거나 마을 앞에는 가까운 언덕(案山)이 있어서 공간감을 주어야 하나 언덕이 없으면 나무를 심어서 대신하는 것이다.

마을의 자연지형은 풍수지리의 영향으로 식물이나 동물, 사람, 길한 글자 등에 비유하여 길지를 선택하려고 하였다. 닭이 알을 품고 있는 모습(金鷄抱卵形), 연꽃이 물에 떠 있는 모습(蓮花浮水形), 배가 떠나는 모습(行舟形), 미

그림 3-3 | 양동마을은 주산에서 산등성이가 뻗어 내려네 줄기로 갈라진 능선과 골짜기가 풍수상 길자(吉字)인물(勿)자형의 지세를 이루고있는 산지형 마을이다.(자료 : http://www.dcne.co.kr)

인이 산발한 모습(玉女散髮形), 소가 누워 있는 모습(臥牛形) 등이 좋은 형태라고 생각했다.

경북 경주시에 있는 양동마을은 마을의 주산인 설창산(雪蒼山)의 문장봉(文章峰)에서 산등성이가 뻗어 내려 네 줄기로 갈라진 능선과 골짜기가 풍수상길자(吉字)인 물(勿)자형의 지세를 이루고 있다. 경북 안동시에 있는 하회마을은 물줄기가 태극모양으로 마을을 감싸고 흐르고 있는 연화부수형의 대표적인 마을이다.

마을이 바라보는 방향(向)은 마을의 주축이 무엇을 바라보는지에 대한 것으로 매일 같이 바라보는 마을사람들의 심상을 좌우하는 중요한 조형적 요소가되며 방위와는 다른 의미이다. 산간분지의 마을은 주위를 둘러싸는 산에 의한 위압감이나 답답함을 덜기 위하여 물이 흘러드는 트인 공간인 수구를 향하게 한다. 산골짜기의 집들은 트인 곳을 향하도록 높은 곳을 택하여 집을 앞히므로 기단과 축대가 발달되었다. 그러나 넓은 들이 펼쳐지는 완만한 지형의 마을은 마을 가까이 보이는 안산과 멀리 보이는 조산 중 산봉우리가 가장

그림 3-4 | 하회마을은 물길이 태극모양으로 마을을 감싸고 있는 연화부수형 마을이다.(자료 : http://hahoe.or.kr)

높은 곳을 피한 능선을 향하게 하여 앞의 시계를 막지 않도록 하였다. 그러면서도 집과 집이 마주 보거나 바로 집이 인접해 있는 것을 피하여 집과 집 사이의 터진 곳을 향하여 이웃집 사이의 기밀성을 확보하도록 배치한다.

이러한 공간감은 집의 배치에도 나타난다. 마을의 집들을 앉힐 때는 어디에 기댈지를 보는 좌(坐)를 정하고, 트인 곳을 바라보게 하며(向), 태양의 방위를 동시에 고려하지만 각 조건이 상충될 때는 제일 먼저 일조향을 포기한다. 따라서 옛집들의 방위를 보면 가장 많은 것은 당연히 남동, 남, 남서 간에 면한 집이지만 동쪽이나 서쪽을 바라보는 집도 그에 못지않게 많고 심지어 북향인 집도 있어 일조향이 우위조건이 되지 못한다는 것을 알 수 있다. 하회마을은 마을을 삼면으로 흐르는 강을 바라보기 위하여 가옥의 좌향이 정해졌으며, 양동마을은 경사지 배치로 각 집은 주위 산을 바라보거나 마을을 구성하는 손씨와 이씨 두 가문의 상징적인 건물이 보이도록 안대를 구성하였다.

마을의 형태 및 배치와 크기를 가장 좌우하는 요인은 마을 주변의 지형지세 즉 국(局)이며, 도로의 구조 및 주택의 향과 배치를 결정하는 데 커다란 영향을 미친다. 주변 산세와 들의 발달 정도에 따라 마을에 형성되는 길의 짜임이 달라진다. 우리나라에서 가장 좋다고 여기는 마을의 공간배치는 산골형으로서 나뭇가지 모양의 길을 낸 것이다. 통과도로가 마을 바깥을 지나가고 마을로 진입하는 길이 거기에서 가지쳐 나가면 마을은 강한 영역감을 가진다. 산

그림 3-5 | 양동마을 어귀의 느티나무

그림 3-6 | 양동마을 앞에는 병자호란 때 손종로공이 하인 두 명을 데리고 참전하여 순절한 공을 기리기 위해 정조의 명으로 세운 비각이 있다.

으로 둘러싸인 분지의 중앙에서 약간 뒤쪽으로 마을을 배치하고 마을 앞쪽으로는 경작지를 둔다. 동구 밖에는 마을 앞을 지나는 조수가 가로질러가며 조수로부터 시내물이 마을 안으로 올라온다. 길은 물길을 따라 만들어지며 자연히 마을길의 모양은 나뭇가지가 올라가듯 이루어진다.

뒷산과 앞산의 맥이 각기 조금씩 좌우로 뻗어나와 국을 형성한 경우는 수구가 양쪽으로 열리게 되므로 마을은 강한 영역감을 가지지 않는다. 따라서 마을이 뒷산에 의해 최대한 가리도록 하고 통과도로가 마을 앞을 지나게 하고 마을 안으로 들어오는 도로는 활꼴로 처리하면 깊이감이 있을 때는 차(且)자형, 깊이감이 없을 때는 명(皿)자 모양의 마을 안길을 마련한다.

뒷산의 끝자락이 완만히 내려와 들을 만들고 앞산의 좌우 맥이 북쪽으로 올라와 국을 형성한 경우는 마을 남쪽에 너른 들판이 있으나 도로의 구성이 가락지 모양으로 외곽도로를 이루고 내부 주도로는 마을 복판 혹은 한쪽을 지나며, 여기에서 간선도로를 뻗쳐서 작은 길들이 연결됨으로써 그물처럼 짜인다. 이 그물 같은 길을 사이에 두고 집들이 빽빽하게 들어서는 것이 평지 고을의 특징이다(김용미, 1985).

마을의 길과 영역성

전통마을은 외부에 대해 강한 영역성을 가지며 이웃간의 결속력을 높일 수 있는 물리적인 장치를 가지고 있다. 마을의 길은 마을 밖의 큰길에서부터 어귀길, 안길, 샛길, 골목길, 텃길로 나누어져 있으며 길의 구분에서 위계와 영역성을 찾을 수 있다. 마을로 들어가는 길은 유선적인 동시에 다양한 변화를 보이고 있으며 마을 안으로 들어감에 따라 장승, 돌탑, 우물이 설치되어 있어서 영역의 성격을 분화시켜주며, 마을 사람들의 자연스럽고 빈번한 접촉을 유도하는 만남의 장소로 이용되고 있다.

큰길에서 마을 어귀로

큰길은 마을과 마을을 연결하는 통과교통이 지나는 길이며 마을로부터 떨어져 있으며 마을 바깥으로 지나간다. 어귀길은 큰길인데 마을어귀까지 이르는 길이고 산속마을인 경우는 어귀길의 길이가 길다. 어귀는 마을 바깥과 안의 경계로서 마을 쪽이 보이지 않도록 끝이 굽어지며 이 굽은 곳을 돌아서면 전망이 트여 마을의 전경이 펼쳐진다.

마을 동구(洞口)에는 경계 표시이면서 수문장의 역할을 하는 장승 한 쌍 또는 입석을 세워서 마을의 입구임을 암시한다. 장승은 '천하대장군' 과 '지하여장군' 이라 새긴 목우상이 일반적인데 동구에 세운 장승은 서낭당과 함께 마을의 경계를 나타내며 우리 마을을 상징한다. 장승과 더불어 솟대를 세우기도 하는데 솟대는 긴대 위에 새나 오리가 앉아 있는 것으로 마을의 액을 막아주는 역할을 한다. 장승과 솟대와 같은 민속신앙적인 요소 이외에 마을 입구에 효자, 열녀비 혹은 비각을 세워서 훌륭한 후손이 살고 있는 마을이라는 것을 암시하기도 한다.

어귀길이 끝나고 마을 안길이 시작되는 곳에는 당나무를 세워서 마을의 상징이 되도록 한다. 마을마다 동구에 커다란 느티나무가 있어서 마을의 역사를 나타내주며 마을이 시작되는 지표역할을 한다. 당나무로는 느티나무가 가장 많으며 마을 사람들을 보호하는 정신적 지주가 된다. 이 나무 밑에는 걸터앉을 수 있는 자리를 만들어 여름철에 마을사람들이 휴식을 취할 수 있도록 하며 방문객의 감시가 용이하게 한다. 당나무 주변은 빈터로 나두는데 평상시에는 휴식과 마을사람 모두의 놀이마당이 되며 추수된 곡물을 거두어들이는 타작마당이 되기도 한다.

또한 당나무 주변은 1년에 한 번씩 정기적으로 음력 정월 초에 마을 주민들이 풍요와 가정의 안녕을 기원하는 동제(洞祭) 시에 중요한 장소가 된다. 동제를 앞두고는 주변을 청소하고 한지로 장식함으로써 신성한 장소로 변화하게 된다. 당나무는 동제를 지낼 때 땅속세계와 하늘세계로 마을의 풍요와 정기를 전달하는 매개체가 되며, 행주형국(行舟形局)의 마을에서는 배의 돛대 역할을 한다. 냇물이 있는 마을에서는 당나무 근처에 샘을 파서 우물터를 만들거나 빨래터를 만들어 감시기능을 겸하도록 한다.

안길에서 샛길로

마을 안의 길은 기능적 성격에 따라 '안길'과 '샛길'로 구분할 수 있다. 이

그림 3-7 | 하회마을의 북촌으로 가는 안길은 걸어가면서 시야가 변한다.

들은 외부와의 연결에 있어서 시각적·심리적으로 각각 나무의 줄기와 가지가 된다. 안길은 마을 공간을 이루는 가장 중요한 요소들을 연결하는 길인데, 마을 입구에서 시작하여 마을 후면의 경계까지 이어지는 넓은 길이다. 마을 공간 구성상 중요한 요소를 연결하는 통과의 성격이 강한 도로로서 마을공간을 전체적으로 조직하는 역할을 하고 있어서 지형에 따라 자연스럽게 형성된 안길에 따라 집들이 배치된다. 샛길은 안길이 형성된 후 그것에서 뻗어 나와 점차로 조성되는 집들에 접근하기 위하여 이용하는 길이다.

샛길들은 나뭇가지가 뻗어 나가는 것처럼 한곳에서 길이 엇갈려 나 있고 각 집의 위치도 한 지점에서 두 집이 마주 보는 경우가 없다. 샛길은 집 담을 따라 자연스럽게 구부러지기 때문에 길을 걷는 사람의 시선은 막힌 듯하다가 다시 열리는 변화를 느끼게 된다. 샛길 사이사이에는 공동우물, 빨래터, 공동작업 마당이 있다.

샛길을 따라가면 골목길이 나오고 보통 1~3채의 집이 연결되어 가장 작은 단위의 이웃이 연결되어 있다. 주택의 입구가 있고 주택의 안마당이 전개되므로 길을 걷는 사람의 시선이 차단되어 주택 내부가 들여다보이지 않는다. 집 주변에는 집과 직접 연결되지 않으면서 길을 보완해주는 논둑길, 밭둑길, 산길 등의 텃길이 이어진다.

산골짜기에 위치한 마을은 골짜기를 따라 물이 흐르고 있고, 개울과 도로

그림 3-8 | 양동마을의 손씨 종가로 가는 안길과 갈라지는 길들

그림 3-9 | 양동마을의 손씨 종가로 가는 안길이 휘어져 돌아간다.

를 따라 빨래터와 공동우물이 있는데, 우물은 마을에 몇 개씩 있어서 그 우물을 이용하는 이웃을 묶어주는(班) 구심적 요소가 된다. 동네 우물과 빨래터가 여성의 집회장소라면 정자와 당나무 밑의 휴식공간은 남성들이 이용하는 휴식과 집회의 공간으로서 유교적 남녀유별의 사회규범이 공동공간의 이용방식에도 나타나고 있다.

마을 주변의 공동체 시설

마을 주변에는 공동체생활을 위한 시설과 씨족마을의 위상을 유지하기 위한 시설이 있다. 씨족마을은 조선시대 유교사회의 특징적인 정주형태로 성리학적 가치관을 먼저 습득한 사족(士族)계층에서 시작되어 점차 서민계급으로 확산된 것이다. 씨족마을에서 공동체적 특성을 반영하는 건축물로 누 형식의 정자(樓亭)와 모정(茅亭)이 있다. 루정이 동계 및 향약을 위한 모임의 장소로서의 역할을 하였다면, 모정은 서민들이 사용하며 직접적인 생산활동인 품앗이와 관련이 있다. 정자는 경치를 즐기기 위한 것으로 산골짜기에서는 마을 뒤 산기슭의 바람의 흐름이 빨라지는 바람목에 위치시키고, 넓은 들이 펼쳐지는 곳에는 바람이 잘 불고 조망이 좋은 산마루터기에 둔다. 또한 마을 안골

그림 3-10 | 양동마을 이씨 문중의 서당인 강학당
그림 3-11 | 양동마을에 있는 정자 심수정

그림 3-12 | 하회마을 밖에 떨어져 있는 병산서원은 류성룡(柳成龍)이 건립하여 후진을 양성한 서원이다.

사이로 흘러 내려온 물이 모이는 수구의 연못 주위에 정자를 지었다.

호남지방에서는 방이 없고 마루로만 구성된 모정이 있는데, 동구에 위치하거나 주거지역과 경작구역의 경계에 위치하여 휴식을 취하는 장소로 사용하였으며, 마을 전체의 회의, 감시의 목적으로 마을 주민들이 공동으로 건립, 이용, 관리하는 공동체적 시설이다.

씨족마을에는 자기 씨족의 서원이나 제각(祭閣) 등을 짓게 되며 불천위(不遷位 : 국가에 끼친 큰 공훈으로 사당에 영구히 모시기를 나라에서 허락한 신위)를 모시는 별묘(別廟)와 교육을 위한 서당(강당)과 서재도 짓는다. 서원은 마을과 관계있는 유학자들의 위패를 모시고 제사를 드리며 양반들이 모여 학문을 토론하고 교류하는 곳으로, 동구 밖에 마을과 격리된 위치에 지으며 외부 사람들을 마을 안으로 끌어들이지 않는다. 서당은 마을 안 후손들의 교육을 하는 곳이므로 종가에서 가까운 한적한 곳에 지으며 전망이 좋은 높은 지대에 위치하게 된다. 정사(精舍)는 주로 개인의 학문을 도야하기 위한 장소이기 때문에 집으로부터 떨어진 산천이 수려한 곳에 짓는다.

문중의 사당인 종묘는 문중의 시조·입향조의 묘자리가 위치한 부근에 비교적 마을에서 떨어진 높은 곳을 선택하여 짓는다.

집의 위계와 길

마을에 새로운 집이 들어서고 길이 만들어질 때에는 마을에 거주하는 사람 간의 혈연적 관계나 사회적·경제적 신분과도 관계를 고려함으로써 마을의 전체적인 조화가 상실되지 않도록 유의하였다.

조선시대의 가부장적 대가족제도에 바탕을 둔 씨족마을은 마을 내의 집들에 대해 큰집(宗家)과 작은집(支家) 또는 본가와 분가의 명칭을 사용하게 되었고 이런 관계의 결속이 세대를 통해 유지됨으로써 동일 선조의 자손들은 문중(門中) 또는 종중(宗中)을 형성하게 되었다. 대종가는 집안을 대표하며 마을의 대표가 되어 마을일을 결정한다.

씨족마을의 위계는 주택의 입지, 좌향, 규모, 의장 등에 반영되어 위계적 배치구조를 가지게 된다. 입지를 할 때는 엄격하게 질서가 유지되어 종가와의 관계에서 구분이 명확히 나타난다. 종가는 내부적으로는 마을사람들의 씨족적인 동질성을 확인하는 역할을 하며 대외적으로는 마을을 대표한다. 이것

그림 3-13 | 양동마을 안골 짜기 가장 높은 곳에 있는 월성 손씨 종가 서백당

그림 3-14 | 양동마을 어귀에서 마주 보이는 골짜기에 있는 여강 이씨 종가의 향단

그림 3-15 | 손씨 종가에서 내려다 본 양동마을

그림 3-16 | 이씨 종가 서당인 강학당에서 내려다 본 양동마을

이 마을 내에서 입지의 고정성으로 나타나는데 마을이 산기슭에 위치할 경우 종가는 마을 내의 가장 높은 곳에 위치하며 종가의 뒤로는 집이 들어서지 않는다.

이 경우 종가 위로 다른 집이 들어서지 않는 것은 단순히 지형적인 높낮이만을 의미하는 것이 아니라 조산에서 내려오는 산줄기의 흐름을 막아서지 않는다는 것을 의미한다. 종가는 마을의 가장 안쪽의 높은 지대 끝에 위치하여 옆으로 넓게 배치되어 있어 전면으로 펼쳐진 후손들의 주거지를 포용하는 형태를 취하고 있다. 그 아래로 소종가, 아랫자리에 소작농들이 위치하는 것이 일반적인데, 종가의 시야를 가리거나 뺏는 행위는 금기시된다.

양동마을은 손소(孫昭; 1433~1484)가 이 마을의 유씨 집안에 장가를 들어 이후 손씨 가문이 이어지고, 이번(李蕃; 1464~1500)이 손소의 맏딸에게 장가를 들어 이 마을에 정착하여서 조선시대 불천위에 오르는 이언적(李彦迪; 1491~1553)을 낳게 되고, 이씨의 직계손들이 이 마을에 대를 이어 거주하게 되어 손씨와 이씨 양대 가문의 직계손들로 구성된 씨족마을이 형성된 것이다. 물(勿)자형의 골짜기를 따라 각 구릉의 제일 높은 능선상에 손씨의 종가인 서백당과 이씨의 종가인 무첨당을 비롯하여 관가정, 향단 등이 위치하였고 방계손(傍系孫)들은 종가보다 낮은 곳에 집을 지었고 지대가 높은 경우에는 구릉의 능선이 아니라 골짜기의 경사면에 집을 지었다.

평지 마을인 하회마을은 풍산 유씨의 씨족마을이며, 종가와 방계손들의 주택배치는 중앙과 주변부로 나누어진다. 파종가인 양진당(겸암파, 유운룡)과 충효당(서애파, 유성룡)이 마을의 중심부에 소재하며 그 주변에 지손들의 가옥이 배치된다. 분가 이후에도 본가(本家)와 분파가(分派家), 각 분파가 사이에는 가족관계, 또는 친족관계가 유지되기 때문이다. 이들은 협력적 생산이나, 자녀교육, 공동조상의 제사, 제실의 건립, 문회의 개최, 족보의 간행 등으로 친족간의 혈연적 유대를 유지함으로써 생활공동체를 이루게 된다.

생산 · 제의 · 의례를 통한 공동체 의식

마을공동체는 경제적 생산을 위한 기초 단위일 뿐만 아니라 의식을 통해 하나가 될 수 있는 단위이다. 마을을 단위로 공동생활에 관한 문제를 토의 결정하는 동회(洞會)가 정신적인 면에서 결속된 행정적 공동체 역할을 하며, 두레는 육체적인 면에서 결속된 노동력의 공동체이다. 전자는 농한기를 이용하여 이루어지며 후자는 농번기에 구체화된다. 농업에서 상호노동을 제공하며 협동하는 방식으로 이앙, 관개, 제초, 수확, 조정 등의 주요작업에 참가한다. 친목을 위한 방법으로 계(契)가 활성화되어 있다. 농경의례와 세시풍속은 농한기와 생산활동에 맞게 형성된 것이어서 농번기에는 노동협동이 생활의 주축이 된다. 농한기의 대표적 협동은 동제(洞祭)와 공동오락 등이며, 농번기의 협동은 노동력을 교환하는 두레와 품앗이 그리고 수리관개를 위한 협동조직인 보(洑)조직이 대표적인 것이다.

한 마을에 사는 양반과 평민의 사회적 지위의 위계성은 사회적으로 동제를 통하여 마을 주민 전체의 동질적인 일체감을 형성하고 전통적 공동체를 유지하여 왔다. 동제는 마을사람들의 정성을 모아 필요한 비용을 만들고 회의를 거쳐 선발된 제관에 의하여 거행하는 비밀스런 의식으로 유교식 남성중심의 제사이며, 별신(別神)은 마을 성원 전원이 참여할 수 있는 음복의 굿을 말한다. 마을의 개척신(조상신: 할배, 할매) 혹은 수호신(골매기)에게 풍요와 액을 물리치기 위한 동제는 제와 굿이 혼합된 이중구조를 가지고 있다.

동제는 제관이 참여하는 것으로 제의의 장소나 진행과정에 다른 성원들이 참여하는 것을 금기로 여긴다. 그러나 굿은 오락행사로서 마을 성원 전체가 참여하여 음복하는 신인합일적(神人合一的) 향응의 형식이다. 동제는 제관선출부터 이루어지며 신당(神堂)과 제관의 집에는 왼쪽으로 꼬아 만든 금줄을 치고 황토를 뿌려 신성한 세계로 만든다.

마을 입구의 당나무나 입석에 금줄이 쳐지면 일상적인 마을 전체가 성스러운 장소로 변하게 된다. 동제를 치르기 전까지 몸과 마음을 깨끗이 하는 신성기간을 두는 표시이며 마을 사람들은 이 기간 동안은 부정한 일이 일어나지 않도록 조심한다. 마을의 신을 모시는 곳은 주산에 당(堂)의 형식으로 존재하며 선발된 제관이 제사를 끝마치고 내려오면 마을사람들이 모여 음복을 하며 지신(地神) 밟기를 하는 마을도 있는데 농악을 치면서 집집마다 돌아다니며 마당을 밟아 주는 것으로 땅의 악령이 머리를 들 수 없게 하고 마을을 하나의 공간으로 묶어준다. 마을사람들은 매해 주기적으로 이루어지는 동제를 통해 마을 전체의 풍요와 건강을 함께 기원함으로써 하나됨을 느끼고, 세속의 일상적인 낡은 현실인 질병과 재앙을 폐기해서 건강하고 풍요로운 새로운 상황이 되게 한다.

마을사람들은 마을에 대해 심리적 안정감을 가질 뿐만 아니라 마을을 집의 연장으로 생각한다. 각 집은 마을 속 하나하나의 구성요소로 밀접하게 연결되어 있고 집의 연장선상에 마을이 있게 된다. 집 앞의 문전답은 마을 앞에 펼쳐진 들판으로 연장되어 생산의 중심지가 되고, 주택 내의 사당은 마을의 별묘로 연결되고, 집 마당의 연장으로 마을 마당이 있게 되어 탈곡·건조를 하게 된다. 씨족마을은 종가와 지가가 혈연적 관계로 이어짐으로써 집의 확장으로서의 마을, 가족의 확장으로서의 마을사람들로 집과 마을이 강하게 연결되어 있다.

공간적인 연결은 마을 내에서 일어나는 연중행사나 각 집의 대사(大事)를 통하여 마을사람들을 확대된 가족으로서의 '우리'로 확인한다. 마을은 집의 확장으로서 개인의 중요한 통과의례의 장소로서 사용된다. 한 집의 행사인

결혼과 상례 때는 내 집뿐만 아닌 옆집과 마을길을 사용하며 마을구성원의 증감을 함께 체험한다. 마을 내에 초상이 나면 그 집은 마을 내의 중심 영역이 되며 마을사람들이 평상시의 계조직으로 기능함으로써 함께 상부상조하게 되고 마을사람들에게 성원 한 명이 줄어들었다는 것, 즉 존재론적·사회적 신분의 급격한 변화를 인식시켜준다. 초상집에서 뒷산의 장지까지 갈 때는 경계가 되는 시냇물, 다리, 마을 입구, 언덕이 보이는 곳에서 멈춰 마을을 떠나는 마지막 의식을 거듭하면서 마을 구성원의 소멸을 마을사람들에게 알려준다.

전통마을의 현대적 응용

전통마을이 갖고 있는 무형적·유형적 질서는 각 집 간의 물리적 입지와 관계를 설정해주며, 마을 내 조형물들은 마을 내·외부를 이동하는 주민들의 일상적인 동선과 연계되어 접근성을 확보하고 있고 빈번한 접촉을 유도하여 마을 주민들의 공동체 의식을 형성하는 데 기여하였다. 그러나 도시화가 심화되면서 도시의 거주지는 마을의 혈연적·지연적 관계에 연결된 결속력이 강한 마을의 성격을 잃게 되었으며 새로운 성격의 도시마을 공동체를 형성하지 못하였다.

수십 년간 지어온 도시의 아파트 거주형태가 단지 내 거주자 간의 공동체 의식을 형성시키지 못하는 것, 외부공간이 주택 내부생활과 대응되는 외부생활의 활성화로 이어지는 역할을 하지 못하는 것, 외부공간의 조형물이 내재화된 상징성이 없는 것에 대한 문제가 나타났다. 아파트라는 주거형태에서 내 집만을 주거로 생각하는 것이 아니라 이웃간에 공동으로 생활하는 공간에 대한 애착을 높여가면서 주변환경을 바꾸어 가는 다양한 방법을 전통마을의 공간구성과 생활에서 찾아내는 시도가 필요하다.

최근에는 주택건설업체에서 분양률을 제고하기 위한 방안으로 전통마을의 특성을 적용하려는 시도가 이루어지고 있다. 1990년대 중반 이후 아파트의

그림 3-17 | 아파트 단지 옹벽에 전통적인 문양을 새겨 넣었다(기흥 영덕 주공아파트).

그림 3-18 | 아파트 단지 입구에 입구로서의 상징성을 부여하는 조형물을 설치하였다(기흥 영덕 주공아파트).

분양경기 침체로 미분양이 속출하자 주택건설업체들은 기존 아파트와 다른 차별화를 시도하였고 외부공간에도 눈을 돌리게 되었다. 사회 전반적으로 모든 분야에서 우리 고유의 전통에 대한 관심이 증대되었고 전통적인 것이 현대적인 것과 구별되는 차별성과 심리적 만족감을 높일 수 있다는 생각에서 아파트단지의 주택과 외부공간에 전통적인 건축적인 요소를 여러 가지 형식으로 표현하였다.

전통마을은 환경생태학적으로도 합리성을 가지고 있으며 환경친화적 계획에 적용할 수 있는 계획요소들이 내재되어 있다. 배산임수의 지형에 자리잡은 마을은 특별히 인공적인 경계를 만들지 않고도 자연적인 산과 물에 의해서 마을의 경계가 만들어지며, 뒷산의 녹지가 방풍림인 동시에 연료의 공급지이며 여름철 마을 주민의 휴식의 장소가 되어 복합적인 기능을 가지고 있다. 마을 안길과 샛길을 따라 형성된 풍부한 녹지는 주변산과 연결되어 있어 자연스러운 경관을 형성하며, 안길을 따라 형성된 수로는 일상생활용수로 사용되며 샛길로 나누어지는 곳에 있는 우물과 빨래터는 마을을 소영역으로 나누어주는 요소가 된다. 물은 수로를 따라 흐르면서 자연 정화되고 마을 앞 연못에 모여 침전작용을 거쳐 정화되어 오수를 마을 밖으로 흘러보내지 않는 순환적인 완결성을 가지고 있다. 전통마을의 막힌 듯 돌아가며 다시 열리는 길, 자연적인 재료들의 집·담·조형물 들은 인간적인 척도와 재료의 통일성

그림 3-19 | 구릉지를 그대로 살리는 입지계획을 하였다(기흥 영덕 주공아파트).

그림 3-20 | 본래 지형에 있던 개울을 그대로 살려 아파트 단지에 실개천을 만들었다(용인 상갈 금화마을).

을 가지고 있다.

이러한 전통마을이 갖고 있는 기능적·상징적 특성들을 현대의 아파트 단지에 적용하기 위한 여러 방법들이 있다. 현대에 전통적인 건축요소를 표현하는 방법에는 과거의 건축적 구성요소의 형태인 기단, 기둥, 창호, 지붕, 담 등을 그대로 복원하는 방법과 과거건축의 일부 요소를 반추상적 또는 추상적으로 표현하는 방법, 전통건축의 사상, 가치관, 규범이나 방식을 분석하고 이를 현대적인 방식으로 건축에 적용하는 방법이 있다.

건설업체들이 아파트 단지의 외부공간에 전통마을의 특성을 응용하려는 시도로는 아파트 단지 입구에 마을 입구에서 볼 수 있는 장승이나 솟대의 설치, 단지 내부에 정자의 배치 등, 느티나무와 그 밑에 쉼터 만들기 등을 볼 수 있다. 외부공간 전체에 대해 한국적인 주제를 설정한 후 전통적인 조형물을 배치하고 대나무, 소나무, 석류나무 등의 전통수종을 이용한 조경을 하기도 한다. 의장적인 요소로는 동(棟)의 외벽, 담장이나 옹벽에 전통적인 문양과 재료, 색채를 사용하여 표현하기도 한다. 이러한 표현방식은 전통적인 건축요소를 그대로 복원, 차용하는 방법으로 볼 수 있다.

대규모 건설에 대한 환경파괴의 영향이 전세계적으로 영향을 미치면서 자연파괴를 최소화하는 생태주의적 가치관의 확산은 자연을 파괴하지 않고 조화를 이루며 살았던 우리선조들의 자연관, 건축관과 맥이 통하게 되어 단지

그림 3-21 | 아파트 외부공간에 전통적인 조형물인 정자, 우물을 설치하고 낮은 담장을 흙과 기와로 만들고 소나무를 많이 심었다(경기도 광주 우림아파트).

계획에 있어서 전통건축의 계획이론을 적극적으로 해석하여 적용하려는 시도들이 나타나고 있다. 아파트 단지 주변의 자연환경을 파괴하지 않는 방향으로 계획하여 뒷산을 정비하여 등산로를 만든다거나 구릉을 평지로 만들지 않고 그대로 두면서 동의 높이를 조절하는 것, 실개천을 메우지 않고 최대로 살리는 것 등으로 입지와 배치계획에서 변화가 나타나고 있다. 전통마을에서 나중에 들어선 집이 그 이전에 있던 집의 시야를 막지 않고 바라볼 수 있는 안대가 있는 점을 응용하여 동의 배치 시 다양한 경관을 볼 수 있도록 동의 각도를 조정하기도 한다.

전통마을에서의 마을 어귀의 느티나무, 장승, 마을 내 진입하면서 설치된 조형물 등 각 영역을 명확히 해주는 조형물들을 복원하는 방식보다는 현대적으로 생략, 추상화하여 아파트 단지 입구에 설치되기도 한다. 생활적 요구와 만남, 휴식공간으로 사용되는 우물과 빨래터, 정자는 현대적인 쉼터, 회합을 위한 커뮤니티 공간으로 대체되기도 한다.

그러나 마을의 길과 집과의 자연스러운 유기적인 흐름, 외부와 폐쇄적인 마을경계를 만들지 않으면서도 마을사람들에게는 프라이버시를 제공해주는 방법에 대해서는 초고층화와 대규모 단지로 이루어지는 건설 현실에서는 현대적인 응용의 해법이 미미하게 나타나고 있다. 도시 주거지를 마을로 만들 수 있는 건축적 시도 중 하나로 입구부터 통과도로까지의 연속성과 상징성의 부여, 외부공간에서 주민들의 교류를 유도할 수 있는 점적인 요소의 부여 등이 현대적 해석을 통하여 더욱 적극적인 방식으로 아파트 단지 계획에서도 적용되어야 한다. 건축적인 측면에서의 전통성의 표현뿐만 아니라 생활면에서의 전통성의 현대적 적용도 필요하다. 전통마을 내 생활에서 동질감과 결속을 강화시켜 주는 장치인 동제나 종교적인 제의, 품앗이, 계 등이 현대의 공동주택단지에서는 어떻게 공동체의식을 강화하는 생활 프로그램으로 변형되어 나타날 수 있을지에 대해 모색해 보아야 한다.

생각해 볼 문제

1. 아파트 단지에 있는 장승, 정자, 시냇물 등을 주민들이 이용하는 것을 보고 이들이 실제로 어떤 기능을 하는지 토론해 보자.

2. 최근 아파트 단지 외부에 사용된 전통적 건축요소들이 어떤 형식으로 표현되었으며 현대적 건축요소들과 조화를 이루는지 토론해 보자.

3. 도시 주거생활에서 이웃이 자연스럽게 만나면서 공동체 의식을 높일 수 있는 방법이나 생활 프로그램을 개발해 보자.

읽어보면 좋은 책

1. 주강현(1996). 우리 문화의 수수께끼, 한겨레신문사.
2. 엔도 야스히로, 김찬호 역(1997). 이런 마을에서 살고 싶다, 황금가지.
3. 엘리아데(1998). 성과 속, 한길사.
4. 김일철 외(1998). 종족마을의 전통과 변화, 백산서당.

한옥의 이해

현대에 사는 우리는 한옥을 주변에서 찾아보기 힘들고, 사극의 배경으로 보거나 궁궐, 사찰, 민속촌에 가야 볼 수 있게 되었다. 그러나 한옥은 우리나라의 기후와 문화, 정서를 고스란히 담고 있고, 조상들의 얼이 담겨져 있는 우리나라 고유의 주거이다. 한옥은 근대화과정을 거치면서 또 신분의 이중구조가 타파되면서 새로운 가족구조와 근대적 생활을 담기 어려워 불편한 주거로 인식되었고, 근대적 도시와 기술의 발달과 함께 시설과 설비를 개량해 나가면서 그 모습이 바뀌다가 우리가 현재 살고 있는 현대적 상황과의 부조화 때문에 이제는 거의 자취를 감추게 된 것이다. 서울의 북촌 마을, 지방의 사대부가들이 아직도 그 안에서 생활을 하는 주거로서의 한옥의 명맥을 유지하고 있기는 하지만 전통한옥 그대로는 지탱하기 어려워 많이 개량된 채 명맥을 유지하고 있다.

그러나 우리의 한옥에는 한반도에 살아온 한민족으로서의 기후와 정서, 문화를 담아 온 몇 가지 중요한 요소들이 담겨 있다. 이러한 면면은 그대로 적용되거나 재해석을 통해서 현대에도 훌륭하게 표현되고 있는 예들이 있는데, 이 장에서는 한옥의 이해를 도모하고 그 현대적 해석사례들을 짚어 보는 데 의의를 둔다.

한옥의 공간배치

　지방의 사대부가를 답사하기 위해 찾아 나서면, 산천이 아름다운 마을의 좁고 구불구불한 골목길을 따라가다가 있을 것 같지 않은 곳에서 문득 솟을 대문을 만나게 되는 경우가 많다. 이러한 길을 고샅이라고 한다. 고샅을 따라 들어가야 대문을 만나도록 한 것은 골목과 대문을 잘 지켜야 집이 지켜진다는 생각 때문에 의도적으로 그렇게 한 것이었다. 그 때문에 고샅에 들어가면 아늑하고 안전한 느낌을 받게 된다.

　고샅에 연이어 만나게 되는 대문간은 담과 문이 공간화되어 있기도 하고, 곳간이나 행랑이 연이어 대문채 공간을 이루기도 한다. 사대부가의 대문은 외바퀴가 달린 초헌(軺軒)이 드나들 수 있도록 솟을대문으로 하였는데, 바퀴가 지나갈 수 있도록 홈을 판 것과 지붕만 높인 것이 있다.

　대문을 들어서면 사랑마당이 되기도 하고, 곧바로 행랑마당이 되기도 한다. 행랑마당에는 가마고와 마구간, 혹은 외양간이 있어서 소 먹일 풀을 말리고 쇠죽을 끓이기도 하였다. 행랑채의 공간들은 삼면만이 벽체로 이루어져 있고 문이 없어 반(半)내부적인 성격을 지닌다.

　사랑마당에는 몇 그루의 나무를 심고 괴석(怪石)이나 석함(石函)을 담장 밑에 몇 개 배치하기도 한다. 또 석지(石池)에 물을 담아 연을 키우거나 물확이라고 하여 돌을 절구처럼 판 것에 물을 담아 마당에 놓기도 한다. 사랑채 앞에는 댓돌 앞에 말이나 가마를 타고 내릴 때 디딜 수 있게 한 하마석(下馬石)이 놓이는데 계단형으로 된 것도 있고 방형으로 된 것도 있다.

　사랑마당 한쪽이나 담장 밑에는 화단을 꾸민다. 마당은 혼인과 같은 큰일이 있을 때는 천막을 치고 내부공간을 확장하여 사용함으로써 부족한 내부공간을 보완하는 기능을 담당한다.

　안마당은 중문간 행랑채와 안채 그리고 담장으로 구성되며 잘 다져진 흙바닥으로 되어 있어 몇 그루의 나무를 심기도 하지만 좁기 때문에 대체로 나무를 심지 않았다. 안마당은 부엌과 면하여 있고 중문간 행랑채의 불아궁이를 위한 작은 부엌들 때문에 가사노동을 위한 활동공간이 된다. 안채 옆의 마당은 담장으로 둘러싸이고 우물과 장독대가 있는 경우도 있다. 이곳에서는 부엌에서 하기 어려운 가사노동이 이루어진다. 담밑으로는 과실수를 심기도 하고 채소밭을 만들기도 한다. 또한 나뭇단을 쌓아 두거나 장작을 패기도 하며, 명절 때면 떡을 치는 반석이 놓이기도 하고 때로 절구가 놓인다.

안채의 뒷마당은 뒷동산과 연결되기도 하고 축대를 쌓아 단을 만들기도 하며, 남부지방에서는 죽림을 구성한다. 뒷마당에는 장독대와 채마밭을 두기도 하며, 안사람들이 사용하는 측간이 있다. 또한 몸채로부터 떨어져 건축된 굴뚝은 뒷마당의 중요한 미적 요소가 되고, 때로는 석함이나 물확이 놓이기도 한다. 담장 또한 뒷마당의 중요한 구성요소이다.

한옥이 구조와 배치면에서 완성된 조선시대는 유교의 이념을 정치뿐만 아니라 가정생활과 사회생활의 규범으로 삼았던 시대였다.

양반에게 주거란 가정생활 속에서 유교적인 이념과 생활양식을 실천할 수 있는 장소여야 했으며 상류계층의 신분에 걸맞는 권위를 표현할 수 있어야

그림 4-1 | 안마당(하회 양진당)

했다. 그러므로 상류주택은 양반으로서의 권위를 지키기 위해 가족의 일상생활이 밖으로 노출되는 것을 꺼려 주거 내의 건물과 공간들은 높은 담장으로 가려지는 경우가 많았고, 집안 하인들의 거처는 대문 근처에 두어 외부에 대해 방어적인 형태를 취하였다. 또 하인들의 생활영역과 안채, 사랑채와 같은 주인의 생활공간은 담장과 문으로 막아 격리시켰다.

조선의 대가족제도는 가장을 중심으로 여러 세대가 한 가족을 이루어 자연히 많은 공간이 필요하였으므로 주택은 담으로 둘러싼 여러 개의 채로 구성되었다. 사랑채, 안채, 안사랑채, 행랑채, 별당 등의 용어는 모두 공간 사용자에 따른 주택공간의 명칭이다. 또한 유교의 삼강오륜은 사회적 지위뿐만 아니라 상속, 활동범위, 교육, 가족 내 지위 등에서 남녀간에 차등을 두게 하였다. 이러한 경향은 조선 중기 이후 사회적 기풍으로 정착되었고 남녀의 지위 차등과 내외사상 등은 주택의 평면을 구성하는 기본개념이 되어 공간분화과정에서 안채와 사랑채를 따로 두어 남녀를 격리시켰다.

그림 4-2 | 뒷마당(남양주 궁집)

그림 4-3 | 사랑채의 누마
루의 위용(정여창 고택)

유교사상이 주택에 미친 영향 중의 또 하나는 가계의 계승권이 장자에게 주어지는 출생순위의 권위이다. 조선 초기에는 후기에 비해 장남과 차남의 구별이 그다지 강하지 않았으나 유교사상이 가족생활에 영향을 미치면서 삼강오륜의 장유유서는 장자의 위치를 부권계승자로서 확고하게 하였다. 이러한 사상은 주택건축에도 영향을 미쳐서 안채와 사랑채를 나뉘게 했고, 장남을 위한 작은 사랑이 사랑채에 따로 배치되기도 하였다.

사랑채는 사랑방, 대청과 누마루, 침방과 서고 그리고 사랑마당으로 구성되어 있다. 그 중에도 사랑방은 주인의 일상 거처일 뿐만 아니라 내객의 접대 및 문객들과의 교류가 이루어지는 공간이다. 사랑채는 가문의 위용을 나타내기 위해 정성들여 꾸며지며, 집안에서 제일 높은 기단 위에 건축되고, 대청 앞에는 가문의 권위를 나타내는 편액을 붙인다. 사랑방 옆에 붙어 있는 침방은 주인의 일상 취침공간으로서 태종조에 부부별침을 명한 이후로 상류주택에서 지어졌다. 서고는 책방이라고도 불리며 단순히 서책을 보관하기도 하고, 독서를 겸하는 공간이 되기도 한다.

사랑채에서 측간 역시 중요한 구성요소이다. 사랑 측간은 대문 밖에 구성되기도 하고 사랑마당의 한쪽에 두기도 한다.

사랑채에서 중문을 통과하면 안채에 이르게 되는데 사랑채에서 직접 시선이 닿지 않도록 내외담을 돌아서 들게 되어 있는 경우가 많다. 내외담은 소리는 들려도 시각적인 차단이 중요했던 조선시대의 남녀구분의 생활원리를 잘 보여준다. 안채에는 안방과 건넌방, 안대청과 부엌, 곳간이 있는데, 안방은 안방마님의 일상 거처실이고 밤에는 침실이 되었다. 주택 내에서 가장 은밀한 공간으로서 직계존비속 이외의 남자들의 출입이 금지되었다. 안방 윗목에는 윗방이 연이어 있고 안방과 윗방의 사이에는 네 짝의 미닫이 창호가 있는데 평상시에는 열어 놓는다. 안대청은 방으로 출입하는 전실(前室)의 역할을 하며 여름에는 시원한 거처실이 되고, 큰일이 있을 때는 대청이 중심 공간이 된다. 건넌방은 며느리의 방으로 사용될 때가 많은데, 건넌방 앞에는 여름에 시원하게 이용할 수 있는 누마루 공간이 있다.

행랑채에는 수장 공간 이외에도 여러 노비들의 거주공간이 마련되어 있는 경우가 있는데 노비 한 가족에게는 방 하나에 군불 때는 부엌 하나가 할당되었다.

한옥의 창과 문

한옥은 창호를 열고 닫음으로써 개방성과 폐쇄성을 자유자재로 조절하였다. 전통주택에서는 창과 문을 엄격히 구분하기가 매우 어렵고, 요즈음도 그 개념이 남아 창을 창문이라 부른다. 창과 문은 고정된 건축물에서 움직이는 유일한 요소이고, 한옥의 창살은 바깥쪽으로 노출되어 있어 눈에 가장 잘 띈다. 또한 한옥의 문이나 창틀은 정교하게 만들지 않아 적당한 틈이 있다. 이러한 틈새에 문풍지를 달아, 문틈이나 창틈으로 들어오는 바깥의 찬 기운을

그림 4-4 | 다양한 창과 문

중화시키고 환기를 조절해주는 역할을 하기도 하였다.

창은 문과 같은 형식이지만 머름대 위에 설치되거나 크기가 문보다 작은 것을 말한다. 창은 채광과 통풍을 위해 홑창호지를 바르는 경우가 대부분이며, 창살문양의 종류가 다양하였다.

한옥의 출입문은 위치나 용도에 따라 그 구성 및 모양이 달랐다. 부엌의 출입문이나 대청 뒷면의 문은 판장문과 같은 두꺼운 문을 설치하였으며 대청에는 들어열개문을 설치하였다.

보통 문은 이중문으로 바깥의 것은 덧문이라고 하였다. 덧문은 방한이나 방범의 용도로 쓰였으며, 방과 방 사이에 설치하는 샛장지는 갑장지문을 쓰기도 하였다. 이러한 장지문들에는 채광을 고려하여 창호지를 발랐는데, 문살은 완자살과 아자살이 대부분이고, 문살을 세밀하게 나눈 세살문은 모두

그림 4-5 | 들어열개문(연경당)
그림 4-6 | 불발기창이 달린 문(연경당)

쌍여닫이, 미닫이 형식으로 되어 있다. 일조량이 적은 북쪽에서는 보다 많은 빛을 방안에 들이기 위해, 남쪽에서는 보다 적은 빛을 방안에 들이기 위해 문에서 종이의 면적과 살의 비율을 달리하였다.

우리 한옥의 문과 창의 어우러짐은 여름철에 열어 놓으면 개방성을 느낄 수 있으며 시원하고, 겨울철에 창과 문을 닫아 놓으면 폐쇄성과 아늑함을 느낄 수 있다. 이러한 열림과 닫힘의 미학 가운데서도 그 극치는 여름철 사랑대청이나 정자의 분합문을 들어올려서 매달아 놓았을 때의 모습일 것이다. 분합문은 들어열개문으로서 공간을 완전히 분리시키기도 하고 통합시키기도 한다. 방과 대청은 대개 분합문으로 연결되는데 크기에 따라 사분합에서 팔분합까지 다양하다.

분합문을 들어올려 놓으면 마루와 온돌방은 하나의 공간이 되지만, 분합문을 닫아 놓으면 벽체처럼 공간을 분리하는 역할을 한다. 방과 대청 사이의 분합문에는 불발기창이 달려 있는 경우가 많다. 밤에 방에 등불을 밝히면 불발기창을 통해 불빛이 새어 나오고 대청에서 보면 창 그 자체가 어스름한 등불이 되는 효과를 냈다.

방과 방이 이어지고 그 사이에 마루가 있으며, 이렇게 구성된 하나의 채를 담이 둘러싸고, 채가 여러 개 모여 하나의 집을 구성하는 방식은 집에 수많은 담과 문을 만든다. 그런데 이러한 담에는 높고 낮음이 있고, 문에는 솟을 대문, 일각대문, 창에는 띠살문양, 아자문양 등이 있어 각기 그 기능과 용도를 달리함으로써 우리의 옛 사람들은 그 구분을 할 줄 알았다. 그리하여 높은 솟을대문이라도 들어갈 곳이 있고 열려 있는 중문이라도 들어가지 말아야 할 곳이 있었다.

한옥의 마루와 온돌

우리 옛집의 바닥구조는 사계절이 뚜렷한 한반도의 겨울나기와 여름나기에 적절하도록 온돌과 마루의 2대 구조가 특징이다.

온돌은 아궁이에 불을 때서 방바닥 밑의 구들장을 데워 그 열이 인체에 직접 전달되고 실내의 공기를 데우는 장치로서 열의 전도, 복사, 대류를 이용한 우리나라 고유의 난방방식이다. 온돌은 고구려의 장갱(長坑)으로부터 유래된 것이 발전하여 오늘날까지 이어져 왔으며, 특히 온돌은 추운 겨울이 긴 한반도에 아주 적절하였는데 바닥면에서부터 인체에 직접 전달되는 전도열 때문에 그 감각이 독특하다.

온돌 내부구조의 주요 부분은 아궁이와 고래이다. 온돌은 연료가 아궁이에서 연소되어 부넘기를 통해 열과 연기를 고래로 이끌어 들이는 구조로서 고래를 어떠한 형태로 만들었는가에 따라 연료의 소비량과 실내의 보온이 결정된다.

아궁이의 내부구조를 보면, 방고래로 들어가면서 급경사를 이루어 높아지다가 다시 약간 낮아지는 부넘기가 있다. 부넘기는 불길이 잘 넘어가게 하고 불을 거꾸로 내뱉지 않도록 한다. 불길이 고래에서 굴뚝으로 연결되기 전에 고래보다 깊이 파인 골이나 웅덩이가 있어 재나 연기를 머무르게 하는 개자리가 있었다. 부넘기에서 굴뚝이 있는 개자리까지는 안쪽이 높게 약간씩 경사를 두고, 경우에 따라 구들장을 놓을 때도 약간씩 경사를 두어 결과적으로 아궁이쪽이 낮아지게 한다. 이 때문에 아궁이쪽을 아랫목이라 하고 굴뚝쪽을

윗목이라 불렀다. 고래를 잘못 놓으면 방이
골고루 따뜻해지지 않아서 아랫목은 절절 끓
어 장판지가 검게 타는 반면에 윗목은 아침에
일어나면 떠놓은 자리끼에 살얼음이 얼 정도
로 냉기가 돌았다.

서민주택의 고래에 불을 지피는 아궁이는
대개 부엌에 있고 이는 취사를 겸하는 아궁
이로서 밥을 짓기 위해 불을 때면 자연히 고
래로 불길이 통해 방이 덥혀지고, 부엌이 없
는 방에는 군불 때는 아궁이가 붙어 있게 마
련이다. 그런데 연경당은 부엌이 본채에 붙
어 있지 않고 반빗간으로 분리되어 있다. 이
아궁이는 오직 난방을 위해서 사용된 것으로
보인다.

서민주택에서는 온돌바닥에 특별한 마감을
할 경제적 능력이 없어 단지 흙바닥에 대자리

나 삿자리 등을 깔기도 하였다. 그러나 상류주택의 온돌바닥은 안전하고 편
안하며 보기에도 아름답도록 장판지에 콩기름을 먹여 자연스러운 따스함이
돋보이는 마감을 하였다.

한옥의 바닥에는 마루를 깔아 연결공간이나 수장공간으로 이용하기도 하
였는데 주로 시원한 여름철 생활공간의 목적으로 쓰였다. 마루널을 받는 구
조체는 마루틀 또는 마룻귀틀이라 하였다. 마룻바닥은 마루청이라고도 하며,
널을 깐 방을 마루방, 마루청이라 하고 넓은 마루청을 대청이라고 하였다.

그 중에도 우물마루는 상류주택에서 서민주택에 이르기까지 가장 보편적
으로 쓰였던 마루구조로서 주로 대청이나 곳간에 이용되었다. 우물마루는 그
구성이 아름다워 우물마루의 짜임새로 깔린 널찍한 대청마루는 독특한 구성
미를 보여주었다.

한옥의 바닥을 구성하고 있는 온돌과 마루는 각기 상반된 특성을 지녔음에

도 불구하고 다기능을 수용할 수 있는 융통성을 가진 공간으로 발전하여 전체적인 균형과 조화를 유지하고 있다. 따뜻하게 불을 지필 수 있는 온돌방은 폐쇄공간이며, 반대로 마루는 시원하게 트인 개방공간이다.

　이러한 온돌과 마루의 조화는 옛기록에서도 "여름에는 시원한 마루를 사용하고 겨울에는 따뜻한 방을 사용했다(夏以涼廳, 冬以燠室)."라고 한 것에서 보아 그 유래가 오래되었음을 알 수 있다. 이러한 구조가 한 집에 있다는 것은 기후상 사계절 지내기를 좋게 한다. 원래 우리나라는 고려 때만 해도 상류주택에서는 입식 생활에 화로를 피우고 두꺼운 솜을 넣은 옷을 입고 살았다. 서민들은 흙바닥에 자리를 깔고 살거나 토탑(土榻)을 만들어 방을 부분적으로 덥혀서 사용하였고 조선에 이르러서도 온돌을 한두 칸 만들어 노인이나 환자가 사용하던 것을 조선 중기에 이르면 거처실은 모두 온돌로 하는 것이 보편화되었다.

　우리 옛집의 구조는 생활윤리의 실천을 지원하려는 의도성이 많아서 온돌과 마루의 양대 구조 정착에는 유교윤리의 실현이라는 측면에서 이해해야 할

그림 4-8 | 대청마루(연경당)

부분이 많이 있다. 서양이 거실, 침실, 부엌, 서재, 가족실, 욕실 등 용도별로 공간발전을 이룬 것에 비해, 우리나라는 개인의 모든 생활을 포용하는 방들을 마루로 연결하여 확장시켜나간 구조로 평면적 확산 양상을 보여준다. 그리하여 방의 이름도 안방, 건넌방, 윗방, 사랑방, 아랫방 등으로 불렸다. 사랑채의 침방이 예외이기는 하지만 대체로 한 개인이 한 방을 차지하면 실내에서의 모든 일상생활을 방이 포용해야 했으므로 공간의 전용성(轉用性)은 필수적이었다. 이처럼 온돌방이 개인의 생활공간으로서 여름과 겨울생활을 포용했다면, 마루는 공동생활공간, 연결공간, 수장공간, 여름생활공간으로서의 기능을 하는 경우가 많았다.

한옥의 정서

공간의 위계와 연속성

우리나라는 반도국으로서 작은 구릉과 기복이 심한 준평원에 산간분지가 많고, 또 일찍부터 풍수지리설이 작용했기 때문에 주택이 뒤가 높고 앞이 낮은 대지에 배치되었다. 그리하여 각 공간들은 그 바닥의 높낮이로 위계성을 보여주며, 또 기단의 높낮음이 강한 위계성을 보여준다.

이러한 안과 밖의 원리와 공간의 위계성은 풍수지리에서 혈이 위치하는 곳을 설명하는 '산국도'에서도 찾아볼 수 있다. 이는 우리 조상들의 우주론이라고도 볼 수 있다. 즉 우주만물은 음과 양으로 이루어져 있어 이들이 결합하여 다섯 개의 성질로 나타난다고 믿는 음양오행설과 이를 바탕으로 땅에 관한 자연이치를 설명하는 풍수지리설은, 미래의 길흉화복을 예언하는 미신적 사상체계인 도참설과 결합하여 우리 조상의 일상생활을 지배하였다.

한옥은 전체 공간을 이루고 있는 각 공간들이 연속성을 지니며 동일 공간에서도 상하 신분제도에 의한 공간분화를 보여준다. 즉 안채와 사랑채는 상(上)의 공간이고, 행랑채는 하(下)의 공간이며, 상하의 공간을 연결하는 중문간 행랑채는 중(中)의 공간이다. 이 중의 공간에는 중간층인 청지기가 거처한다.

한옥에는 여러 개의 마당이 있어 각 공간에 접할 때마다 각기 다른 정서를 느끼게 한다. 관념적인 구조는 안쪽에서부터 안방〉안마당〉중문〉사랑방〉사랑마당〉행랑마당〉대문의 순으로 나갈수록 직계존비속(直系尊卑屬)에서 외부사람에 이르기까지 드나들 수 있는 한계가 확대된다. 그러나 물리적 구조물은 밖으로 나갈수록 견고하며 바깥담〉행랑채〉중간담〉사랑채〉안채〉안방의 순으로 약해진다. 안방의 창호지 문은 손가락에 침을 묻혀 뚫을 수 있을 정도로 약한 종이 한 겹일 뿐이다. 그러나 직계존비속이 아니면 감히 근접할 수 없는 내밀한 곳이다.

이처럼 구조의 강건함과 약함, 관념상의 개방성과 폐쇄성을 보완했던 것이 유교윤리에 바탕을 둔 예(禮)의 구조였다. 방 앞에 신발이 나란히 있으면 들어가지 않고 꼭 들어가야 하면 헛기침부터 하였다. 열려 있는 대문에서도 '이리 오너라'를 외쳐 들어갈 수 있는지를 확인하였다. 종이 한 장의 방문도 격에 따라서는 관념적으로 폐쇄적이어서 견고하기 이를 데 없었고, 고샅 안에 은밀히 자리잡은 높은 솟을대문은 대낮에 항상 열려 있어서 지나는 과객에게도 개방적인 경우가 많았다.

낮과 밤

조선시대의 양반층의 주거는 유교의 가르침에 따르는 엄격한 의례적 생활에 의거하여 배치된 유교윤리의 실현을 위한 장소였다. 그러나 일상생활을 유지하기 위한 방편들이 따로 마련되어 있어서 체면과 실리를 모두 취할 수 있는 방법은 강구해 놓고 있었다.

가부장적 대가족제도에 의거해 3세대 혹은 4세대가 동거하게 되므로 미처 분가가 이루어지지 않은 차남 이하까지 살게 되면 2~5쌍의 부부가 한집에 기거하게 된다. '남자는 밖, 여자는 안(男子居外, 女子居內)'이라는 분리의 원칙에 따라 안채와 사랑채로 나누어 기거를 하였는데, 안채의 안방은 주인마님, 건넌방은 장자부에 의해 점유되고, 사랑채의 큰사랑방은 가부장, 작은사랑방은 장자가 점유하였다. 그 외의 사람들은 형편이 되는 대로 조손(祖孫)간, 동서(同壻)간, 자매간, 시누이 올케 간에도 같은 방을 썼다.

별개의 채로 별개의 출입문을 가지고 별
개의 마당과 행랑으로 이루어진 안채와 사
랑채 사이는 공식적인 중문 이외에도 작은
문이 하나씩 나 있어서 낮과 밤의 기능성을
도모하였다.

이는 원래 버젓한 출입문이 아닌 것으로
뒷간 뒤에 숨어 있거나 벽장 밑에 나지막이
자리하고, 사랑채 쪽에서 안채 쪽으로 난 은
밀한 문이었다. 즉 예를 갖춘 전갈은 하인을
통해 중문을 넘어 전달되지만 비공식적인
전갈은 이 작은 문을 통하게 되어 있었다.
또 이 문은 사랑에 손님이 오셨을 때 술상을
들여보낸다거나 밤참을 들여보낼 때 사랑마
당을 통하지 않고도 여자들이 이용할 수 있
었으며, 중문이 닫힌 경우라도 출입을 할 수
있었다. 이러한 어중간한 형태의 작은 문을
대부분의 유구에서 발견할 수 있다. 이것은
윤리관에 맞게 체면을 지키면서도 기능성을
도모하여 실리를 추구한 예라고 할 수 있다.

그림 4-9 | 안채와 사랑채
사이의 작은 문(연경당)

낮에 열렸던 문이 닫혀도 밤에 출입을 할 수 있도록 기능을 하는 장치가 실
내구조에서 나타난다. 그런 면에서 연경당의 사랑방과 안방의 연결장치는 미
닫이를 열거나 닫음으로써 실내 통로가 개방되기도 하고 폐쇄되기도 한다.
그리하여 안방과 사랑방 사이의 문을 모두 열어 놓으면 하나의 터널처럼 통
로가 연결되어 나타나게 되어 있다. 각기 다른 마당을 가진 사랑채와 안채는
마당에서 보면 서로 분리된 듯한데 내부에서는 이어져 있고 문을 열면 실내
통로가 있었다는 것은 당대의 예법을 뛰어 넘은 실용적 해법이라고 볼 수 있
다.

양진당의 내부연결장치도 매우 기능적이고 편리한 구조로 되어 있다. 안채

그림 4-10 | 사랑채와 안채 사이의 문을 모두 열어둔 모습(연경당)

와 사랑채를 연결하는 모퉁이채 다락 밑에 중문이 나 있어 두 공간이 안으로 연결되어 있다. 얼핏 보기에는 안채와 사랑채가 별개의 채로 보이지만, 모두 남향하여 있으면서 중간에 있는 모채로 인해 서로 엇비슷이 놓인 사랑채와 안채가 마루로 연결되어 있다. 이는 퇴간이 아니라 양면이 교묘히 교차되어 안대청과 곧바로 연결된 마루이다. 이와 같이 양진당은 조선시대의 윤리관에 맞으면서도 기능성을 도모한 아주 독특한 평면구성을 보여주고 있다.

안과 밖

우리의 옛집은 우주와 마을, 마을과 집, 담 밖과 담 안, 마당과 집안, 마루와 방안 등 전체 공간을 이루고 있는 각 공간들이 안과 밖의 연속성을 가지고 있다.

각 공간이 주는 정서에도 변화와 통일성이 있어서 한 담장 속에 여러 개의 채[棟]를 세우고 또 이들 사이를 담장이나 행랑으로 구획함으로써 여러 개의 마당이 생겨서 담으로 둘러싸인 마당은 담 밖에 대해 안이 되게 함으로써 한 공간에 접근할 때마다 상이한 공간 정서를 느끼게 한다.

행랑마당에 들어서면 눈앞에 펼쳐진 중문행랑채와 이들로 구성되는 마당이 있고 다시 사랑마당이나 안마당으로 이어진다. 안마당이나 사랑마당 공간에 들어서면 공간의 중심을 느끼고 이들 공간은 안과 밖으로 서로 분리된 듯하면서도 모든 공간이 연속되어 있음을 알게 된다. 적극적 공간과 소극적 공간이 교차반복을 이루고 있는데, 하나의 방은 적극적 공간이고 이들 방이 모여서 된 하나의 채는 더 큰 적극적 공간이 된다. 그리고 이러한 채들 주위에는 소극적 공간이 둘러 있다. 그러나 이들 소극적 공간은 그 주위를 둘러싼 담장이나 행랑들로 확장되고, 이 공간은 주위에 보다 큰 소극적 공간으로 둘러져 있다. 한옥은 이처럼 적극적 공간과 소극적 공간의 교차반복으로 이어져 있다. 내부공간에서도 마루는 밖이고 방은 안이 되며, 채와 칸의 분화를 통해 전체 공간이 연속성을 이루고 있음을 알 수 있다. 방안에서는 방이 안이고 대청이 밖이나 다시 대청에서 볼 때는 마당이 밖이고 대청이 안이 되는 안과 밖의 구조로 이루어지며, 바깥사랑채와 안사랑채, 바깥주인과 안주인 등등의 안과 밖의 구별도 모두 같은 원리라고 볼 수 있다.

한옥의 현대적 적용

우리 한옥의 특성을 현대적으로 적용하고 해석하려는 노력은 모더니즘에 대한 반성과 함께 포스트모더니즘적인 패러다임의 전환이 이루어진 1980년대 중반 이후에 더욱 활발하게 이루어졌다. 그 이해와 적용방법은 상징성과 같은 무형의 것도 있고, 구체적인 조형요소를 그대로 가져오거나 현대적인 심미성을 더하여 해석적으로 적용하려는 것도 있다.

공간배치 방식에서는 채나눔 기법과 중정의 적용이 많이 활용되고, 자연일조와 통풍을 중시하여 배치를 하거나 자연을 집안에 끌어 들이는 방법에서 나타나기도 하였다. 조형요소를 적용하는 방법은 전통 담장과 창살의 문양, 우물마루와 온돌마감을 그대로 적용하거나 서까래의 조형요소화, 마루깔기에 우물마루의 조형성을 도입하기도 하는데, 다음 두 가지 예는 그러한 예 가운데 뛰어난 적용과 해석을 보여주고 있다.

한옥의 기능적 변신

능소헌 · 청송재는 도시형 한옥 두 채를 연결하여 한집으로 사용하면서 현재는 한 가구용으로 재편되었으나 필요에 따라 부엌을 꾸며 두 가구가 생활할 수 있는 장치도 미리 마련해 놓았다. 능소헌인 윗채는 안방 아래 부엌 공간을 현대적인 부엌으로 꾸며 놓았고, 안방 뒤의 툇마루 공간을 깊이 파 과거

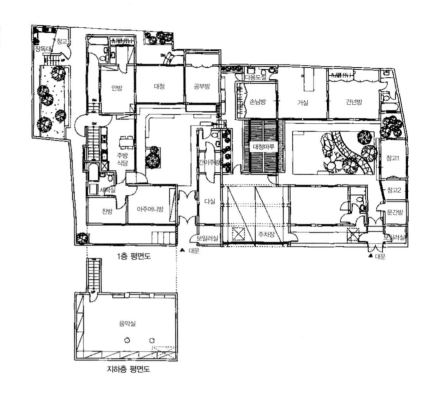

그림 4-11 | 능소헌과 청송
재의 평면도(자료 : 이상건
축, 9803:40)

1층 평면도　　▲ 대문

지하층 평면도

행랑방이었던 곳의 지하공간에 마련된 음악실로 연결되게 해놓았다. 대문을
열고 들어가면 만나는 청송재인 아래채에는 원래 부엌이었던 공간을 개조한
다실이 마련되어 있고 문간에 보일러실도 있다. 전형적인 도시중상층의 한옥
외형에 시설설비는 현대식으로 갖춘 집이다. 원래는 능소헌만 사용했으나 나
중에 한집으로 편입되었다.

　대문을 열고 들어서면 정원이 너무 정갈하여 한옥의 마당 같은 느낌은 덜하
지만 중정형 한옥의 정서는 그대로 간직하고 있다. 창문은 유리와 창호지가
한국적인 정서를 드러내고, 방마다에는 현대식 욕실이 달려 있다. 거실은 나
중에 부엌으로 꾸밀 수 있도록 설비장치를 숨겨두고 있다. 새로 청송재를 잇
대면서 사잇담 한켠에는 와인 저장고를 만들고 조금씩 남는 땅에는 백양나무
숲과 대나무 숲을 연상시키는 나무심기를 통해 그윽함을 더하고 있다.

그림 4-12 | 능소헌과 청송재의 전경(좌상), 대문간(우상), 아래채에서 본 윗채(좌하), 부엌을 개조한 다실(우하)(자료 : 이상건축, 9803: 33-39)

작가주택에서 나타난 한옥의 해석

밖에서 보면 내부도 현대적일 것으로 예상되는 주택으로, 대지면적 70평에 연면적 60평의 건물이 120평 이상의 건물처럼 느껴지는 수졸당은 외부공간의 내부공간화를 완벽하게 실현하고 있다. 고샅의 개념이 살아 있도록 대문을 열고 골목을 지나 현관에 진입하는 것, 고샅에서 돌아들면 흙마당과 문방이 나타나는데 이 두 공간은 내외담으로 막은 마루마당과의 사이에 분리되어 있는 느낌이 사랑채를 상징하고 현관문은 중문을 상징한다. 중문을 통과해 내부공간에 들어서면 거실과 부엌과 식당이 나타나는데, 거실에서 본 마루마당은 대청을 연상시킨다. 거실 위의 나무 조형물이 서까래이고 마루마당이 대청인 듯이 연상되는 것이다. 부엌을 지나 안방에 이르는 통로는 별당인 듯이 고즈넉하게 거실로부터 물러 앉아 있고, 안방에서 내다본 마루마당과 전

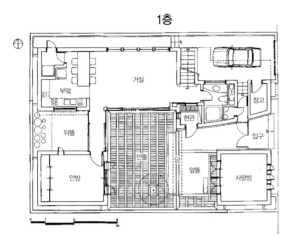

1층

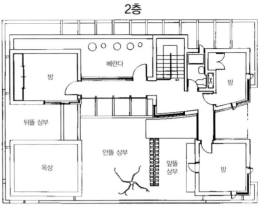

2층

그림 4-13 | 수졸당의 평면
도(자료 : PLUS 9307:150–
151)

통담장은 별당에서 바라본 풍경처럼 고요한 느낌을 준다. 수졸당은 한옥의
몇 가지 전통적인 요소를 훌륭하게 재해석해서 현대 주거 디자인으로 나타낸
수작이다.

그림 4-14 | 수졸당의 외관
(좌상), 안뜰에서 바라본 사
잇담과 사랑방(우상), 거실에
서 바라본 마루마당(좌하),
안방에서 바라본 마루마당과
사잇담(우하)(자료 : PLUS
9307:148–151)

생각해 볼 문제

1. 우리 한옥의 요소들 가운데 현재에도 남아 있는 유형과 무형의 것들은 무엇이 있는지 알아보자.

2. 지구촌화가 가속화되고 있는 요즈음, 외국의 문화와 뚜렷이 차별화되어 앞으로 계승 발전시켜 가야 할 주거문화는 무엇이 있는지 생각해보자.

읽어보면 좋은 책

1. 신영훈(2000). 우리가 정말 알아야 할 우리 한옥, 현암사.
2. 신영훈(2000). 한옥의 향기, 대원사.
3. 한옥공간연구회(2004). 한옥의 공간문화, 교문사.

근대화와 주거문화

　오늘날 우리가 살고 있는 주택의 모습은 아파트, 단독주택, 다세대주택 등 매우 다양하다. 그러나 이러한 주택들은 분명 서양식 주택이다. 예전처럼 한옥에서 살고 있는 사람은 매우 드물다. 우리의 고유한 주거형식인 한옥은 수천 년 내려온 것이었는데, 그것이 언제 어디서부터 어떤 이유로 사라지고 우리가 사는 집이 이렇게 서양식 주택으로 변모하게 되었을까? 이러한 변화는 불과 지난 100년 남짓한 시간 동안 일어난 것이고, 이것은 그 기간 동안 우리 사회가 겪었던 매우 급격한 변화와 밀접한 관련이 있다. 주거라는 것은 사회 안에서 항상 변화하는 것이고, 경제·문화·생활·의식에 이르는 인간의 모든 행위 및 활동과 뗄려야 뗄 수 없는 관계를 맺고 있기 때문이다. 또한 주거가 변화하는 과정에서는 다양한 외래 주거문화와 전통적 주거문화가 만나고 적응하는 과정도 함께 하게 된다.

　이러한 역사적 과정을 외국의 주거문화가 최초로 우리나라에 도입된 개항기, 일본이 우리나라를 지배하면서 함께 들어온 일식 주택이 우리 주거문화에 영향을 미친 일제강점기, 전쟁으로 파괴된 국토에서 모든 것을 새로 재건해야만 했던 한국전쟁 전후시기 그리고 지금과 같은 주거문화가 본격적으로 형성되고 정착하기 시작한 경제개발시기로 나누어 알아보기로 한다.

개항과 함께 온 새로운 주거문화

개항과 외국인 주택의 유입

구한말 1876년 우리 역사에 하나의 큰 획을 긋는 사건이 있었다. 그것은 바로 개항이다. 개항을 계기로 우리나라에는 신문물이 본격적으로 들어오게 되었고, 우리나라는 농업 위주가 아닌 상공업을 위주로 하는 근대적인 사회로 첫발을 내딛게 되었다. 이 시기에는 일본이나 서구 등에서 많은 외국인이 한반도에 들어옴으로써 그들의 주택 및 주거양식이 우리에게 소개되었고 우리의 주거문화에도 많은 영향을 미쳤다.

개항과 함께 부산, 원산, 인천 등의 주요 항구도시에는 개항장이라는 것이 서게 되었다. 이 때 많은 일본인들이 들어오게 되면서 일본인들만이 사는 주거지역이 형성되었는데, 이를 일본인 거류지라 하였다. 일본인들은 개항장뿐만 아니라 서울의 충무로, 용산, 진고개 등에도 일본인촌을 형성했다. 또한 대한제국 말기에는 서양인들도 우리나라에 본격적으로 이주해오게 되면서 역시 개항장에 소위 '양옥'이라는 서양식 주택들을 짓기 시작하였다. 당시 지어진 이러한 서양식 주택으로는 한국 최초의 양풍주택으로 알려진 1884년 지어진 인천의 독일인 숙소 세창양행 사택을 비롯하여 많은 외국인 부호, 외교관, 상인들의 주택이 있다.

그림 5-1 | 세창양행 사택 (자료 : 한국건축가협회, 1994)

그림 5-2 | 부산의 일본인 거류지(자료 : 동아일보사, 1978)

그림 5-3 | 광주 우일선선
교사 사택(자료 : 한국건축
가협회 www.arick.or.kr)

개항장에는 이러한 양식 주택과 함께 일본을 거쳐 들어온 일본식과 양식이 절충된 주택, 일본식 주택, 한옥과 일본식이 절충된 주택 등 갖가지 양식의 주택들이 속속 지어져 매우 복잡한 경관을 형성하였다.

또한 기독교 등 서양의 종교가 들어오면서 대구, 청주, 광주 등의 지방 소도시에는 종교건축물과 함께 선교사들의 거주를 위한 주택도 서양식으로 지어지게 되었다. 이러한 종류의 주택에는 인천의 알렌 별장(1893), 서울 명동성당 주교관(1890), 대구 동산동의 선교사 주택(1901~1910), 청주 양관 1호(1907) 등이 있다. 이들 선교사 주택은 개항장에 상업적 목적으로 들어온 서양인들의 화려하고 장엄한 주택에 비하여 비교적 단아하고 소박하였다. 이러한 주택들은 서양식 외관을 도입하였으면서도 한식 기와를 사용하기도 하여 매우 절충적인 외형적 특성을 갖고 있었다. 조선시대까지 우리의 주거로서 유일하게 한옥만이 있었던 상황에서 이렇게 개항기에 외국의 주거형식이 물밀듯이 들어오게 되었으니, 이를 보게 된 당시 사람들의 문화충격은 매우 컸다.

우리나라의 본격적인 근대화운동은 정부가 파견한 수신사, 신사유람단과 같이 외국의 선진문물을 견학하고 온 개화파가 주도하였다. 그들은 개화사상을 바탕으로 근대적 제도를 갖춘 근대적 사회로의 진입을 목표로 한 갑신정변과 한 갑오경장이라는 사회개혁을 일으켰다. 이로써 양반, 평민, 노비 등의 신분구분이 폐지되어 평등사회로 한 발짝 가까이 다가갔으며, 상공업의 발달과 함께 시장경제와 자본주의가 도입되었다. 이는 몇 백년간 전통적으로 내려 온 유교적 사회구조와 의식구조를 뿌리째 뒤흔든 변화였다.

또한 개항과 함께 전기, 전화, 교통수단 그리고 상하수도와 같은 새로운 문명의 이기도 도입되었으며, 교육기관, 직업기관, 의료, 종교시설 등도 설립되어 일상생활과 사회생활에 큰 변화를 몰고 왔다. 이러한 모든 변화로 인하여 주생활에 있어서도 근대적 의식이 싹트게 되었고, 주택 역시 달라진 생활을 적극 반영하는 방향으로 변하게 되었다.

서구화와 근대화의 영향을 받은 중·상류 주택

근대화의 물결은 시간이 지나면서 도시로부터 농촌으로, 상류계층으로부터 하류계층으로 전파되었다. 당시 중·상류계층의 주거문화는 서구적인 것을 받아들이는 데 적극적이었다. 예를 들어 사직동 정재문가는 안채와 사랑채의 구분 없이 복도로 연결하여 한 동으로 지어진 것을 볼 수 있다. 즉, 전통적으로 남성과 여성의 공간이 분리된 한옥의 특징이 사라진 것이다. 또한 식사용 마루가 보이기도 하는데, 이는 갑오경장으로 신분구분이 없어진 후 가족간의 엄격했던 상하의식이 차츰 약해지는 사회적 분위기 때문에 가능해진 것이다. 이전 같았으면 남녀가 한 공간에서 식사하는 것은 상상하기도 어려웠을 곳이기 때문이다. 이 주택에서 사랑채 전면에 현관이 자리잡고 있는 것도 서구의 영향이며, 안채와 사랑채에 유리문을 단 것도 원래 여름용 거주공간이었던 대청을 막아서 서양식 거실처럼 쓰고자 했던 의도로 보인다.

이 밖에도 상류주택은 곳곳에서 인습의 타파를 시도하였다. 양반의 상징이었던 솟을대문을 굳이 채택하지 않는 경우도 있고, 상류주택이면서도 사당을 건축하지 않은 예도 있는 것으로 보아 과시적이고 형식적인 것보다는 합리적이고 실질적인 것을 더욱 중요시하였다는 것을 알 수 있다.

근대적 사회로 변화하면서 한국사회에는 상류계층보다는 못하지만 상공업을 바탕으로 나름대로 경제력을 갖춘 중인이라는 새로운 계층이 나타났다. 갑오경장으로 신분제도가 철폐되고 가사규제가 풀렸기 때문에 중인계층은

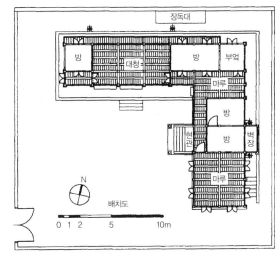

그림 5-4 | 사직동 정재문가(자료 : 임창복, 2000)

그림 5-5 | 1910년대 이층 한옥상가가 보이는 서울 중심가(자료 : 동아일보사, 1978)

그전까지 주택에서 양반만이 채택할 수 있었던 것들을 할 수 있게 되었다. 예를 들어 평대문을 솟을대문으로 고치는 것도 허용되었다. 그들은 경제력을 바탕으로 외형을 과감히 바꾸었으며, 주택을 확장하고 치레하는 것을 통하여 자신들의 부를 과시하였다.

한편 이 시기에 나타난 상인계층의 새로운 주택유형으로 이층 한옥상가가 있다. 이층 한옥상가는 아래층은 점포, 위층은 살림집으로 사용하는 새로운 주택의 유형인데, 오늘날의 개념으로 보면 주상복합의 형태이다. 한국의 주택에서도 이층구조가 드디어 나타난 것이다. 이는 1900년대 중엽부터 서울의 종로와 남대문로를 중심으로 한·양 절충식, 또는 한·일 절충식으로 많이 지어졌다. 이러한 이층 한옥상가는 개항장이 섰던 인천 등에 많이 지어졌고, 지금도 남아 있는 것이 있다. 근대화가 진행되면서 사람들이 도시로 몰려들고 과밀화되면 땅값이 오를 수밖에 없기 때문에 이러한 이층구조로 토지를 효율적으로 사용하고자 하는 것은 당연한 것이었으며, 이는 건설기술의 발달로 가능해졌다.

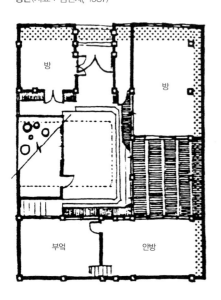

그림 5-6 | 도시형 한옥의 평면(자료 : 김선재, 1987)

일제강점기의 주거변화

한옥의 변화 : : 도시형 한옥과 개량한옥

도시형 한옥은 일제강점기에 급속하게 진행된 도시화와 과밀화로 인하여 주택을 많이 지어야 할 필요성에 의해 생겨난 한옥의 새로운 형태이다. 이 주택유형은 1930년대부터 서울에서 등장하여 전국 각지에 1960년대까지 매우 많이 지어졌다. 오늘날 북촌, 가회동 등 한옥보존지구에 남아 있는 한옥들이 바로 이러한 도시형 한옥이다. 이 도시형 한옥은 당시 보통 도시서민의 주거 수준에 미루어보면 매우 고급주택으로, 집을 살 정도의 경제력이 있는 사람이 주요 소비층이었다. 도시형 한옥

그림 5-7 | 오늘날에도 남아 있는 북촌의 도시형 한옥 (자료 : 동아일보사 사진 자료실)

은 주택을 짓는 방식에 있어서 이전과는 획기적으로 달라진 점이 있다. 이전까지는 집을 지을 때 살 사람이 손수 짓거나 한 사람 한 사람 그 집에 살 사람의 부탁으로 지었다. 그러나 도시형 한옥은 처음부터 팔 것을 전제로 하여 미리 짓고 그 집을 살 사람을 찾는 방식으로 지어진 것이었다.

도심에 지어진 도시형 한옥의 경우 필지의 크기에 따라서 적게는 6~7호에서 많게는 30~40호씩 집단적으로 지어졌다. 이렇게 대량생산에 의해 주택이 공급되다보니 주택의 상품적 가치가 강조되어 외형적으로 매우 화려해졌고, 새로운 재료도 사용하여 소비자에게 매력적으로 보이도록 하였다.

도시형 한옥은 개별 주택을 가로에 바짝 붙여 매우 조밀하게 지어졌는데, 대지가 비좁기 때문에 중정형 마당을 각 실이 둘러싸며 배치되는 구성을 취하였다. 이 안마당은 원래 한옥에서 농사나 작업 등의 기능을 수행했었는데 도시생활에 맞게 일상생활의 여러 기능들을 복합적으로 수행하는 공간으로 쓰이게 되었다.

한편, 기존의 한옥도 시대변화와 함께 변모되기 시작하였다. 전통한옥에 벽돌, 유리, 함석 등 새로운 재료를 추가로 사용하게 되어 자연히 주택의 외관이 이전과 상당히 달라졌다. 함석이 저렴하게 공급되어 처음에는 지붕에

낙수받이 처마홈통을 붙이기 시작하였다. 그리고 1930년대부터는 처마를 짧게 만들어 기존의 무거운 기와지붕의 무게를 줄이고, 이를 함석차양으로 대신하였다. 함석을 사용하면 기와지붕과 달리 지붕의 곡선을 자유스럽게 처리할 수 있어서 추녀 끝은 뾰족하게 하늘로 치켜올려졌다. 뿐만 아니라 서민주택도 이전 중상계층 주택의 오량구조를 지붕에 채택하였고 부연도 달아 이전의 전통한옥에 비하여 전체적으로 상당히 화려해졌다. 또한 벽돌이 보급되면서 굴뚝은 물론이고 외부를 장식하는 데까지 벽돌이 다양하게 사용되었다. 후기에 지어진 개량한옥에는 벽돌 대신 타일을 마감재로 사용하기도 하였고 페인트와 니스의 사용도 보편화되었다. 이러한 한옥을 개량한옥이라고 한다.

조선영단주택

1937년 중일전쟁이 일어나면서 각종 산업이 급속히 팽창함으로써 노동력이 많이 필요하게 되었다. 따라서 도시로 집중된 노동자들을 위한 주택의 건설이 시급하였으므로 1941년 조선총독부는 대량으로 주택을 건설, 공급할 기관으로 '조선주택영단'을 설립하였다. 조선영단주택은 영단이 이러한 도시 노동자를 위하여 대량으로 지어 공급한 공동주택이다. 도시형 한옥이 중류 이상의 계층을 대상으로 한 주택이었다면 영단주택은 저소득층의 노동자를 위한 주택이었다.

조선영단주택은 전통적 주택건설 개념에서 벗어나 주택의 대량생산의 문을 연 최초의 근대적 개념의 공동주택이라는 중요한 의미를 담고 있다. 영단주택은 총독부의 방침에 따라 그 외관과 내용을 모두 일본식으로 하였다. 그러나 방 한 개는 반드시 온돌구조로 하여 한국의 기후조건에 맞도록 하였고, 한국인도 거주할 수 있게 하여 한국의 주거문화와 절충하고자 했던 점을 엿볼 수 있다. 주택영단은 대량생산을 위하여 20평의 갑(甲)형, 15평의 을(乙)형, 10평의 병(丙)형, 8평의 정(丁)형, 6평의 무(戊)형 등 다섯 종류의 표준설계도를 제시하였다. 이 때 가장 규모가 큰 갑형은 일본인에게, 을형은 일본인과 한국인에게 반반씩 분양되었으며, 규모가 작은 병형은 중류하층, 정형과 무형은 하류 시민과 한국인 노동자들에게 임대되었다.

평면형	갑	을	병	정	무
설계도	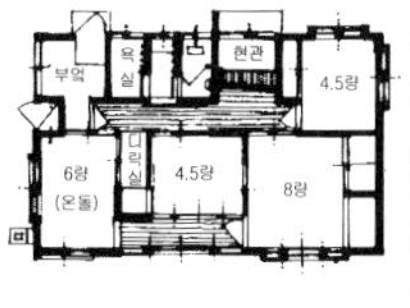	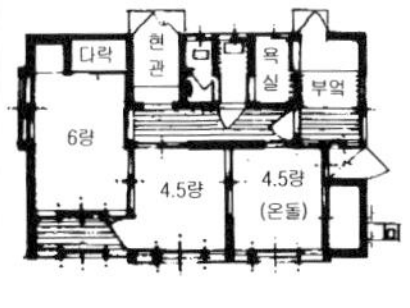	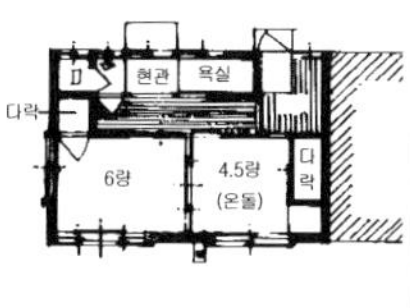	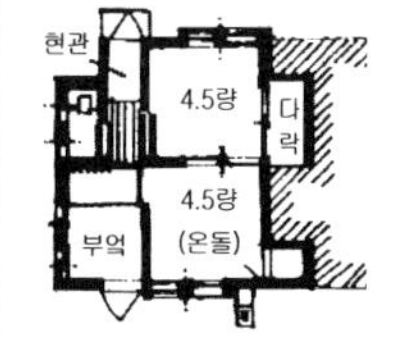	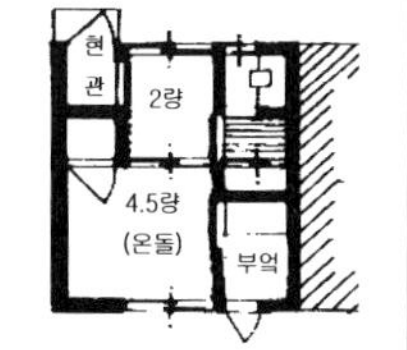

그림 5-8 | 조선주택영단의 표준설계도(자료 : 대한주택공사, 1979)

영단주택은 그 평면구성에 있어서 일본 주택의 집중식 또는 겹집형태를 따랐다. 큰 규모 주택의 경우 현관을 들어서면 중앙복도가 있고 그 복도를 통하여 각 실이 연결되도록 구성되어 있다. 이러한 평면구성을 '속복도형 평면'이라고 하는데, 이는 대청을 중심으로 한 우리나라의 전통적인 공간구성과는 상당히 다른 것이다. 각 방 역시 미닫이문으로 서로 연결되어 개방적인 일본식 평면의 특성을 보이는데, 여기에 온돌을 채택한 것은 매우 독특한 시도이다. 영단주택은 당시로서는 근대적 생활상을 염두에 둔 계획이었다는 것을 엿볼 수 있다. 예를 들면 전통적 마루공간을 없애고 거실을 두었으며, 욕실과 화장실을 주택 내부에 설치한 것이다. 또한 필지 가운데에 건물을 배치하고 그 주변을 마당으로 꾸밀 수 있게 하여 전통적 주택에서의 건물 배치방법과는 매우 다르다.

외래양식의 도입과 전통 주거문화와의 갈등

개항기와 마찬가지로 일제강점기에도 우리의 주거문화는 외래양식과 섞여 매우 복잡한 양상을 보인다. 그러나 이 시기에는 외래양식을 그대로 받아들이기보다는 우리나라의 상황에 맞게 절충된 주거형식으로 자리잡게 된다.

우선 일식 주택은 일본이 무단정치를 하기 위하여 조선에 파견한 일본인과 그 가족들을 위해 지어진 관사가 대부분이었다. 초기의 관사들은 "조선의 기후에 대응하는 데는 일본식보다 서양식의 방법이 더욱 적절하다."라는 판단으로 서양풍의 외관에 내부에는 다다미방만 한두 개 있는 집을 지었다. 하지만 이렇게 지어진 일·양 절충식은 일본과 다른 한국의 기후 때문에 보온과

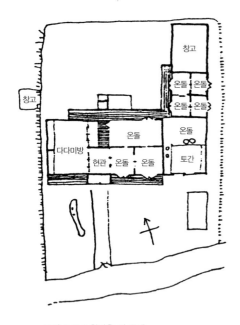

그림 5-9 | 한락용 씨 주택 평면도(자료 : 연세대학교 주생활학과 동창회 편)

1) 방갈로 주택은 당시 미국에서 유행했던 주택으로, 거실의 주위를 베란다로 둘러싼, 지붕의 물매가 완만하고 처마 끝이 많이 나온 형식의 주택이었다.

2) 당시 일본의 문화주의의 영향으로 한반도에 알려진 '문화(文化)'라는 용어는 근대화와 서구와의 상징이었다. 방갈로 주택처럼 서구식 주택, 혹은 근대식 주택, 나아가서 전통주택과 다른 것이면 모두 문화주택이라고 불릴 정도였다.

난방에 심각한 결함이 있었다고 한다. 그래서 후기에 지어진 관사들은 차츰 다다미방 외에 내부에 적어도 한 개 이상의 온돌을 설치하고, 벽을 두껍게 하고 창호의 면적을 줄이는 등 한식과 절충된 모습을 보인다.

한국인 중에 일본식으로 주택을 지어 사는 사람들도 있었다. 함흥의 한락용 씨 주택은 평면, 외관, 구조 등이 전체적으로 일본식이다. 내부에는 현관이 있고, 현관에 이어서 작은 복도를 통해 계속 툇마루와 연결되어 있다. 이렇게 툇마루를 내부 복도처럼 구성한 것이나 중복도형을 도입한 것은 모두 일본식이라고 볼 수 있다. 그 밖에도 접객용 다다미방이나 살림채 내부에 설치된 일본식 욕실과 같은 일본적 요소가 곳곳에 보인다. 그러나 이렇게 일본식 외관과 공간구성을 취하는 주택에서도 온돌은 항상 채택하였는데, 이는 수천 년 내려오는 고유의 주거문화를 하루아침에 바꾸는 것이 쉽지 않다는 것을 말해준다.

1920년대 초 일본 내에서는 관동대지진 이후 지진에 강한 새로운 구조와 재료에 관한 관심이 날로 높아가는 상황이었는데, 이런 배경 아래 일본에서는 일·양 절충식인 '문화주택'의 건설이 활발해지면서 미국식 방갈로 주택[1]이 퍼지기 시작하였다. 이를 일본에서는 문화주택[2]이라 하였는데, 이것이 일본을 통해 우리나라에도 전해진 것이다.

일본의 영향과 함께 김유방이 소개한 서구식 주택도 문화주택의 정착에 한몫하였다. 그는 재래식 주택이 현대생활을 함에 있어 불편하므로 서구식 주택을 본받아야 한다고 하면서 미국식과 영국식 주택을 소개하였다. 붉은 슬레이트 지붕을 갖는 소위 '문화주택'이 우리나라에도 선보인 것이다. 우선 방갈로식 주택은 포치나 베란다를 통하여 현관, 홀을 통해 내부로 진입하도록 되어 있었으며, 내부에서도 각 실을 복도나 홀을 통해 연결하여 일식 주택의 속복도형식과 유사하게 구성되었다. 또한 내부공간 중에는 거실개념의 생활실이 있는데, 입식생활에 맞게 설계되었다.

그러나 이러한 문화주택도 일본식 주택과 마찬가지로 실제 사용에 있어서는 전통 난방방식인 온돌을 개량한 형태로 채용하는 등 한국인의 생활양식이 가미되었다. 결국 문화주택은 한식, 일본식, 양식이 모두 복합된 형식으로 자리잡게 된다.

주생활개선론의 확산

조선의 근대화운동은 일제강점기에도 계속되었다. 문화생활이라고 하는 것은 근대화된 생활양식을 의미하게 되었고, 주택의 경우에도 마찬가지였다. 주생활에 있어서도 재래주택의 비효율성이 지적되었고, 그 개량의 필요성이 대두되었다.[3]

일제강점기 초기의 주택개량안이 일본으로부터 들어온 문화주택을 그대로 본뜬 것이었다면 일제강점기 후기에는 박길룡과 같이 근대적 교육을 받은 한국인 건축가가 등장하여 새로운 주택개량론을 펼치게 된다. 유행식으로 번졌던 서양식 주택이 우리의 생활과 멀다는 인식이 퍼져갔고 맹목적인 모방에 대한 비판의식이 팽배해지면서 우리의 생활양식을 접목하는 절충식 주거로 나아가자는 움직임을 보인 것이다. 이들이 제안한 주택들은 상당히 근대적인 요소들을 많이 포함하고 있다.

3) 언론에서 많이 다룬 주거환경 개선에 관한 논의 중 대표적인 것을 소개하면 다음과 같다. ① 비위생적인 재래식 변소와 부엌의 개량, ② 온돌의 재료를 개선하여 오랫동안 경제적으로 쓸 수 있는 난방방법으로 개선, ③ 채광·환기문제 등의 개선, ④ 합리적인 주택 내 동선처리와 입식생활의 도입, ⑤ 각 실의 프라이버시 확보

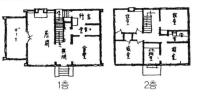

1층 　　　　2층

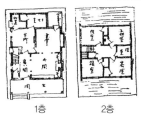

1층 　　　　2층

그림 5-10 | 김유방의 방갈로 주택 평면과 외관(자료 : 朝鮮と建築, 1922년 6월호)

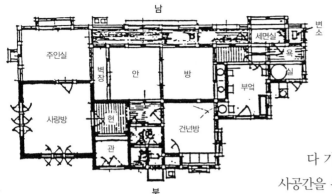

남

세면실

변소

욕실

주인실

벽장

안방

방

부엌

사랑방

현관

건넌방

북

그림 5-11 | 박길룡 소주택
안 평면도(자료 : 연세대학
교 주생활학과 동창회 편)

건축가 박길룡의 한·일·양 절충식 소주택안을 보면 현관을 도입한 집중식 평면에 속복도를 이용하여 내부를 접객 부분과 거주부분으로 나누었다. 또한 부엌과 변소가 실내공간으로 들어왔다. 아동실과 주부실이 따로 구성되는 등 각 실마다 기능이 뚜렷하게 구분되었으며, 취침공간과 식사공간을 분리하여 사용하자는 식·침분리개념이 도입되었다.

그는 특히 부엌을 과학적으로 개량해야 할 필요성을 주장하였다. 소주택안에서 부엌은 안방과 인접하게 하고 식모실과 식사실과도 쉽게 통할 수 있도록 하여 기능성을 살렸다. 화장실은 대·소변기가 분리된 일본식 내변소, 세면실, 욕실의 세 부분으로 나누어져 있는데, 복도 끝에 부엌과 함께 배치되어 상하수도 배관에 효율적이도록 집중 배치하였다. 대청은 없어지고, 주인실과 사랑이 거실기능을 대신하도록 하였는데, 사랑방은 양식으로 응접 기능을 담당하도록 하였다.

이러한 제안은 당시의 기준으로 보면 상당히 파격적인 내용을 많이 포함하고 있어 일반사람들에게 어떻게 받아들여졌을지는 미지수이다. 그러나 이렇게 한국인 건축가가 제안한 주택작품을 보면, 이 시대에 들어온 외래 주거양식을 우리의 생활에 맞도록 수용하고, 또한 온돌이나 마루와 같은 전통적인 요소들을 지속해 나아가려는 노력들을 볼 수 있다.

전쟁 전후의 주거문화

한국전쟁 후 선진국의 원조에 의한 공영주택의 건설

1950년대 초반의 한국전쟁은 전 국토를 황폐화시켰다. 특히 서울에서는 기존에 있던 19만 채의 주택 중 절반이 폭격과 화재로 소실되었고, 전혀 거주할 수 없는 상태가 된 것만도 2만 동이 넘었다고 한다.

1953년 휴전이 이루어지고 점차 사회가 안정되면서 주택건설에도 정부의 손길이 적극적으로 미치기 시작하였다. 전쟁 직후 살던 가옥이 전파된 사람 그리고 북한에서 피난 온 사람들을 위해 지은 것이 '후생주택'인데, 이는 UNKRA(국제연합한국재건단)의 원조를 받아 지은 주택이다. 후생주택은 방 두 칸, 마루 한 칸, 부엌 한 칸이 있는 9평 정도의 규모를 가진 비교적 조건이 좋은 주택으로 서울의 정릉동, 전농동, 안암동, 대현동 등에 건설되었다.

1955년부터는 대한주택영단[4]과 같은 공공단체, 한국산업은행과 같은 금융기관 그리고 서울시 등에서 주택을 지어 공급하기 시작했는데, 이들 주택들을 모두 공영주택이라고 할 수 있다. 이러한 주택의 공사비는 정부가 부담하였기 때문에 난민들은 무상으로 분배받을 수 있었다. 여러 공공기관들 중 전쟁 전·후의 주택건설에 가장 주도적 역할을 한 기관은 역시 대한주택영단으로, 1941년부터 1961년까지 단독주택과 연립주택을 약 2만호 정도 건설하였다. 영단의 초기 주택은 목재로 지어졌으나 전쟁을 겪으면서 목재는 물론이고 시멘트 생산도 거의 중단되었기 때문에 흙과 석회, 시멘트를 혼합 제조한 흙벽돌을 사용하여 주택을 지었다.

공영주택은 그 형태, 구조 및 재료, 자금출처, 목적 등에 따라 다양한 명칭을 갖고 있었다. 예를 들어 '재건주택'은 정부가 계획하고 UNKRA가 원조한 자재 및 자금으로 건설, 관리하는 것이었다. 재건주택은 흙벽돌에 나머지 재료는 루핑과 미송 같은 원조물품으로 만들어졌는데, 규모는 4~5평 정도로 작고 온돌도 없었으며 벽이나 마루 모두 나무로 만든 조잡한 형상의 주택이었다.

한편 국채발행기금 또는 주택자금 융자에 의해 건설되고 국민에게 분양, 임대된

4) 대한주택영단은 조선주택영단을 개명한 것이다.

그림 5-12 | 한국전쟁 이후 서울의 대표적인 불량주택인 청계천변 판자촌(자료 : 동아일보사, 1978)

것은 아파트와 상가주택을 포함하여 '부흥주택'이라 하였다. 또한 '희망주
택'은 대지와 공사비를 입주자가 부담하되 자재만 주택영단에서 제공하는 주
택이었다. 희망주택은 서울의 각 지역에 중산층 주택으로 건설됨으로써 서울
변두리 지역의 발전에 많은 영향을 주는 계기를 마련하였다. 1954년 휘경동
에 41호, 회기동에 88호, 창천동에 109호, 정릉동에 56호, 홍제동에 40호
등 9평 규모의 희망주택이 지어졌고, 1956년에는 답십리에도 9평형의 흙벽
돌집이 지어졌다.

　1957년 이후 정부는 임시방편으로 주택보급을 지양하고 지속적으로 주택
을 건설하고자 하였는데, 이 때 등장한 것이 주택영단에서 건설한 '국민주
택'이다. 국민주택은 시멘트 생산이 본격화되면서 흙벽돌 대신 최초로 시멘
트 벽돌을 사용하여 지어진 것으로서, 단독주택은 대지 40평에 15평 정도의
규모였으며, 연립주택의 경우 한 동에 4세대로 구성된 2층 규모였다. 이 국
민주택은 생활개선과 주택의 개량을 목표로 내부공간의 구성에 있어서도 마
루방을 리빙룸으로 만들고 변소도 내부에 두었으며, 개량부엌을 채택하는 등
서구적 요소를 많이 적용하여 당시 주부들로부터 큰 호응을 얻었다.

아파트의 건설

전쟁 후의 주택난을 해결하고 토지를 효율적으로 사용하기 위하여 한편에서는 도시공동주택의 도입이 본격적으로 추진되었다. 당시 한미재단에서는 시범주택으로 서울 행촌동에 연립주택 8개동 52호, 공동주택 4개동 48호의 건설을 제안하였다. 이 때 제안된 공동주택은 지하 1층, 지상 3층의 건물로서 외벽과 내벽은 모두 콘크리트 블록조로 계획된 것이었다.

그 후 1957년 성북구 종암동에 종암아파트가 건립되었다. 당시 중앙산업이 시공하여 2,200여 평의 대지 위에 아파트 3개 동, 총 152가구가 입주한 종암아파트는 아파트라는 단어가 생소하던 1950년대에 해외에서 기술자를 초빙하고 최고급 자재를 사용해서 건설되어 많은 사람들에게 선망의 대상이 되었다. 준공 당시 이승만 대통령이 직접 테이프를 끊기도 하여 여러모로 화제가 되었던 아파트이다. 종암아파트는 건축구조에 신 공법을 쓴 것 이외에도 우리나라에 서구식 공동주거의 시대를 연 최초의 아파트라는 점에서 의의가 있다. 거실과 발코니가 있었으며, 부엌에는 인조석의 싱크대가 설치되었고, 수세식 변소도 있었는데, 이러한 서구화된 요소들은 입주자의 큰 호응을 얻었다. 1950년대와 1960년대 초반에 지어진 이들 시민 아파트의 규모는 10~12평 정도로 큰 규모라 할 수는 없었다. 그러나 아파트에서만 볼 수 있었던 스팀, 엘리베이터, 욕실, 주방, 전화, 수세식 변소 등은 첨단의 문명의 이기로서 상당히 신선한 충격을 주었다. 이러한 아파트들은 우리나라에 아파트라는 주거문화가 본격적으로 시작되는 신호탄이 되었다.

경제발전과 주거문화

대한주택공사의 초기 아파트 계획

1차 경제개발계획이 시작된 1960년대 초반에 들어서면서 주택보급 확대를 비롯한 주택문제의 해결은 경제개발계획 하의 주택정책에 따라 보다 계획적으로 이루어지게 되었다. 이 시기의 가장 중요한 사건은 1962년 '대한주택공

그림 5-15 | 마포아파트 전경(자료 : 대한주택공사, 1979)

사'의 설립으로서, 이때 여기서 공급하는 공공아파트는 주택시장을 선도하였고, 이를 계기로 민간에 의한 대규모 아파트 건설에도 불이 붙게 되었다.

대한주택공사에 의해 건설된 마포아파트는 한국 최초의 단지식 아파트이다. 1962년에는 Y자의 A, B형을 각각 3동씩, 1964년에는 판상형의 주거동 4동을 연이어 건설하였다. 지금은 헐려 없어진 마포아파트 단지의 옛 사진을 보면 넓은 대지 위에 적절한 층수(6층)로 많은 외부공간을 확보한 것을 볼 수 있다. 풍요로운 햇빛과 바람을 취할 수 있는 녹지 위의 고층주거를 실현하였고, 또한 토지의 효율적 이용이라는 집합주택의 본래 취지도 살리고자 한 것이었다. 그러나 이는 도시형 한옥을 비롯한 주변의 빽빽한 단독주택군에 떠있는 섬과 같았다. 이 아파트는 도시환경과 근린환경에 대한 고려보다는 하나의 단지 안에서의 생활문화의 혁신과 주거문화의 변혁을 우선했던 것 같다. 새로운 주거에 대한 열망이 얼마나 강했던지는 당시 이 아파트의 준공에 참가했던 박정희 대통령의 치사로도 짐작할 수 있다.[5]

이 후 대한주택공사는 서울 한강아파트(1966~1967)와 서울 반포아파트(1972~1973)의 건설을 통해 근대적 주거단지의 개념을 적용한 계획사례들을 차례로 선보였다. 한강아파트는 공무원 아파트, 한강외인아파트, 한강민영아파트가 모두 3,220호의 세대를 이루는 대규모 단지로서 국내 최초로 근린주구론을 도입한 단지이다. 단지 내에 학교, 상가, 공원 등의 생활편의 시설 및 공공시설이 함께 계획되어 단지 안에서 모든 것이 해결되는 하나의 생활권을 이루고 있다. 이 때부터 아파트는 살기 편한 주택이라는 인식이 퍼져나가게 되었으며, 아파트 생활이라는 동경할 만한 주거문화를 만들어내는 계기가 되었다.

중산층 주거로 자리매김한 1970년대의 공동주택

　1960년대 초 아파트 공급이 시작되던 초기에는 민간에 의한 영세한 아파트
들도 많이 지어졌다. 따라서 아파트가 서민주거라는 선입견과 부실공사에 대
한 불신 때문에 그다지 큰 호응을 받지 못하였다. 그러나 중산층을 겨냥한 주
택공사의 한강아파트가 성공을 거두고, 이후 한강 이남에 최초로 공급한 반
포아파트가 아파트가 중산층 주거라는 인식을 확실히 심어줌으로써 아파트
에 대한 인식이 바뀌었다. 또한 도시화 현상과 핵가족화 같은 사회변화로 인
해 아파트 생활은 도시생활과 현대인, 현대문명의 상징으로 부상하였다. 아
파트에 대한 선호 경향은 재산증식의 가장 확실한 수단으로서 아파트가 투기
의 대상이 되는 데 한몫하여 1970년대의 부동산투기라는 부작용을 몰고 오
기도 했다.

　대한주택공사는 1970, 1980년대에 서울에서는 잠실아파트 단지, 고덕지
구, 둔촌지구, 지방에서는 인천 구월지구, 공주 화정지구 등 대규모 단지들을
계속적으로 건설, 공급하였다. 대규모 단지는 철근콘크리트의 대량공급과 주
택건설 기술의 발달에 힘입어 가능하였다. 이 시기에는 주택을 건설할 때 대
량생산과 공기단축, 비용절감, 합리적 시공을 매우 중요시하였다. 따라서 동
일한 주동을 일자형으로 배치하고 같은 단위세대를 반복하여 똑같이 계획하

그림 5-16 | 1970, 80년대
에 지어진 획일적인 아파트
단지(자료 : 동아일보사 사
진자료실)

그림 5-17 | 클러스터 배치
의 잠실아파트(자료 : 동아일
보사 사진자료실)

였다. 그러나 이는 결국 획일화라는 한국 주거문화의 부정적인 측면을 가져오게 되었다.

잠실아파트 단지와 광주 화정지구는 중정을 형성하는 배치방식을 채택하여, 주민들에게는 커뮤니티를 형성하는 공용공간을 제공하고, 동시에 토지이용을 고밀로 효율적으로 하고자 한 시도였다. 그러나 우리나리 거주자의 남향선호의식은 이러한 단지배치에서 어쩔 수 없이 나타날 수밖에 없는 동서향의 주동을 잘 받아들이지 못하였다. 그리하여 이후 건설된 잠실 5단지의 배치는 남향 판상 일자형으로 다시 획일적으로 계획되었다. 한편 잠실 5단지는 15층의 주동을 판상형과 타워형으로 적절히 혼합 배치한 사례로 고층 고밀도 아파트의 서막을 알린 것이었다.

아파트가 중산층에게 확산되면서 한편에는 상류층을 대상으로 한 대형 아파트들도 많이 지어졌다. 원래 서구에서는 아파트가 중류 이하 또는 서민계층을 대상으로 하는 주택이지만, 우리나라에서는 '아파트'라는 단어 자체가 진보적이고 현대적이라는 의미를 갖고 있어서 시대를 앞서가고자 하는 계층에게 새로운 상류층 주거문화로 등장한 것이다. 이러한 고급 아파트들은 서구적 생활방식을 전제로 한 평면구조와 고급의 설비시설로 고소득층을 유혹하였다. 이들 대형 아파트는 아파트에서의 생활이 고급이라는 인식을 심어주었으며, 결국 주거문화의 계층적 위화감을 가져오게 하였다.

단독주택의 변화

전쟁 후 어느 때부터인가 우리나라에는 전통한옥이 더 이상 지어지지 않았고 모두 소위 서구식 '양옥'만이 지어졌다. 전쟁 후의 단독주택 종류에는 공공에 의해 지어진 국민주택, 부흥주택, 재건주택 등이 있었고, 이 외에 민간에 의해서 지어진 집장사집 등이 있었는데, 모두 양옥의 형식으로 지어졌다. 블록, 벽돌, 콘크리트 등 새로 보급된 재료들이 단기간에 주택을 짓기에는 안성맞춤이었을 것이며, 이들 재료로 지어진 집은 양옥일 수밖에 없었다. 이렇게 1970년대 들어 우리나라의 주거문화는 외형적으로 보면 완전히 서구식으로 바뀌게 된 것이다.

1970년대에 단독주택 공급의 많은 부분을 차지하였던 주택 중에 집장사집이라는 것이 있다. 이는 건축주 본인이 거주하기 위해서가 아니라 타인에게 팔아서 이득을 취할 목적으로 지어진 집을 말하며, 이렇게 집을 지어 파는 사람을 집장사라고 하였다. 이러한 의미로 본다면 서울을 비롯한 대도시에서 1960년대 이후 지어진 단독주택은 전부 집장사집에 해당한다고 볼 수 있다. 주택의 외관은 '양옥'으로 대부분 2층으로 산뜻하게 만들어져서 소비자들에게는 외관만 보면 상당히 매력적인 것이었다. 그러나 대부분 2~3개월 정도의 공사기간을 두고 값싼 재료로 겉만 번지르르하게 지었기 때문에 날림이 많았다. 그래서 집장사집이라는 것은 나중에는 고급주택에 대비되는 저급의 주택을 대표하는 불명예스러운 용어가 되고 말았다. 한편, 그 내용에 있어서는 진보적 면도 있었다. 재래식 주택에서의 길었던 동선을 짧게 하여 내부공간의 기능성을 살리고, 부엌에 입식구조를 도입한 것은 소비자의 구미에 맞추기 위한 하나의 수단이었다.

경제개발시기에 지방은 농촌취락개선사업, 새마을사업, 중소도시 재개발 등의 사업으로 일순간에 지붕의 모습과 색상이 바뀌고, 건축재료가 바뀌어 경관 자체가 변해버렸다. 새마을운동과 같은 일방적 개발정책이 농촌까지 시멘트 문화로 덮어버림으로써 수백 년 내려오던 고유의 주거문화가 한순간에 사라지게 된 것이다. 개발과 발전, 근대화가 최고의 사회적 가치였던 1970년

대에 흙벽, 흙담과 초가지붕은 없애버려야 할 전근대적인 상징으로 여겨졌다. 심지어는 외국의 국빈이 방문하여 차를 타고 고속도로를 지나게 될 때 낡은 초가지붕은 보여주면 안 되는 것이었으므로 누가 온다 하면 그때부터 고속도로변 동네의 주택은 빨강, 주황, 파랑의 갖가지 현란한 색상의 슬레이트 지붕으로 갑자기 바뀌었다. 새마을운동을 계기로 비위생적이고 구조적으로 취약했던 농가주택의 설비와 구조가 개선된 것은 바람직한 것이었다. 그러나 전통적인 것과 현대적인 것이 조화되면서 고유의 생활상도 반영되는 방향으로 농촌주택이 개선되지 못했다는 것은 매우 아쉬운 점이다.

그림 5-19 │ 새마을운동으로 달라진 농촌주거문화(자료 : 동아일보사, 1978)

1980년대 출현한 다세대 · 다가구주택

단독주택이었던 도시의 집장사집은 1970년대 이후 계속되는 도시로의 인구집중과 인구 자연증가로 인하여 '셋집'이라는 주거형태를 만들어냈다. 단독주택을 소유하는 사람들이 임대소득을 올리기 위해 방수를 늘리고 독립적인 화장실과 부엌을 시설하여 세를 놓기 시작한 것이다. 따라서 집을 개조하거나 신축하는 일이 빈번해졌고, 이렇게 만들어진 셋집의 주거환경은 매우 열악하였다. 이러한 상황에서 등장한 것이 다세대주택과 다가구주택이다.

1984년에 제정된 임대주택건설촉진법은 저소득층의 주거안정을 위한 주택공급의 확대와 소규모 임대주택의 건설을 목적으로 '다세대주택'이라는 새로운 유형의 주택을 도입하였다. 다세대주택은 한 건축물 안에서 각 세대가 독립된 주거생활을 영위할 수 있으며 소유 및 분양이 가능한 공동주택이다. 결국 두 가구 이상이 불법적으로 거주하던 변질된 형식의 단독주택을 공식적으로 공동주택으로 인정한 것이었다.

한편 다가구주택은 이보다 늦은 1989년에 법제화되었다. 다세대주택과의

그림 5-20 | 다세대 · 다가
구 주택으로 뒤덮인 지역(자
료 : 동아일보사 사진자료실)

차이점은 각 세대별 소유나 분양이 안 되는 임대주택이라는 것이다. 다가구
주택은 법적으로 단독주택으로 간주되었기 때문에 건축주가 다양한 세제혜
택을 받을 수 있었다. 또한 공동주택에 적용되는 건축기준에 적합한 경우에
다세대주택으로 용도변경이 가능하고, 또한 기존의 단독주택을 다가구주택
으로 개조하는 것이 용이하였기 때문에 급속히 확산되었다. 다세대 · 다가구
주택은 정부의 지원에 힘입어 더욱 활성화되어 1980년대 이후 도시 단독주
택지에 난립하였다.

다세대 · 다가구 주택은 주택공급 측면에서는 큰 기여를 하였다. 그러나 주
차문제, 일조권문제, 프라이버시 문제 등 주거환경을 악화시키는 많은 문제
를 안고 있었다. 게다가 비슷한 규모나 외관은 도시의 개성을 잃어버리게 하
였다. 이러한 다세대 · 다가구 주택은 점점 단독주택지를 잠식하여, 최근에는
도시지역에서 순수한 의미의 단독주택지를 찾아보기가 어려운 상황이 되어
버렸다.

신도시 개발

1980년대에 진입하면서 서울은 과포화상태에 이르게 되었고, 주택의 수요

그림 5-21 | 분당 신도시 개
발현장(자료 : 동아일보사
사진자료실)

그림 5-22 | 과천 신도시의
엇바닥주택(자료 : 동아일보
사 사진자료실)

는 끊임없이 증가하였다. 주택이 계속적으로 필요하게 된 것은 우선 전후에 마구잡이로 지어졌던 주택들이 점차 낡게 되었고, 반면 경제력은 향상되면서 새로운 주택으로 이주하려는 동기가 생겼기 때문이다. 또한 가치관과 라이프 스타일이 변하면서 대가족 공동체가 점차 해체되어 분가한 2세대의 개별가구들이 새로운 주택을 계속 필요로 했기 때문이다. 따라서 정부는 분당, 일산, 평촌, 중동, 산본의 5개 신도시를 개발하여 주거의 양적 수요를 해결하고, 과포화된 서울을 떠나서 교외에 쾌적한 이상적 주거지를 마련함으로써 주거의 질적인 수준도 높이고자 하였다. 그러나 이러한 순수한 동기는 사라지고 신도시정책은 당시 불고 있던 부동산 열풍과 함께 세계에서 유래 없는 단기간 내 최대 규모의 주택물량공급이라는 성과만을 달성하였다. 주택 200만호라는 어마어마한 주택을 수용하는 신도시를 불과 4~5년 내에 건설하겠다는 발상은 물을 섞은 불량 레미콘 사건으로 대표되는 부실시공 시비로 이어졌다. 신도시는 일단 주택공급 목표를 달성했다는 성과도 있었지만, 그로 인해 수도권으로의 인구 유입이 더욱 가속화되어 수도권이 더욱 팽창되었다는 비난도 동시에 받게 되었다.

신도시 계획 중에는 모범적인 사례도 있다. 1980년도에 건설을 시작한 과천 신도시는 영국의 뉴타운 개발방식을 모델로 하여 전원 속의 쾌적한 단지를 조성하고자 했던 것이다. 이전 시기의 획일화된 주거동의 형태와 배치에서 탈피하고, 새로운 평면형식을 도입한 점이 매우 참신하였다. 공동주택의 계획에 있어서 하나의 발전적 가능성을 보여주는 사례이다.

생각해 볼 문제

1. 일본식 주거문화는 왜 한국에 정착하지 못하였을까?

2. 서구식이 대부분인 우리의 현재 주거문화에 전통적 주거문화를 접목할 수 있는 발전적 방안에는 어떠한 것들이 있을까?

3. 우리 주거문화의 유형이 다양하지 못한 원인은 어디에 있을까?

4. 아파트를 대신할 수 있는 주거형태에는 어떠한 것이 있을까?

읽어보면 좋은 책

1. 철학연구회편(1998). 근대성과 한국문화의 정체성, 철학과 현실사
2. 역사문제연구소(2003). 사진과 그림으로 보는 한국의 역사(1, 2, 3), 웅진닷컴
3. 홍형옥(1997). 한국주거사, 민음사

아파트의 주거문화

1960년대 말부터 제 2차 경제개발 5개년 계획의 서민주택 대량건설정책으로 시작된 주택의 물량적 공급 개념은 아파트라는 주거유형을 국내에 소개하게 되었고, 이러한 아파트의 성공적인 정착은 이후 아파트를 가장 보편적인 주거유형으로 정착시키는 원동력이 되었다.

초기에 아파트라고 하면 서민주거라는 선입견으로 시작되었으나, 1970년대 초 한강맨션아파트, 반포아파트 등의 중산층을 대상으로 한 분양 성공은 아파트를 중산층이 가장 부러워하는 현대주택의 상징으로 급부상시켰다. 이 시기의 아파트는 더운물이 언제나 나오고, 집안에 수세식 양변기가 있으며, 입식 부엌가구가 설치되어 주부의 가사작업에 크게 도움을 주는 문화인의 편리한 주택으로 인식되었다. 단위주택의 편리성뿐만 아니라, 단지 중심에 학교를 배치시키고 주차장, 어린이놀이터, 소공원. 체육시설, 집중화된 상업시설 등을 갖추는 등, 서구의 주거단지계획이론을 도입하여 안전하고 편리하며 쾌적한 주거환경으로 정착시켜 나갔다.

이러한 아파트에 대한 선호와 건설 붐은 서울의 도시구조를 변형시켜 나갔으며, 한강변을 따라 아파트가 줄지어 서게 하였다. 지방 소도시의 모습에도 이제 여기저기 불쑥 솟은 아파트 건물이 낯설지 않게 되었다.

이제 아파트는 우리에게 가장 친숙한 주거유형이며, 삶의 공간이다. 우리는 이곳에서 먹고, 잠자며, 휴식한다. 이 글에서는 우리 아파트의 짧은 역사를 뒤돌아보고, 아파트 속에서 일어나는 우리의 일상적인 생활들에 대해서 생각해 보도록 한다.

도시 속의 아파트

도시 속 작은 도시

중산층을 대상으로 하여 아파트가 일반화되는 시점에서 아파트들은 주거단지를 형성하며 개발되어갔다. 한강아파트 지구(1966~1971)를 시작으로 하여, 아파트 단지계획은 페리의 근린주구론을 적용하여, 단지 중심공간에 학교와 상가를 배치함으로써 단지 내에서 일상의 생활을 편리하고 안전하게 수행할 수 있는 작은 도시로서 형성하였다. 이러한 근린주구론에 입각한 아파트 단지는 '도시 속 작은 도시'를 형성해 갔다. 이러한 작은 도시 속에서 아이들은 초등학교에서 고등학교까지 걸어서 통학할 수 있으며, 처음 보는 놀이기구들이 갖추어진 놀이터에서 맘껏 뛰어 놀 수 있으며, 주부들은 상가들이 잘 갖추어져 있어 단지 내에서 물건들을 편리하게 살 수 있고, 단지 내 테니스장 등에서 운동도 할 수 있다.

이 당시 아파트 단지는 주변 사람들로부터 근대적인 주거라는 선망의 대상이었지만 주변환경과는 격리된 자족적이고 배타적인 형태로 정착하게 되었다. 각 단지들은 각자 담장을 둘러치고 단지 밖과 안을 차별하였다. 가로변 보행자들은 담이 쳐진 단지 밖을 외롭게 걸을 수밖에 없으며, 단지를 관통해 지름길로 학교를 가거나 버스정류장을 가려면 월담을 해야 했다.

담장이라는 것은 우리의 고유한 문화적 소산이다. 담장이 높고 견고할수록 그 집에 사는 사람이 부귀하게 되는 것으로 여겼었다. 하지만 이러한 '담'은 한국인의 지나친 가족중심적 때로는 지역이기주의적 사고를 유발하는 것이라 할 수 있다.

도시 속 돌연변이

오랜 역사 동안, 도시와 주거는 서로 긴밀한 순응관계를 통하여 독특한 도시조직을 구축해왔다. 최근 역사적인 도시의 조직은 돌연변이성 주거에 의하여 파괴되어가고 있다. 해제된 전통한옥 보존지역에 불쑥불쑥 튀어나오는 다세대주택들, 나지막한 단독주택지역에 커다란 구멍을 내고 하늘 끝까지 솟아오르는 고층아파트들, 단독주택의 마당을 사라지게 하는 다세대주택들…. 도시조직은 끊어지고 구멍났으며, 돌연변이성 세포들로 가득 차게 되었다. 더이상 역사적인 도시의 이미지는 존재하지 않고 무질서만이 남게 되었다. 얼마전 까지만 해도 잦은 왕래가 있었던 이웃관계는 새로 들어선 아파트 단지에 의하여 깨지고, 하늘을 향하여 열려 있던 도시형 한옥의 마당은 이웃 다세대주택의 눈길 때문에 그 생명을 잃었다. 파리와 같은 역사적인 도시에서는 이러한 도시조직 파괴의 행위를 범죄라고 정의하고 있다. 독일의 IBA위원회에서는 "외부 스킨은 마음대로 하되, 하늘에서 내려다보는 도시의 조직만은 지킬 것, 그리고 베를린에서 가장 쉽게 찾아 볼 수 있는 두 가지 주택유형인 블록형과 계단실형 빌라를 택하여 계획하여 줄 것"을 도시주거의 원칙으로

그림 6-1 | 도시의 단독주택 지역에 무질서하게 들어서있는 아파트

정하고 있다. 일본 타마(多摩) 신도시에서도 공공에게 역사적인 골목이 가지는 길의 의미를 소생시키기 위하여 길을 따라가면서 친근감 있는 가게를 배치시키고 고층 아파트의 엄청난 스케일에 대한 위화감을 줄이기 위하여 길과 고층 아파트 사이에 길에서 직접 진입할 수 있는 낮은 주거동과 공유시설들을 배열하고 있다.

외국의 도시들이 그들 나름의 독특한 아름다움을 지킬 수 있었던 것은 도시속에 과거와 현재의 다양한 건물들이 공존하지만 그 바탕은 역사적인 도시의 조직을 존중하고 원칙을 지키기 때문일 것이다.

병풍을 치는 아파트

초기 아파트들은 대부분 5~6층의 저층으로 지어졌다. 하지만 땅값 상승과 도시의 고밀 개발은 10층 이상의 아파트로 고층화하게 하였고, 최근에는 재개발되는 신축 아파트들은 30층에 육박하고 있는 실정이다. 이러한 아파트의 층수는 어쩔 수 없는 밀도의 원리로서 주택공급의 경제성을 고려한다면 당연한 귀결이다.

또한 남향에 대한 우리나라 사람들의 맹목적인 선호는 전국적으로 단조로운 판산형 아파트를 보급하게 한 배경이 되었다. 좋은 방향이 주는 에너지 절약, 살균효과 등도 무시할 수 없는 이득이고, 우리나라만의 독특한 아파트 평면이 주는 맞바람의 효과는 생활의 쾌적함을 주는 것이 사실이지만 이렇게 옆으로만 길게 뻗으려는 욕심은 아파트 단지 계획을 획일화시키고, 우리 주변을 아파트 병풍으로 둘러치게 하며, 도심 주변의 산을 아파트로 가로막게 하였다.

최근 재개발되는 지역을 지나다보면 간담이 서늘해진다. 마치 산을 깎아 공원묘지를 조성하듯, 이미 평지라곤 찾아볼 수 없었던 우리의 산동네는 어느 날 붉은 흙을 드러내 보이다가 이내 콘크리트 계단으로 바뀌고 이 위에 서 있는 것이 안타까워 보일 정도의 높은 아파트들이 산을 뒤덮고 있다. 이러한 상황은 땅이 넉넉한 지방의 소도시에서도 다르지 않다. 볼품없는 아파트 상자는 예외 없이 우리의 아름다운 산천을 가로막고 서 있다. 이러다가는 어느 건축가가 지적하였듯이 언젠가는 아파트 주차장에 소를 매어놓고 농기구를 엘리베이터로 실어 나르는 웃지 못할 일이 벌어질지도 모를 일이다.

우리의 사회는 이러한 현상을 경제적인 주택의 원활한 공급 탓으로 돌릴 것이다. 하지만 20년 뒤, 그 많은 흉물들을 누가 책임질 것인가? 이미 미국 세인트 루이스의 '프루이트 이고(Pruit-Igoe) 주거단지'의 폭파를 계기로 일반인들과 행정가들의 고층아파트에 대한 인식이 변환되었고, 이후 미국에서의 공공주거개발은 저층고밀도 집합주택 위주로 전환되었다. 우리 또한 얼마전 남산의 제모습 찾기를 위하여 외인아파트를 철거하는 비싼 대가를 치르기도 했다.

우리도 이제 양적인 공급에서 질적인 공급의 사고로 전환하여 지역과 주변 여건에 어울리며 우리의 전통문화 또한 계승할 수 있는 다양한 주거유형을 개발하고 토착화하는 실험을 시작해야 할 것이다.

자연에 순응하는 아파트

환경보전에 대한 새로운 이데올로기의 대두는 우리가 사는 아파트 주거환경을 되돌아보게 하고, 환경적으로 건전하고 지속 가능한 개발을 하는 것 즉 인간과 자연이 공존하는 정주지를 지향하는 것이 우리 모두의 과제로 떠오르고 있다.

이러한 환경친화 주거단지는 일본에서는 '환경공생형 주택', 독일에서는 '생태주택' 등으로 불리고, 국내에서는 2002년 1월 '친환경건축물 인증제'의 출발과 함께 주거단지를 대상으로 하여 환경친화형 주거단지 인증기준에 합격한 아파트 건물들을 친환경 건물로 인증해 주고 있다.

친환경인증을 받은 아파트들은 고밀도라는 건물의 한계를 인간친화를 바탕으로 한 보행자 중심의 단지계획으로 극복하였다는 면이 돋보인다. 이러한 단지에서는 차와 보행자가 엄격히 분리되어 지상에서는 이삿짐과 비상차량을 제외하고는 차량통행이 금지되어 보행자들만의 지상을 확보해 주고 있으며, 보행자들이 걸어 다니는 주요 보행자 도로 변에는 풍부한 녹지공간을 확보하고, 자연친화적인 수공간(실개천, 벽천, 연못)을 형성해 주어 주민들에게 아름다운 휴식공간을 제공하고 있다. 이러한 미적인 자연환경뿐 아니라, 투수성 있는 도로포장을 하여 우수를 활용하거나 고기밀단열성 창호를 사용하여 단지 내 에너지를 절약하는 효과 등을 꾀하고 있다.

한편 국내 지형적 특성 상 많은 아파트들은 급격한 경사지 위에 건설되게 되는데, 일반적으로 축대를 쌓고 몇 단의 평지를 만들어 그 위에 고층아파트를 건설하는 것이 가장 일반적인 해안이다. 하지만 국내 몇 사례에서는 자연 경사를 활용하여 새로운 주거유형을 실험하였다. 가장 최초의 시도가 부산 망미동 주공아파트(1986)에 건설된 테라

그림 6-2 | 급격한 경사지를 그대로 살리면서 테라스 하우스 형태로 개발한 용인시 영덕리 주공아파트

스하우스로서, 급경사면에 2세대씩 벽을 공유한 형태로 배치하고, 경사골목을 통하여 진입할 수 있게 되어 있다. 각 세대의 테라스는 데크와 잔디마당, 화단으로 가꾸어져 공동주택에서 단독주택과 같은 독립성과 개방성을 갖게 하였다. 테라스 하우스를 연결하는 골목형 계단은 양편에 화단이 구성되어 울창한 수목이 자라 훌륭한 에코 코리더(Eco-Corridor)의 역할을 담당하고 있다. 이곳에 사는 주민들은 깊은 애착과 높은 정주성을 가지고 있다고 한다.

최근에 지어진 사례로는 경기도 용인시 영덕리에 위치한 주공아파트(1997)가 있는데, 평균 18%의 경사면에 타워형과 테라스하우스가 일체화된 4층 연립의 주동형태로 설계되어 있다. 단지 중심에 배면에 위치하는 보존수림대까지 연결되는 주 보행자축을 계획하고, 이 보행축을 따라 다양한 형태의 건물과 외부공간을 배치시킴으로써 풍부한 공간적 체험과 조망권을 확보해 주고 있다. 경사지라는 자연적 특수성을 테라스하우스라는 환경친화적인 건축대안으로 해결함으로써 인간에게 친숙하고 안전한 주거환경을 조성하게 되었다.

아파트 주거유형의 패턴

아파트의 토착화

우리나라 아파트의 역사는 마포아파트를 시작으로 한다면 이제 40년이 되어간다. 초기의 아파트에서는 서구의 아파트를 모방하여 주택의 공간을 공적 공간과 사적 공간으로 나누고, 입구 가까이에 거실과 부엌, 식당을 배치하고, 안쪽으로 복도를 형성하여 부부침실과 자녀침실 등을 배치하였다. 이는 다목적 기능을 담당하는 전통적인 안방의 기능을 거실이나 부부침실이 수행하지 못한다는 한계 하에서 호응을 받지 못하였으며, 얼마 후 우리나라 아파트 평면은 거실을 중심으로 하여 침실, 식당 및 부엌들이 주변에 배치되는 가장 전형적인 한국형 아파트로 정착하게 되었다. 이는 아파트 평면의 획일화라는 부정적인 평가도 받아왔지만 한국적 삶의 모습을 반영한 우리나라만의 독특한 주거문화이다.

거실에서는 손님접대, 가족 단란, 때로는 식사, 학습까지 다양한 행위를 수행하고 있다. 거실에 앉아 있으면 주변의 각 방에서 무슨 일들이 일어나는지 어림할 수 있으며, 가족들은 개인공간에서 휴식을 위해 거실에 자연스레 모이게 된다. 전통적인 안방의 기능을 거실이 담당하게 된 것이다.

아파트의 안방은 전통적인 안방과는 다르다. 전통적인 안방은 난방방식의 특성상 부엌과 분리할 수 없는 한 단위로서 가족들이 모여 식사하고, 취침하며 가족단란의 기능을 담당하는 복합적인 공간이었다. 하지만 주택의 도시화와 근대화와 더불어 안방이 담당하였던 복합적 기능들은 거실, 부엌, 식당 등 특성화된 공간들로 분화되어갔다. 아파트의 등장은 이러한 안방의 분화를 더욱 촉진하였고, 안방은 부부중심의 독립된 기능으로 특화되어갔다. 아파트 평면의 대형화와 더불어 안방공간은 안방, 부부침실, 욕실, 파우더룸, 드레스룸까지 갖춘 부부전용공간으로 확대되었다. 이 공간은 부부의 프라이버시를 강조하면서도 전통안방이 담당하였던 기능도 수행할 수 있도록 하여, 전통안방과 서양식 침실을 결합한 의의를 갖는다.

하지만 아파트의 평면유형은 대도시나 지방의 중·소 도시를 불문하고 자

안팎에서 본 주거문화

122

연환경, 입지조건 그리고 주변에 미치는 영향 등은 소홀히 한 채 획일화된 대안으로 계획되었다. 평형이나 규모의 차이만 있을 뿐 평면에서나 입면에서 거의 똑같은 모습의 아파트들은 평지건 산기슭이건 관계없이 솟아오르고, 영세한 주택업자들에 의해 지어지는 연립주택, 다세대주택, 다가구주택, 빌라에 이르기까지 특색 없는 비슷비슷한 집들이 전국 방방곡곡 어디를 가나 획일적으로 건축되었다.

따라서 아파트는 그 평수만 알면 대충 평면 형태를 예상할 수 있다. 그 아파트가 어디에 위치하건 어떠한 가족이 살건 그다지 다르지 않다. 단독주택이나 빌라와 같이 매우 창의적으로 진행될 수 있는 주택에 있어서도 아파트 평

그림 6-3 | 가족의 요구를 수용할 수 있도록 '맞춤형' 개념을 강조한 아파트 광고문

면의 전형적 형태를 벗어나지 못하는 것을 종종 경험하게 된다.

이러한 획일적인 평면 속에서 살아가는 우리의 모습 또한 비슷하다. 현관에 들어서면 대형 텔레비전과 오디오, 전화, 화병, 동양화 등이 진열된 장식장이 눈에 들어온다. 이 반대편에는 접대용 가죽 소파가 놓여 있으며, 우리는 여기에 앉아 같은 곳, 같은 프로그램을 응시하며 휴식의 시간을 보낸다. 간혹 이러한 천편일률적인 배열을 바꾸어 보고자 한다면 우리는 곧 어려움에 부딪히게 되면서 이러한 변화를 포기하게 된다. 다른 방향의 실내 벽에는 텔레비전 안테나가 없으며, 전화선도 꽂을 수 없기 때문이다.

어쩌면 이러한 획일적인 평면이 '남들이 하니까 나도 한다'라는 우리의 모방의식을 부추겼는지도 모른다. 이웃은 비교의 대상, 경쟁의 대상, 모방의 대상일 뿐이다. 이들이 경쟁하고 비교하고 모방하는 분야는 정신적인 대상이라기보다는 물질적인 대상으로서 우리는 끊임없이 모방하게 되고, 결과적으로 획일화되는 것이다.

하지만 다행히도 최근에 들어서는 다양한 라이프스타일을 반영하듯이 아파트의 평면에도 다양화 및 개성화 경향이 뚜렷해지는 것을 알 수 있다.

그 배경에는 분양화 자율화와 '성공적인 분양'을 위한 '차별화'라는 전략을 생각지 않으면 안 되는 산업적 배경이 있었지만 이는 건축계획적 측면으로는 긍정적이며 그 동안 주거학자들이 이론적으로 제안했던 많은 이상적 주거모형들이 실현되는 계기라고 할 수 있다.

불법을 조장하는 발코니

우리나라 아파트와 서양 아파트의 가장 큰 차이점은 발코니이다. 발코니의 사전적 의미는 '난간으로 둘러싸인 벽으로부터 튀어나온 대'로서 테라스, 베란다와 같은 의미이다. 아파트 발코니 공간은 내부와 외부를 자연스럽게 연결시켜주는 중간적 역할을 맡아 실내에서 실외, 실외에서 실내와 같은 분위기를 느낄 수 있는 전이적 공간이다. 서양 아파트에서는 발코니는 독서와 사색의 공간, 또는 조경의 공간으로서 인공조경을 하거나 간이 테이블과 의자를 두어 적극적인 옥외 공간으로 활용하고 있다.

하지만 우리나라 아파트 발코니의 기능은 참 다양하다. 전면 발코니에서는 빨래도 말려야 하고, 장독도 두어야 하며, 에어컨 실외기도 두어야 하며, 자주 사용하지 않는 물건들을 두기도 하고, 자전거를 두기도 하여야 한다.

후면 발코니에도 세탁기가 놓이며 이곳에서는 걸레를 빨아야 하고, 부엌 씽크대에 들어가지 않는 큰 그릇과 각종 쌀, 미역 등 건조 음식도 보관해야 한다. 때로는 김치냉장고, 냉동고, 냉장고들은 부엌을 더욱 넓게 쓰기 위하여 발코니로 쫓겨 나오기 일쑤이다.

발코니가 담당하는 기능들을 열거하다 보니 우리의 발코니는 전통적인 주거생활이 아파트로 옮겨오면서 방의 기능들이 명확한 아파트 공간에 담다가, 담아지지 않는 나머지의 것들이 아닌가 한다. 전통주택에서는 광이 있었고, 다락이 있었으며, 가사작업을 할 수 있는 마당과 김치와 장을 보관할 수 있는 장독대가 있었지만 아파트에는 없다. 우리의 생활도 매우 현대화되어, 이제 더 이상 김치와 장을 집에서 담그지 않고, 사다가 먹는 집도 많지만 그래도 우리의 부엌에는 보관해야 할 것이 참 많다.

이렇다 보니 최근에 지어지는 대형 평형의 아파트에선 간이주방을 발코니에 설치해 주는데, 주부들에게 인기가 좋다고 한다. 또한 세탁기도 '빌트인 (built-in)' 되는 수납장을 발코니에 제공하여 발코니는 이제 더 이상 외부공간이 아니라 실내공간으로 편입되었다.

하지만 국내 건축법규 상, 이는 엄연히 불법이다. 발코니는 그 폭이 1.5m 이내이면 건축 바닥면적이 포함되지 않는 서비스 면적으로 인정받는다. 건설업체들이 마치 이 서비스 면적이 공짜로 주어지는 평수인 것처럼 소비자들을 현혹하고, 이러한 서비스 면적을 얼마나 확보하고, 어떻게 전용할 수 있는지에 대한 아이디어를 짜내는 데 주력하고 있다. 이렇다 보니 우리나라의 아파트는 전면, 후면 둘러가며 이러한 '공

그림 6-4 | 주택의 전면, 후면에 설치된 발코니는 우리의 아파트 평면과 입면을 획일화하는 주 원인 중의 하나이다.

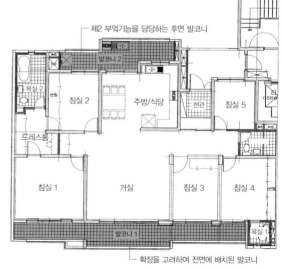

━ 제2 부엌기능을 담당하는 후면 발코니

발코니 2

욕실 2 / 침실 2 / 주방/식당 / 현관 / 침실 5

드레스룸

침실 1 / 거실 / 침실 3 / 침실 4 / 욕실 1

발코니 1

━ 확장을 고려하여 전면에 배치된 발코니

짜' 발코니로 둘러싸이다 보니 입면 디자인이라고는 없는 창으로 뒤덮인 획일적인 모습을 갖게 된 것이다.

서비스 면적은 법규 상 바닥면적에는 포함되지 않는 면적이지만, 우리가 아파트 분양가를 지불할 때 이 건설비에 대해서 정당히 지불한 것이다. 우리 사회가 이러한 서비스 면적의 유혹을 벗어던진다면, 폭이 좁고 길이가 긴 발코니보다는 김치 담그기도 좋고, 빨래를 빨고 널기도 더욱 편리한 제 기능에 꼭맞는 다용도실을 사용할 수 있을 것이다.

아파트 주거문화의 패턴

살 집보다는 팔 집

우리는 집을 살 때 항상 고민하면서 부동산중개인에게 물어보는 말이 있다. "이 집 팔 때 잘 팔릴까요?" 물론 경제적 관리의 차원에서는 매우 중요한 의사결정의 요인이다. 하지만 집을 선택할 때 우리는 항상 "이 집이 우리 가족이 생활하기에 얼마나 쾌적하고 편리한가?"라는 관점보다는 집을 매입한 후 "얼마나 집값이 올라줄 것인가?"에 더욱 관심이 많다. 이는 사실 그동안의 부동산시장의 불균형형성과 급상승에 원인이 있을 것이다. 하지만 예로부터 '자기 집을 꼭 소유해야 한다.'는 우리 국민 고유의 민족성은 항상 시장에서 주택 수 부족을 야기시켰고, 주택을 소유하지 못한 이들에게 항상 상대적 박탈감을 갖게 하였다.

IMF 시기 이후 집값이 한동안 안정적인 시기 동안 사람들에게는 집을 소유하고 있다는 것이 매우 우둔한 판단이며, 집에 깔고 앉은 비용을 사업적으로 활용하는 것이 훨씬 현명한 사람이라는 분위기가 확산된 적도 있었다. 하지만 그 이후 급격한 부동산 상승은 다시금 집을 소유하지 못했던 사람들에게 좌절감을 안겨 주었다. "역시 집이 최고야!"

하지만 이러한 불안정한 주택시장은 우리에게 '거주의 지속성'을 잃게 하였고, 돈이 될 만한 집으로 철새처럼 옮겨 다니게 만들었다.

외국에서는 그 집에서 태어나고, 그 집에서 손자들이 자라게 되는 경우를 종종 듣게 된다. 집에 대한 애착과 사랑은 지역에 대한 사랑과 공동체에 대한 관심으로 이어진다. 이제 우리도 단지 집을 '황금알을 낳아주는 적금통장'으로 보는 것에서 벗어나 가족원에게 편안한 휴식의 안식처로 보아야 할 것이다.

너무나 사치스러운 아파트

IMF 시기, "실내온도 1℃만 낮추면 1년에 ○○○원을 절약할 수 있습니다."라는 홍보문을 자주 접했었다. 아파트에서 살아가는 우리의 모습을 상상해본다면 1℃라는 말이 무색해진다. 사시사철 집안에서는 긴소매 옷을 입을일이 별로 없으며, 덥다 못해 창문을 열어놓기가 일쑤이다. 과거 너무 추운집에서 웅크리고 살아서 그런지 다소의 추위를 견디고자 하는 의지는 이미사라져버리고 말았다.

다른 나라와 우리의 아파트를 비교해 보면 계단실형 아파트는 우리의 독특한 주거유형으로 여겨진다. 일본의 한 단지에서 그곳의 주민대표에게 계단실형 아파트를 설명하고 그 선호여부에 대한 의견을 물어본 결과 엘리베이터를한 층에서 두 집만이 공유한다는 것은 너무 사치스러운 계획으로서 서민주택에서는 도저히 생각할 수 없는 계획같다고 하였다. 이에 비하여 우리는 너무편안하게 느끼고 있는 것이다.

최근 지어지는 아파트의 모델하우스를 방문해 보면 전문가로서의 안목이무색할 정도로 매우 화려하고, 어느 한 곳 손댈 때가 없을 정도로 완벽한 설비와 시설을 갖추고 있다. 하지만 너무나 독특한 컨셉트를 지니는 '디자인된주거(designed home)'이다 보니, 이 집에서는 주인이 가지고 있던 어떤 가구나 옛 물건 어느 것 하나 조화되기 어렵다. 상대적으로 외국 고가의 아파트를가 보면 건물의 외부 모습에서는 매우 고급스럽고 도심에 있는 어떠한 오피스 건물과 비교해도 조형적으로 뒤지지 않는다. 아파트 단위 주호에 들어가보면 기대보다는 상대적으로 단순한 내부재료에 실망한다. 흰 페인트된 벽에바닥에는 'wall to wall' 카펫 또는 마루바닥… 들어오는 입주자의 취향에따라 스스로 페인트 칠하고 부분 카펫으로 장식한다.

하지만 우리의 아파트는 외부입면을 보면 최근의 주상복합 아파트를 제외하고는 고급 아파트인지 서민 아파트인지 구분할 수가 없다. 이렇듯 우리의 아파트는 낭비적이고 개인이기주의적인 부분이 많다. 주거는 개인 재산임과 동시에 공공 재산이다. 함께 환경을 고려하고, 내 집안뿐 아니라 도시미관을 배려하는 한층 더 성숙된 주거인이 되어야 할 것이다.

뛰지 말아라, 아이들아!

어린이들이 원하는 집은 어떤 것일까? 집과 그 주변에 머무르는 시간이 어른보다 훨씬 많은 어린이들에게 주거환경의 질은 바로 생활의 질로 연결된다.

어느 신문사에서 아파트에 거주하는 초등학생을 대상으로 그들이 자신들의 주거환경에 대하여 어떻게 생각하는지 그리고 무얼 원하는지에 대한 설문조사 결과 어린이들은 놀이공간의 부족에 대하여 가장 큰 불만을 나타냈다.

그들은 놀이시설이 시시하고, 놀이터에 쉴 그늘이 없어서 주로 집에서 컴퓨터 오락이나 게임을 하게 된다고 하였고, 축구를 하고 싶어도 "남의 차를 망가뜨릴까봐 조심스럽다."라는 목소리도 있었다. 단지 내에서 어린이들이 롤러블레이드나 자전거를 타는 것은 여간 위험천만해 보이지 않으며, 놀다가 화장실에 가고 싶어도 집에 되돌아가거나 아무 곳에나 실례해야 하는 실정이다.

여러 가지 이유로 요즘의 아이들은 집 안에서 대부분의 시간을 보낸다. 그러다 보면 아이 엄마는 하루종일 "집안에서 뛰지 말아라."라고 하지 않을 수가 없다. 이 잔소리를 조금만 게을리하다 보면 아랫집 아줌마가 화가 나서 올라오게 되는 일이 벌어지기 때문이다. 이러한 일들이 단순 얼굴 붉히는 싸움이 아니라 법적 대응으로까지 가고 있고, 다행히도 주택건설기준에 '공동주택 층간소음 기준'을 고시하고 건설 시 이 기준을 지키도록 하였다.

현재 단지계획에서 가장 먼저 개선되어야 할 것은 보행자공간의 확보라고 할 수 있다. 우리 주변 대부분의 단지에서는 우선순위가 바뀌어 차량 동선이 우선되어, 어느 한 곳 어린이들이 차로부터 안전한 장소를 찾아보기 힘들다. 다행히도 최근에 지어지는 아파트들은 지하주차장들을 확보하여 '지상은 사람, 지하는 차량'으로 보차분리의 개념을 적극화하고 있다. 노후화된 아파트들도 리모델링 시 첫 번째로 요구되는 공유시설이 지하주차장 시설과 보행자 중심의 단지계획이다. 이제 우리도 우리의 아파트 단지를 사람중심의 단지로 만들어야 할 것이다.

우리의 단지는 나이, 성, 신체크기, 장애유무 등이 다양한 가족구성원들이 함께 생활하고 있으며, 다양한 특성을 갖은 사람들이 방문할 수도 있다. 그러므로 정상 성인에 대한 표준기준보다는 그 구성원들 각각의 신체적 특성과 주거요구수준에 눈높이를 맞추는 일이 우선되어야 한다. 유모차를 탄 유아나 휠체어를 탄 몸이 불편한 사람들에게는 계단이 아닌 경사로가 있어야 하며, 입시 및 과외에 억눌린 자녀들이 스트레스를 풀 수 있는 스포츠 시설도 갖추어야 할 것이다. 즉 단지구성원 모두가 안전하고 편리하게 생활할 수 있도록 '눈높이 단지계획'은 어떨까?

자연이 그리운 집

따스한 온기와 밝음을 전달하는 빛, 우리의 생명을 지켜주는 물과 공기, 시원한 그늘과 향기를 전달하는 나무, 우리 몸의 열기를 식혀주는 시원한 바람, 이 모두는 우리를 감싸고 있는 자연의 소중한 혜택이다.

자연과의 접촉이 희박해진 현대인은 더욱 자연을 찾아나서고 소유하려고 한다. 실내에 깨끗한 공기를 확보하기 위하여 '공기청정기'는 도시의 주택에 있어서 필수가 되었으며, 자연의 바람과 같은 시원한 바람을 얻고자 '인공지능형' 선풍기와 '자연바람형' 에어컨이 개발되었다. 도심의 소음을 차단하고자 설치한 이중유리창은 자연의 소리와 냄새로부터 우리를 격리시켰고 대신 카세트테이프로부터 흘러나오는 자연의 소리와 전기 플러그에 꼽혀진 인공향수로부터 자연에 대한 그리움을 달랬다. 인간은 하이테크한 기술을 총동원하여 자연과 똑같은 인공환경을 만들려고 노력하지만 현대의 주거는 더욱 자연과 격리되는 결과가 초래되었다.

우리가 원하는 것은 '자연과 같은 자연'이 아니라 다소의 오염원을 지니더라도 '천연의 자연'이다. 집안에서 흙과 나무의 냄새를 맡을 수 있으며, 바람에 흔들리는 나뭇잎 소리, 물 흐르는 소리를 들을 수 있는….

그림 6-5 | 집안으로 바람의 길을 만들어 시원한 여름을 보낼 수 있도록 배려한 전통한옥

그러므로 현대의 주거가 추구해야 할 기술은 자연의 감각을 약화시키는 인공기술이 아니라, 인간과 자연이 직접적으로 접촉할 수 있는 매개적 기술이어야 한다. 최근 세계 각국에서 여러 이름으로 제시되는 '환경친화형 건축'에서 이러한 인간과 자연을 연계하려는 새로운 기술들이 실험되고 있다. 예를 들면 에어컨을 틀지 않더라도 여름에 시원할 수 있도록 집안에 바람의 길을 만드는 통풍시설, 물의 낭비를 없애기 위하여 물을 재활용하거나 빗물을 온실이나 정원에 사용하는 방법 등이 이에 해당된다. 이러한 기술의 기본적 원칙은 인공에너지 사용의 최소화와 더불어 자연 요소들이 가지는 본연의 성질을 활용하여 건축의 실내환경을 조절할 수 있는 지혜의 모색이라고 할 수 있다.

원스톱 서비스

최근 가장 고급 아파트라고 한다면 '초고층 주상복합아파트'를 들 것이다. 이 아파트에는 일반적 아파트 단지에서 가지고 있는 모든 시설들을 한 건물 내에 갖추고 있으며, 새로운 라이프스타일의 변화에 따라 요구되는 스포츠시설, 사교시설 등이 적극화된 주거공동체이다.

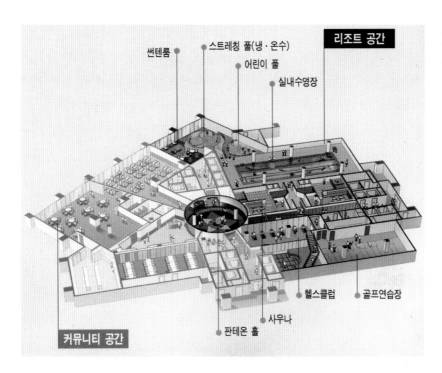

그림 6-6 | 다양한 공유시설을 건물 내에 갖추고 있는 초고층 주상복합아파트

썬텐룸
스트레칭 풀(냉·온수)
어린이 풀
실내수영장
리조트 공간

헬스클럽
골프연습장
사우나
판테온 홀
커뮤니티 공간

이 건물 안에서 사람들은 운동하고, 쇼핑하며, 사교하며, 외식도 할 수 있으며, 아이들을 보육한다. 그 각각의 수준은 외부 어느 곳에 뒤지지 않아 상류층으로서의 기품을 유지할 수 있으며 만족할 만하다.

단위주호의 평면 또한 지금까지의 아파트와는 차별화되어 형태부터 전형적인 사각형태에만 제한하지 않으며, 가족실이나 서재와 같이 일반적인 아파트 평면에서는 둘 수 없었던 새로운 가족공간들을 제공하고 있다.

아래층에는 상가, 위에는 주거라는 '주상복합'의 형태는 초고층의 아름다운 조망권을 확보하여 주었고, 펜트하우스를 독보적으로 인식시키게 하였다.

이 외에도 초고층 주상복합아파트에는 가전기기 제어, 원격조명 조절, 원격검침, 원격제어 시스템과 자동공기청정시설, 자동방화/방재 시스템, 자동방범경보, 정보통신망, 자동진공청소시설까지 지금 우리의 기술이 할 수 있는 모든 기계와 통신의 편리성을 확보하고 있다. 마치 공상과학영화에서 상상하던 그 기술들이 실현된 듯하다.

이제 가족들은 수영장이 멀어서, 골프 연습시설이 없어서 운동을 못한다는 핑계를 댈 수 없다. 내려가면 모든 것이 다 있으므로 본인의 의지만이 남은 것이다. 하지만 문을 닫고 집 안에 있으면 아무도 방해하지 않는다. 이리저리 괴롭히는 방문판매원도 없고, "세탁"하며 돌아다니는 아저씨도 없다. 그냥 집 주변을 배회하고 싶어도 왠지 감시당하는 것 같고, 아이들은 옆 동의 친구 집에 가고 싶어도 미리 예약해 두지 않으면 들여보내주지 않는다. 편리하다는 측면은 한없이 부럽기도 하지만 왠지 과연 인간에게 건강하고 건전한 주거환경인가 하는 생각을 되새기게 한다.

늘어가는 낡은 아파트

헌집 줄게 새집 다오!

그림 6-7 | 전면의 아파트 단지는 재건축을 통하여 후면의 아파트 단지처럼 고층·고밀화될 예정이다.

건물은 지어진 후 시간이 흐르면서, 낡게 되고, 그 안에서 움직여 주던 설비들도 기능의 효율성이 떨어지게 된다. 그리고 기술이 빠르게 변화하면서, 새로 지어진 아파트에는 최신 설비들이 갖춰지면서 오래된 아파트에 사는 사람들은 상대적인 불편함과 빈곤감을 느끼게 된다.

시간이 지나면 더러워진 도배지와 바닥재도 바꾸어야 하고, 낡은 싱크대도 교체하고, 노후화가 심한 경우에는 집안의 급배수관도 모두 교체하는 대공사를 감행하게 된다. 이는 자연적 원리라고 할 수 있다. 하지만 그 노후의 정도가 심화되면 헌집을 허물고 새집을 짓는 것이 경제적인 시점에 이르게 된다.

그런데 언제부터인가 우리 나라 아파트

의 수명은 다들 20년이라는 상식 아닌 상식이 통하고 있다. 공동주택관리령에 의거하면 재건축의 허용연한을 20년이라고 정의하였기 때문에 아파트가 지은 지 20년이 지나면 재건축 시행에 대한 기대를 하게 된다. 하지만 대부분 철근콘크리트로 건설되는 아파트의 구조연한은 80년 이상이며, 외국의 경우 아파트의 수명은 100년 이상으로 상식적으로 생각하고 있다.[1] 저자가 스웨덴을 방문했을 때 아파트를 지나가면서 주변에 있는 아파트를 가리키며 수명을 물어보았을 때 건축과 교수인 안내자는 새집이라며 40년되었다고 설명하였다. 40년이 된 집이 새집이니 우리와는 상당히 다른 상식을 가지고 살고 있는 것이다. 그렇다면 우리 건설업자들이 아파트를 부실하게 지어서 우리의 아파트들은 20년이 지나면 허물고 새로 지어져야 한다는 말인가?

재건축의 붐과 더불어 집주인들은 한동안 자신이 살던 아파트를 비어두고 잠시 다른 곳에 사는 동안, 살던 아파트는 허물어지고, 새로운 아파트 단지를 형성한다. 집주인은 살던 곳보다 더 넓은 평형의 아파트의 입주권을 확보하고 때에 따라서는 돈도 챙겼다. 어찌 자유 건설시장에서 헌집을 주고 대신 더 넓은 새집을 받으며 또한 별도의 돈도 챙길 수 있었겠는가?

밀도의 원리이다. 저밀도의 중·저층 아파트를 초고층 고밀화단지로 재건축함으로써, 고밀도로 개발하면서 생기는 이익의 차이였다. 재건축, 즉 용적률의 상향조정을 통한 개발을 통하여 건설업체는 새로운 공사를 수행할 수 있고 새로운 물량으로 발생하는 아파트를 분양하는 것이다. 하지만 이 장사가 과연 남는 장사인가 하는 데는 회의가 든다. 거주자들은 여유 있던 단지 공간을 잃게 되고, 25층에 이르는 거대한 높이의 아파트들이 'ㅁ'자로 둘러싸는 아파트단지에 대신 살게 된다. 한 동안은 넓고 새 아파트라는 매력을 만끽하겠지만 어느 사이엔가 답답함을 느끼게 될 것이다. 그렇다면 다시 20년 뒤엔 어떻게 할 것인가라는 의문이 생긴다.

고쳐 쓰는 아파트

무분별한 재건축에 의한 국가자원의 낭비 및 환경문제에 대한 사회의 관심은 재건축을 사회적으로 재고하게 하였고, 결과적으로 재건축의 사업을 어렵

[1] 주택수명의 각국 비교한 것에 의하면, 미국은 103년, 영국은 104년, 프랑스는 86년, 독일은 79년, 일본은 30년으로 파악되고 있다.(자료 : 대한주택공사 주택연구소, 공동주택단지 리모델링 방안 연구, 2000)

게 하도록 건축법이 개정되었다. 이러한 배경 속에서 리모델링이라는 용어가 재건축의 대안으로 떠오르게 되었다.

리모델링이란 건축경년이 오래된 아파트가 단위주호의 개조만으로는 난방이나 급배수의 노후화를 극복할 수 없는 한계에 이르렀을 때 단지 전체 또는 주동 단위의 주민들의 의견수렴을 통하여 "노후화된 건축물을 신규 아파트 단지와 경쟁할 수 있는 수준까지 건축물의 평면계획을 재조정하고, 구조적 결함을 보완하고, 설비를 교체하는 개조 행위"를 말한다. 리모델링이란 용어는 출발 당시 단위 주호의 개조 또는 인테리어 공사 행위를 의미하기도 했는데, 최근 들어서는 오래된 아파트 단지 전체 차원으로 또는 작게는 한 동 단위로 적극적인 공동의 의지표명 및 의견수렴을 통하여 행해지는 개조 행위로 일반화되고 있다.

부동산 자산관리 차원에서 적극화되었던 재건축에 비하여, 리모델링은 집 주인이 모든 소요비용을 감당해야 하며, 리모델링 후 부동산 가치의 상대적인 수익은 예측할 수 없으므로 막연한 기대심리보다는 평생주택의 개념으로 노후화된 아파트를 개선하여 살고자 하는 유지관리의 차원으로 접근하는 것이 바람직하다.

적극적인 리모델링은 건물의 뼈대만 남긴 채 모든 공사를 신축공사 수준으로 진행한다. 물론 획기적인 구조변경은 어렵기는 하지만 다소의 평면구조 변화 및 면적 확대를 꾀할 수 있다. 또한 단지 차원에서 지하주차장을 신설하고, 함께 사용할 수 있는 체육시설, 어린이놀이시설, 공유시설을 확충하고, 조경시설을 아름답게 재조성할 수도 있다.

유럽과 일본에서는 이러한 개조 행위의 효율성을 위해 '오픈 하우징(open housing)'이라는 개념을 오래 전부터 소개하고 실험 주택에 대한 연구를 꾸준히 진행하고 있다.

오픈 하우징이란 건물의 기본 구조체(support)와 사용자가 변형하거나 교체할 수 있는 수준의 내장 또는 전용설비물(infill)을 분리하여 설계·시공하는 방식으로 노후화가 진행되어 주호의 일부 내장 또는 설비를 교체할 때 기본 구조체에 피해를 입히지 않으면서 독립적으로 교체·보수할 수 있다. 예를 들어 윗집과 아랫집의 공용배관이 현재 아파트의 경우 집 내부에 어디인가 눈에 보이지 않는 곳에 있다. 어쩌다 하자가 생겨 점검하려고 한다면 작은 검침구로는 그 상황을 보기 어려우며 벽을 부수지 않고는 일부 교체한다던가 하는 공사를 할 수 없다. 하지만 오픈 하우징에서는 중요한 배관을 아파트의 공용계단실이나 복도로 집중시키고, 캐비닛식으로 만들어 점검·보수가 용이하도록 하고 있다.

오픈 하우징의 또 다른 장점은 '가변성'인데, 거주자가 살면서 가족형태의 변화에 따라 방이 필요하다든지 또는 방의 수를 줄이고 큰 방을 필요로 할 때, 실내의 벽체 등을 자유롭게 위치를 변경한다든지 또는 방의 변화에 따라 콘센트나 스위치의 이동이 필요할 때 이미 바닥이나 벽의 일부분에 매설된 여유의 전기선을 활용할 수 있도록 사전에 변화를 대응하여 건설하는 방식이다. 이러한 주거계획은 다소 신축비에서 기존 주택보다 추가 부담이 예상되지만 짧게는 20년마다 주요 구조체를 제외한 집의 모든 부분을 다 해체해야

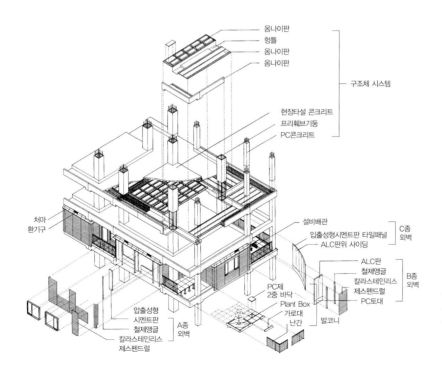

그림 6-8 | 건물의 주요구조체와 내장 또는 전용설비물을 분리하여 설계시공하는 방식의 공동주거(자료 : 일본의 NEXT21)

하는 구조방식보다는 경제적이며 단위 주호만을 독립적으로 공사를 진행할 수 있기 때문에 더욱 효율적이다. 즉 집을 신축할 때 향후 발생하는 고장이나 변경에 대해서 고치기 쉽도록 설계·시공하자는 개념이다.

관리하며 사는 집

노후화된 아파트에 대안을 모색하다 보면 '재건축'이나 '리모델링'과 같은 대형 건설업체에서 관심을 갖는 '사업' 차원의 대안도 중요하지만 한편으로 드는 생각은 평상시에 "잘 유지관리하면 우리 아파트의 수명도 연장할 수 있고, 그 동안 쾌적한 공동체에서 생활할 수 있을 텐데…"하는 생각이다. 현행 장기수선계획에 의거하면 아파트에서 정기적으로 수선해야 하는 항목과 수선주기를 명기하고 있다. 하지만 실제 현황을 조사해 보면 이 계획표와는 무관하게 진행되고 있으며, 기계설비와 관련해서는 하자가 발생하지 않는 한, 전혀 계획적인 수선이 이루어지지 않음을 알 수 있다. 체계적인 수선을 실시하기 위해서는 비용의 적립이 중요한데 현행 장기수선충당금은 단지별로 매우 격차가 심하고, 그 비용도 턱없이 부족한 실정이다. 일본에서는 단지별로 현실적인 장기수선계획을 수립하고 이 계획에 따라 산출된 현실적인 금액을 적립하고, 그 비용으로 수선을 체계적으로 수행해 나가고 있다. 즉 문제가 발생될 때까지 기다리지 않고, 미리 앞당겨 관리해 나감으로써 거주의 쾌적성과 만족감을 높일 수 있는 것이다.

국내에 건설된 아파트 단지의 국가적 자산 가치로 환산해 본다면 매우 클 것이다. 우리나라처럼 자원이 부족한 나라에서 20년마다 아파트 건물을 철거하고 새로 짓는다는 것은 자원의 낭비이며, 그 쓰레기 산물은 우리의 강산을 황폐화시킬 것이다.

아파트 단지를 공동의 자원과 우리의 자산으로 여겨, 자신의 집만이 아닌 우리의 단지와 우리의 시설들이 잘 운영되고 기능되는지 점검하고 관리해 나간다면 그 속에서 살아가는 우리 또한 만족스럽고 행복해질 수 있으리라 기대한다.

생각해 볼 문제

1. 지방 중소도시에 적합한 공동주택은 어떠한 유형인지 토론해 보자.

2. 지금의 아파트 평면에서 한국적 생활양식과 가장 적합하게 고려되었다고 생각되는 공간과 그 반대의 공간을 찾아서 토론해 보자.

3. 노후화 아파트에 대한 대안을 논의해 보자.

읽어보면 좋은 책

1. 김진애(1996). 우리의 주거문화 어떻게 달라져야 하나?, 서울포럼
2. 용마루 5(1995). 우리의 도시주거 — 들여다보기 · 내다보기, 미건사

초고층 주상복합
아파트에서의 삶

최근 도시를 배경으로 건설 붐이 일고 있는 초고층 주상복합아파트는 고밀 거주와 유한한 국토의 효율적 활용이라는 면에서 일단은 긍정적인 건축형태로 받아들여지고 있다. 초고층 주상복합 또는 주거복합의 형태로 개발되고 있는 이 공동주거가 우리에게 일반적인 주거형태가 될 것인지 아니면 새로운 주거형태를 요구하는 사회에서 일시적인 현상이 될지는 아직 명확히 말할 수 없다. 하지만 이전의 공동주거의 유형과는 도시, 사회, 문화적으로 다른 양상을 보이고 있는 것만은 분명하다.

한편 세계적으로 주거환경에 대한 관심은 날로 높아가고 있는데 선진 복지 국가에서는 주거환경이 인간의 정신적·신체적 성장에 중요한 영향을 미치고 있다고 분석하고 단순히 건물을 세우는 것뿐만 아니라 그 거주성이나 사회적 시설을 포함한 주생활의 쾌적성을 보장하여야 한다는 기반에서 주택정책을 펴나가고 있다. 근래에는 인간과 주거에 대한 연구의 필요성이 국제적으로 인식되어 세계보건기구(WHO)는 1972년에 주거 및 보건전문위원회(Expert Committee on Housing and Health)를 개최하였고, 그 연구 보고를 통해 주거환경이 거주자의 심신건강과 인간관계에 미치는 영향을 지적하고 있다.[1]

1) 고층아파트와 정신건강, 주택 기술정보, 1984. 11

새로운 주거유형이 보인다

사람은 사람이 있는 곳에 모인다 – 스칸디나비아 속담
도시의 풍경은 여러 역할을 하지만 그 하나는 사람들에게 보이
고 기억되어 즐거움을 주는 것이다 – 케빈 린치

급격한 산업화 현상에 따른 도시의 인구집중 현상은 많은 심각한 도시문제를 야기했고 그 대표적인 예로 주택부족 현상을 들 수 있다. 주택부족 현상의 해결방안으로 우리나라에서는 제한된 토지에서 주택의 대량공급을 위해 집합주거 형태가 개발되고 또한 이 집합주거는 고층화, 고밀화될 수밖에 없었다.

국내의 경우 1970년대 중반부터 12층 및 15층 규모의 고층 아파트가 조성되기 시작했고, 처음에는 이러한 고층 아파트의 출현이 많은 사람들에게 거부감을 주었으나, 차츰 고층 거주에 대한 두려움이나 거부감이 해소되어 고층 아파트에서 최하층보다는 최상층을 선호하는 추세로 변하자[2] 담론가들에 의해 고층 거주에 대한 찬반 의견이 나누어지기도 하였다.

2) 제해성(1989), 고밀도 집합주거에 관한 법규 및 제도의 현황과 개선방안, 건축학회지 33권 6호, 24

그림 7-1 | 상계동 주공아파트 중앙의 공용공간

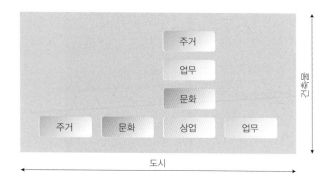

	주거
	업무
	문화
주거	문화	상업	업무

건축물

도시

그림 7-2 | 초고층 주상복합건물의 개념

그러던 것이 1980년대 중반부터는 안산, 목동, 신대방동 등에 20층 규모의 초고층 아파트가 건립되기 시작하여 대한주택공사에서는 25층 규모의 아파트 중간층에 공용층을 두고, 입면의 거대화를 방지하기 위하여 2개 층을 하나의 유닛으로 보이도록 입면을 처리하는 등 고층 아파트와는 다른 주거환경 설계 요소를 도입하였으며 1990년대부터 분당 시범단지를 비롯한 평촌, 일산 등의 신도시에 30층 규모의 초고층 아파트들을 세웠다. 현재 많은 초고층 아파트가 도심 재개발지역이나 경관이 좋은 강변이나 녹지를 중심으로 계속해서 세워지고 있어 이제는 초고층 아파트가 우리나라 주거의 한 유형으로 자리잡아가고 있다.

1980년대 이후 주거형태에서 또 하나의 변화는 주상복합의 보급이다. 단일 기능의 건축물이 가지는 문제점을 해결하고 도심 기능의 활성화를 위하여 우리나라에서는 주상복합이 장려된 것이다. 서울시는 1994년 '도심재개발 기본계획'에서 주거복합 의무화 구역과 권장 구역을 지정하여 재개발사업 시 주상복합을 건립하도록 유도하였으며, 건축물의 높이제한 완화, 건축설계기준 완화 및 주택분양가 자율화를 실시하기도 하였다.

최근의 주상복합은 하늘을 찌를 듯한 높이와 부의 과시 그리고 최첨단 시스템의 집적체이며 일반 고층 아파트와는 다른 고층성, 대규모성, 고밀성을 가진 초고층이라는 특징과 더불어 상업공간, 업무공간, 문화공간 등과 연합하여 새로운 환경적 특성을 유발하고 있다. 이를 일반 초고층 아파트 또는 주상복합건물과는 구분하여 초고층 주상복합아파트라고 한다.[3]

주상복합아파트의 흐름

우리나라에서 주상복합아파트는 원래 직주분리로 인한 도심공동화 현상을 막고, 도심 내에 직장을 두면서 출퇴근이 어려운 사람들을 위해 주거공간을 제공하자는 의도에서 계획되었다. 주상복합이란 말 그대로 주거와 상업공간

3) 서울시 도시계획 조례 제56조(지역 안에서의 용적률) 등에서는 '상업지역 안에서 주거복합건물을 건축하는 때에는~'이라 하여 '주상복합아파트' 대신 '주거복합아파트'라는 용어를 사용하고 있다. 이는 과거 주상복합아파트에서 주거의 비율이 늘어남에 따라 상업공간과 복합이라기보다는 주거공간이 강조된 표현이라고 본다. 여기에서는 지금까지 학계나 일반인에게 익숙한 '주상복합아파트'로 통일하여 사용한다.

그림 7-3 | 세운상가(1967,
김수근 作) 전경(자료 :
www.seoul.go.kr)

그림 7-4 | 세운상가(자료 :
www.seoul.go.kr)

이 복합된 건물이다. 우리나라에 주상복합건물이 도입된 이후의 발전과정은
대개 4단계로 나누어 볼 수 있다. 1기(1960년대 말~1970년대)의 주상복합건
물은 소위 상가아파트로 대별되며 당시 국내의 경험부족으로 단순히 이질적
인 용도를 한 건물에 수용한 것이다. 2기(1970년대 말~1980년대)에는 개별필
지 단위의 도심재개발에 의한 주상복합이 시도되었으나 개별필지 별로 사업
주체가 달라서 도심광장이나 보행 몰(mall)의 조성 등 도시적 차원의 고려는
불가능하였다. 3기인 1980년대 말부터 시작된 주상복합의 새로운 경향으로
는 개별 건축에 의한 초고층 주상복합건물의 등장, 보라매복합타운과 같은
대규모 주상복합단지의 등장 그리고 신도시 및 신시가지에 주상복합 도입 등
을 손꼽을 수 있다.

우리나라 최초의 주상복합아파트는 서울에 있는 세운상가이며 그 후 낙원
상가 등이 그 뒤를 이었다. 그러나 이들은 주거환경으로서의 역할은 제대로
하지 못하였다. 1960년대 국민소득 600불 시대의 산물답게 재료도 빈곤하고
서울시의 인프라 투자 역시 빈곤하였기 때문이다. 그 후 1980년대 도심의 곳
곳에 흩어져 간간히 지어졌지만 50%가 넘는 상가부분 분양에 실패하면서 주
상복합 건설은 침체되었다.

본격적인 최고급화+최첨단화+초고층화와 획기적인 스위트룸 개념이 도
입된 것을 4기로 나눌 수 있을 것이며 본격적으로 초고층 주상복합아파트라
고 불리기 시작하였다.

초고층 주상복합아파트의 등장

1990년대 말까지, 주상복합아파트가 현재와 같은 본격적인 높이와 규모를
갖게 되기까지는 오랜 시간이 걸려 요즘과 같이 주상복합아파트가 세인의 관
심을 끌게 된 것은 1990년대 후반부터이다. 1997년 IMF를 거치면서 주택분
양가격에 대한 규제가 해제되자 다양한 형태의 고급 아파트가 선보이게 되었
다. 서울 도곡동의 대림 아크로빌이 분양에 성공하면서 대우 트럼프월드, 삼
성 타워팰리스 등 초고층 주상복합아파트가 공급 계획되었다. 특히 경기도
성남시 분당에 주상복합 아파트타운이 형성되면서 신주거공간으로 등장하였
다. 이같은 인기에 힘입어 서울뿐만 아니라 부산 해운대, 기타 지방 도시에도

그림 7-9 | 서울의 타워팰리스

그림 7-10 | 초고층 주상복합건물의 청약열기. 건축경기 침체와 도심공동화 현상의 대안으로 시작된 초고층 주상복합아파트가 이제는 '제3세대 주택'으로 불릴 만큼 인기를 얻으며 투기과열 현상까지 보이고 있다.(자료 : 중앙일보, 2004. 3. 27)

확산되고 있다.

이러한 인기에 힘입어 최근 등장하고 있는 새로운 형태의 공동주거 모델은 30~40층의 초고층 형태를 띠고 있다. 이들은 중앙 코어를 중심으로 세대배치가 되는 타워형이며, 용도는 대부분 오피스와 주거가 복합된 주상복합건물이다. 이중 주거부분은 단위세대별 거주공간과 다양한 공용시설로 구성되는 특징이 있다. 이들 대부분은 상업지역에 건설되고 있으며, 마케팅면에서는 고급화 전략으로 현재 우리 주택시장을 이끌어 가고 있다. 단위 아파트의 평수도 100여 평에 가깝게 대형화되었고, 세련된 외관으로 조형화시켜 지역의 랜드마크의 역할을 하고 있다.

초고층 주상복합아파트의 등장은 외환위기체제 이후 건설업계의 지속된 불황에 대한 돌파구로 볼 수 있다. 이들은 정부의 건설경기 부양책 차원에서 진행된 분양가 상한선 규제 미적용 대상 건축물로서, 상업지역 내에 건축 가능한 상업시설을 갖춘 주거시설로 주상복합의 용도를 갖는다. 상업지역 내에 주거시설이 건설될 수 있었던 것은 여러 이유를 생각해 볼 수 있다. 이들은 주거 목적으로 개발되는 경우이지만 용적률은 최고 800%까지, 중심상업지

표 7-1 | 초고층 주상복합아파트의 등장배경

구 분	등 장 요 인
경제적 요인	도시로의 과도한 인구 집중, 토지의 고도 이용, 지가 상승에 따른 경제성 추구
기술적 요인	공법 및 기술의 선진화, 재료 개발의 발전
사회적 요인	정보화 사회에 따른 핵가족화, 맞벌이부부의 증가, 계층분화 욕구
정책적 요인	경제개발 정책, 주택난, 택지부족
생활적 요인	웰빙 추구, 집단간의 조화보다는 개성 중시, 시공간적인 편리함과 쾌적성 추구, 여가생활 추구

역에서는 1,000%까지 가능하다. 주상복합아파트에 대한 주상(住商)비율이 주거쪽으로 더욱 확대되었던 법개정으로 주생복합건물의 주거비율을 7 : 3 이었던 것이 1998년에는 9 : 1의 비율로 변경되었고(현재는 7 : 3) 이는 '주상 복합아파트'에서 '주거복합아파트'로 불려지는 등 명칭도 바뀌게 된 배경이 기도 하다. 또한 사무실 공간보다 주거공간이 분양성이 좋다는 것도 기업이 수익 증대 측면에서 초고층 주상복합건물에 관심을 갖게 하였다.

기업의 수익성을 찾는 과정에서 초고층, 고밀의 형태로 등장하게 되었지만 상업지역 내 고밀이라는 점은 주거의 쾌적성, 거주성을 저해하는 요소로 주거의 기능 측면에서는 약점이 되기도 한다.

고급화의 배경

초고층 주상복합아파트의 거주성 저하에 대한 대안적 전략으로 주택시장에서의 고급화, 정보화, 대형화, 신개념의 주거문화를 표방하는 차별화전략이 등장하였다. 이는 새로운 주거소비자들이 물질재화에 서비스가 결합된 복합소비를 추구하고, 주거와 식생활에서의 시간절약, 시공간적인 편리함과 쾌적함을 추구하고 자기만의 시공간을 중시하는 구속받지 않는 여가생활을 추구하게 된 경향과 맞물려 지속 가능한 주거유형 개발로 떠오르고 있는 추세이다.

재택근무를 위한 스튜디오, 어린이용 키드 랜드, 골프 연습장, 다목적 연회장 등 이전의 주택이나 아파트에서는 생각하지도 못했던 편의시설이 갖추어졌다. 정보화시대의 진전에 따라 단순한 홈오토메이션 개념이 아니라 인텔리전트 빌딩에 도입된 첨단 설비들이 갖춰진 것이다.

  공기청정 시스템, 중앙집중 청소시스템, 호텔식의 프런트 데스크를 갖춘 초고층 철골조 주상복합아파트가 계속 건설되었고 기존 아파트와는 한 차원 높은 개념의 아파트들이 세워졌다고 볼 수 있다.

초고층 주상복합아파트의 장점과 단점

장점 우선 전망이 탁월하다는 점을 꼽을 수 있다. 좁은 땅에 건물이 다닥다닥 붙어 있는 기존 판상형 아파트와 달리 1개 또는 많아야 3개 동이 나란히 들어서 조망이 좋다. 현재 우리나라의 경우 위층으로 올라갈수록 가격이 비싸지는 경향이 있다. 아파트 내부에 문화·오락·편의·상업시설 등이 다양하게 구비돼 이른바 '원스톱 리빙'이 가능하다. 대우 트럼프월드, 대림 아크로빌, 삼성 타워팰리스, 쉐르빌 등에는 건물 안에 수영장, 골프 연습장, 대형 연회장 등 호텔식 부대시설이 들어선다. 주로 강남과 여의도 등지에 위치해 출퇴근 교통은 물론 이동이 편리하다. 철골조로 지어져 원하는 대로 다양하게 내부 구조 배치가 가능하다. 해당 업체들은 주문형 설계를 채택하고 있다.

단점 분양가가 지나치게 높아 거품이 여전히 많다는 평이다. 대부분 초고층 주상복합아파트의 분양가는 평당 8백만~1천5백만원선이다. 옵션 선택에 따라서는 이보다 훨씬 높아질 수도 있다. 이는 일반 아파트 분양가의 2배가 넘는 액수이다. 대지의 평당 단가는 상업용지가 일반 주거용지에 비해 배 이상 비싸다. 초고층 주상복합아파트는 상업용지에 세워지므로 재산세가 기본적으로 일반 아파트에 비해 2배 이상 비싸다. 수요층이 한정돼 있어 환금성이 떨어진다. 이는 입주가 완료된 초기 형태의 주상복합 아파트들에 대해 매수·매도 주문이 거의 없다는 데서 잘 나타난다. 용적률이 높다. 대우 트럼프월드나 삼성 쉐르빌과 같이 용적률을 800%대로 끌어올린 경우도 있으며 대체로 일반 아파트보다 전용면적이 좁은 편이다. 주상복합이라고 하지만 상권 형성에 대해 회의적인 시각이 많다. 통상 초고층 주상복합아파트는 가구수가 적고 이들 아파트 입주자들의 경제적 능력을 고려할 때 소비 생활은 도심의 고급 백화점에서 이뤄질 가능성이 크기 때문이다.

(자료 : http://blog.naver.com/seohaevilla/339114)

그림 7-11 | 고급화된 욕실

그림 7-12 | 고급화된 거실

초고층 주상복합
– 원스톱 라이프(one-stop life)가 가능한 아파트

새로운 라이프스타일을 가진 보보스, SINK , DINK, 뉴그레이 등 새로운 사회계층이 나타나면서, 웰빙을 추구하고 집단과의 조화보다는 개성을 중시한다 – 윤세한

　호텔식 서비스를 주장하는 초고층 주상복합아파트에는 첨단정보 시스템과 주민공유시설, 전문적인 관리기법 등이 빠르게 도입되면서 더 이상 편리할 수 없을 정도의 삶을 추구한다. 2002년 말에는 S건설의 66층의 초고층 주상복합아파트에 입주가 시작되었고 오히려 66층에 107평의 펜트하우스를 배치함으로써 초고층으로 인한 불안감은 위치 차별화에 따른 사회적 지위 차별화 전략으로 보상되어 선망의 대상이 되는 경향마저 보이고 있다. 이는 집안에 머무르는 시간이 많았던 시절 집의 향을 중시하였던 경향에서, 외부 활동

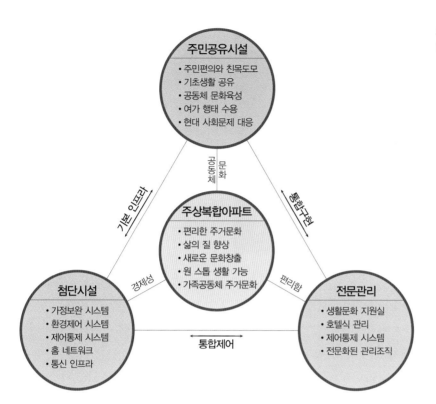

그림 7-13 │ 초고층 주상복합아파트의 완결성

이 더 많아지는 생활 패턴의 변화에 따라 조망을 중시하는 경향으로 바뀌는 것으로 볼 수 있다.

복합성

주상복합 아파트는 주거기능이 부가된 도시복합시설이거나 아니면 서비스가 부수되는 특수한 유형의 도시 공동주택으로서 자체 완결적인 독립개발의 성격을 띠고 있다(박철수, 1999). 초고층 아파트에서의 하루는 단지 내 또는 건물 내에서 모두 이루어질 수 있다. 분양가 상한선 규제 미적용 대상 건축물로 시작한 초고층 주상복합아파트들은 주거를 최대한 집적화함으로써 여유가 생긴 공간에 공유시설과 부대시설을 계획할 수 있기 때문이다.[4] 이들은 도시 곳곳에서 주변과의 관계성을 갖기보다는 독립적으로 자체적인 규모와 기능의 극대화에 초점이 맞추어졌다.

4) 주상복합은 주거비율이 70%로서 나머지 공간에 스포츠센터, 오피스텔, 공유공간 등이 계획된다. 개별주호는 일반 아파트와 같이 주택으로 분류되어 집안에 욕조를 설치할 수 있고 주거용도로 사용한다. 일반 아파트 건설이 주택건설촉진법의 적용을 받는 데 비해, 기존 주상복합은 건축법에 의하였다. 2003년 5월 23일 주택시장의 안정화정책으로 300세대 이상의 주택을 건설하는 주상복합 아파트는 주택법상의 사업계획승인대상이 되어 사업계획에는 부대시설 및 복리시설의 설치에 대한 계획이 포함되며 주택법에 의해 관리된다.

그림 7-14 | 로비 & 라운지

서울 대치동의 한 주거복합아파트는 초고층 아파트인 동시에 건물 내부에 일반 판매시설, 슈퍼마켓, 스포츠 시설 등 다양한 주민공유시설을 갖추고 있다. 아침에 남편과 아이들이 출근하거나 등교를 한 후 주부들은 사교를 위해 이웃과 함께 클럽하우스에서 차 한 잔을 마시며 여러 정보를 교환한다. 의견이 맞는 몇몇 주부는 함께 편의시설이 모여 있는 지하에 내려가 간단한 음식을 사먹어 점심을 해결한 후 스포츠 시설에 모인다. 수영, 골프, 헬스 등 취미에 맞게 선택할 수 있다. 그 동안 아이들은 놀이방이나 독서실에서 지내면 될 것이다. 이렇듯 초고층 주상복합아파트 거주자의 일상생활은 단지 내 또는 건물 내 주민공용시설과 같은 물리적 시설을 이용하여 이루어지고 있다.

로비와 라운지는 외부 손님의 대기 및 접대, 차량 탑승 전의 가족간에 대화 및 대기장소로 활용되며, 진출입의 완충공간 역할을 한다. 로비에는 외부인의 출입을 통제하거나 거주자의 생활지원을 위한 관리실이 있다. 호텔식 서비스를 위한 상징적인 공간이기도 하다. 이곳에는 택배, 우편물 수취실 등을 함께 두고 있으면 이들은 주현관 입구 가까이 위치하도록 하며 개인의 프라이버시와 보안을 고려하며 가정에 배달되는 물품의 특성을 고려하여 보관함을 설치한다. 예를 들면 최근 증가하고 있는 식품배달을 위하여 냉동고나 냉장고를 설치하고 있다.

입주민의 모임을 위한 공간으로 연회나 다목적실, 클럽하우스, 주민회의실 등이 있다. 다목적실 또는 컨퍼런스 룸(conference room)은 주민공동체 행위를 보조하기 위한 시설로 각동 주민들의 회의장과 간단한 업무 및 강습회장으로 이용되며 각종 전자기기들을 설치하여 필요한 정보의 송수신이 가능하

표 7-2 | 주민공유공간과 용도

주민공유공간	용 도	주민공유공간	용 도
연회, 다목적실	입주민회의, 연회, 전시회, 기타 행사 등	비즈니스 룸	재택사무지원, 상담 및 회의
		유아놀이방	유아놀이, 유아위탁
스포츠센터	골프, 수영, 헬스, 사우나	클럽하우스	주민만남, 휴식
로비 & 라운지	간단한 휴식, 만남	레크리에이션 룸	당구, 게임 등
도서실	수험생 공부, 도서열람, 도서대여	게스트 룸	주민방문객 숙박
		주민회의실	입주민 회의
세탁실	특수, 대용량 빨래	가족실	담화, 단순 건강진단, 가족단위 휴게, 노인실
멀티미디어 룸	음악, 영화감상, 노래방		

게 할 수도 있다. 연회장은 가족의 대소사, 이웃간의 모임행사, 손님 초대행사 등을 위한 공간이며 주민에게 필요한 세미나 개최도 가능한 공간이다. 간단한 조리를 할 수 있는 간이부엌시설도 가능하다. 클럽하우스 역시 동별 주민들이 간단한 모임을 할 수 있는 사교의 공간으로 활용할 수 있으며 간단한 음료를 제공할 수 있는 시설도 설치한다.

주민의 여가생활을 풍요롭게 할 수 있는 공간도 있다. 멀티미디어 룸에는 영화감상실이나 노래방이 있어 주민들이 가족끼리 또는 손님과 함께 여가시간을 보낼 수 있는 시설 중 하나이다. 단지 내에서 편안하게 문화생활을 누릴 수 있는 공간이다. 레크리에이션 룸에서는 당구나 게임 등 간단한 오락을 즐길 수 있도록 계획되어 있다.

자녀들을 위한 공간이 제공되기도 한다. 유아놀이방은 유아들의 놀이공간 또는 보육공간으로 활용할 수 있으며 이에 필요한 놀이시설이 있어야 하며 옥외놀이터와 연계시켜 놀이공간을 극대화한다. 청소년을 위한 독서실은 청소년들의 학습공간으로 제공되어 학습을 핑계로 하여 밤늦은 시간에 자녀가 외부로 출입하는 것을 조절할 수 있어 안심할 수 있다.

가사작업을 도와주는 공간이 빨래방, 외부 친인척이 방문하였을 경우 호텔과 같이 숙소공간으로 사용할 수 있는 게스트 룸 등도 초고층 주상복합아파트에서 흔히 볼 수 있는 주민 공유공간이다.

그림 7-15 | 다양한 스포츠
시설

주민에게 가장 매력이 있는 곳은 단연 스포츠를 위한 공간이다. 헬스장, 사우나실, 골프장, 수영장 등으로 웰빙의 삶을 추구하는 현대인에게 가장 매력적인 공간이다. 헬스장은 피트니스 센터(fitness center)라고도 하며 외부 조망이 가능하고 다양한 운동기구를 설치하여 유산소운동이 가능하도록 하며 건강에 관심이 많은 현대 사회의 반영이라 할 수 있는 공간이다. 최근 상류층을 중심으로 남녀, 연령에 관계없이 골프 인구가 증가하고 있어 실내 골프 연습장과 실외 퍼팅 연습장 등도 설치하고 있다. 스포츠 시설 중 가장 대표적인 수영장은 주상복합아파트뿐만 아니라 고층주거단지의 스포츠 시설에 대한 여러 연구결과에서 헬스 센터와 더불어 주민들이 주로 선호하는 시설 중 하나이다. 이외 운동이 끝난 후 편안한 휴식 및 샤워를 위한 사우나 시설 등을 함께 설치하여 스포츠 시설에서도 '원스톱 라이프(one-stop life)'가 가능하도록 되어 있음을 볼 수 있다.

자동제어와 공동체의 통합을 위하여 여러 가지 첨단시설이 포함된다. 가전기기 제어 시스템, 원격조명조절 시스템, 원격검침 시스템, 홈 코어 시스템(원격제어 통합 시스템), 대형 스크린을 이용한 영상 시스템, 자동공기청정시설, 자동방화·방재 시스템, 자동방범경보시설, 재택근무·재택교육 등을 위한 정보통신망, 자동진공청소시설까지 도입되고 있다. 이 외에 구급호출 서비스, 세대별 엘리베이터 호출 시스템이 설치되어 있고 안전을 도모하기 위하여 디지털 도어록 지문인식장치, 차량통제 자동인식 센서 등이 제공되어 철저하게 외부인을 통제하고 있다. 이러한 첨단설비는 분양가 자율화 이후

표 7-3 | 주요 초고층 주상복합아파트의 현황

구분	삼성물산 타워팰리스	대우건설 트럼프월드	현대건설 하이페리온	대상 아크로비스타	삼성물산 갤러리아 팰리스
위치	강남구 도곡동	영등포구 여의도동	양천구 목동	서초구 서초동	송파구 잠실동
주변 주상복합	대림 아크로빌, 우성 캐릭터빌	롯데 캐슬엠파이어, 캐슬아이비	하이페리온Ⅱ, 삼성중공업 쉐르빌	현대건설 슈퍼빌	롯데 캐슬골드
규모	지상 42~59층 4개동	지상 41층 2개동	지상 54~69층 2개동	지상 29~37층 3개동	지상 46층 3개동
전용률	73%	83%	73%	78%	77%
부대시설	호텔식 로비, 클럽하우스, 게스트 룸, 야외 정원, 헬스장, 골프 연습장, 독서실	호텔식 로비, 비즈니스 센터, 야외 바비큐 파티장, 수영장, 실내 골프 연습장, 독서실 등	연회장, 다목적 홀, 노래방, 피트니스시설(수영장, 에어로빅, 스쿼시, 사우나 등)	종합스포츠센터(실내수영장, 사우나, 헬스장, 에어로빅)	호텔식 로비, 놀이방, 독서실, 취미실, 수영장, 헬스클럽, 사우나, 골프연습장
첨단시설	호텔식 서비스(프런트 서비스, 경비, 주차관리, 청소용역 등), 디지털 도어록 지문인식, 구급호출 서비스, 입주자 카드	미국 트럼프월드사의 호텔식 관리 운영(프런트 서비스, 경비, 청소용역, 아기돌보기), 지문인식, 무인경비시스템, 원격조정 현관, 세대자동화 시스템	내진설계, 내풍설계, 홈뱅킹홈쇼핑, 위성방송수신시스템, 차량통제 자동인식센서, 세대별 엘리베이터 호출시스템	원격검침시스템, 중앙감시제어설비	인공지능 보안과 초고속 인터넷을 활용한 원스톱 관리시스템
관리비	평당 1~2만원				

자료 : '초고층 시대 마천루 인생', *Economic Review*, 2002. 11. 26. 재구성

상류층을 겨냥한 철골조 초고층주상복합에 집중 도입되면서 초고층에 고급 이미지가 추가되기 시작하였다.

대형화, 다양화 : 다양한 평면공간유형

초고층 주상복합아파트는 복합화되어가면서 더욱 초고층화, 대형화, 첨단화되어가고 있다. 지금까지 우리나라 주택의 방 배치나 세대 배치에서는 모든 방이 외기에 면해야 한다는 불문율이 있었으나 이제는 조망을 최대한 확보할 수 있는 방향으로 계획이 바뀌어 가고 있음을 알 수 있다. 도심의 초고층 주상복합아파트는 땅이 좁고 고가인 관계로 단지 내 빈 공간을 확보하기 어렵다. 따라서 용적률을 높이고 건폐율을 최대한 확보해야 한다. 그러다 보

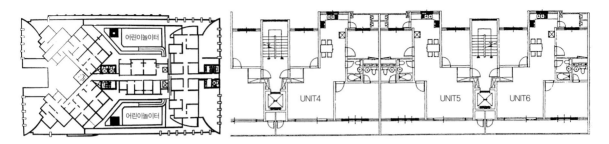

그림 7-16 | 골조형 주거복
합건물의 예

그림 7-17 | 벽식구조형 아
파트의 예

니 최근 주상복합아파트의 단지 형태나 배치구조, 평면 등도 달라지고 있다. 아파트의 외형도 공장건물 같은 단조로운 외형에서 벗어나 첨단의 모습을 띠고, 녹지공간도 충분히 갖추려는 노력을 하고 있다.

우리나라의 공동주택건물은 1950~1960년에 보강 콘크리트 블록조로 건설된 몇몇 소규모 아파트를 시작으로 1970년대 초반에 들어오면서 5층에서 10층 내외 규모의 대단위 철근 콘크리트 아파트의 구조 시스템은 주로 기둥-보식의 라멘조이었다. 1970년대 후반부터 15층 규모의 벽식 아파트가 거의 동일한 평면으로 남향을 선호하는 일자형 배치를 가지며 획일적으로 자리잡기 시작하였다.

1990년대에 들어오면서는 벽식으로 내려오던 아파트의 상부 벽식들이 일부 기둥으로 바뀌어 일자형 아파트 형태인 벽식 구조가 저층부에서 골조구조로 전이되는 형태이었다. 1990년대 후반으로 접어들면서는 아파트의 고급화와 건축적인 외관 지향에 힘입어 일자형 벽식 아파트가 아닌 40~60층 내외 규모의 골조형 초고층 아파트가 생겨나기 시작하여 十자형, Y자형 등이 선보이기 시작하였다. 주거복합건물을 구성하는 건축평면을 보면 상부층에는 아파트 형태와 유사한 공동주택이 들어가고 저층부에는 주민생활에 필요한 상가 및 운동시설, 주민편의시설이 들어가며 지하층에는 주차장이 있는 것이 대부분의 공간 구성들이다. 현재 완공되었거나 시공 중인, 혹은 설계 중인 주상복합건물들의 대부분은 40~60층 내외로 층 규모가 상당히 높아지고 있으며 건축평면 형태는 일자형 평면에서 탈피하여 가운데 코어가 있고, 그 주변으로 2~4세대씩 공동주택이 형성되어 있는 타워형으로 변하고 있다.

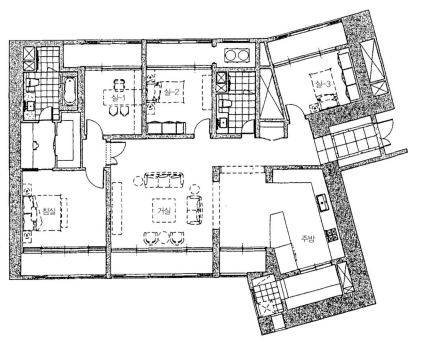

그림 7-18 | 다각형 평면

그림 7-19 | 타워형 평면배치의 예(X자형, Y자형, +자형 등)

평면의 변화도 눈에 띈다. 직사각형이나 정사각형의 모양을 띠던 것이 마른모꼴, 부채꼴, 삼각형, 다각형 등 그 형태도 다양해졌다. 주택 내부 공간에서는 개방감과 쾌적성을 내부에서 대신할 수 있도록 단위 주택계획이 이루어지고 있다. 발코니가 없는 대신 넓은 창을 도입하였으며 향이나 전망이 불리한 공간의 경우 가족실이나 서재와 같은 배치에 구애를 덜 받는 가족단란을 위한 실들을 배치함으로써 이제까지 우리나라 아파트에서 볼 수 없었던 새로운 공간들이 생겨나고 있다.

어떻게 살고 있을까 – 초고층 주상복합아파트에서 삶

우리나라는 1997년 IMF를 거치면서 주택분양가격 규제가 해제되자 다양한 형태의 고급 아파트가 선보이게 되었음은 앞에서 설명하였다. 첨단 방

5) 영역(territory)은 원래 동물생
태학적 용어이나 인간사회에서도
일정 토지나 지역의 내부와 외부
를 차별하는 경계의식으로 나타
나면서 그것을 유지하기 위한 방
어적 행위로 표출되는데 이를 집
단성이라 한다. 이러한 집단적 영
역과 그에 대한 귀속의식이나 지
역과 공간에 대한 애착으로부터
커뮤니티가 형성되어 이른바 아
이덴티티가 생겨나는데 지역이
갖는 특성은 바로 이 영역의 개
념으로부터 나오는 것이다.

범 · 방재 시스템을 통하여 안전성을 제고하고, 호텔식의 프런트 데스크를 갖
추어 호텔식 서비스를 제공하며, 다양한 공유공간을 통해 공동체 의식을 높
이고 있다. 기존 아파트와는 한 차원 높은 개념의 아파트들이 세워지고 있는
것이다. 아파트의 평수도 100여 평에 가깝게 대형화되었고, 세련된 외관으로
디자인되었다. 정보화 시대의 진전에 따라 단순한 홈오토메이션 개념이 아니
라 인텔리전트 빌딩에 도입된 첨단설비들이 갖춰져 있다.

즐거운 삶 · 윤택한 삶

초고층 주상복합아파트는 주택의 기능이 강화되면서 주민공유공간이 증가
한 것은 지금까지의 아파트를 생각할 때 매우 획기적이고 고무적이다. 이러
한 물리적 환경의 변화에 의해 초고층 주상복합아파트에서 또 하나의 중요한
사회적인 현상이 나타난다. 집합주거로서의 초고층 주상복합 아파트가 사회
블록화되어가고 있다는 것이다(장임종, 2002).

전통적인 개념의 공동체가 해체된 현대사회에서는 공간의 공동사용이라
는 성격이 희박하고 도시 기능 또한 혼재되어 있어 영역의 개념[5]은 모
호하다고 할 수 있다. 최근 이를 회복하기 위하여 새로운 공
동성의 과제가 등장하고 있는데 특히 도시 주거공간에
서는 공용공간의 이용 촉진으로 근린집단의 응축성
이 생기고 귀속의식을 획득하여 주거공간에 대한
애착과 구성원들에게 공유의식을 형성시키려는
건축계획적 노력을 한다. 초고층 주상복합아파
트에서는 다양한 공유공간을 채택함으로써 도
시 거주자들에게 집단의 주체성, 연대성, 지역
성에 대한 주민의 주거요구를 수용함과 더불어
커뮤니티 형성을 상징하는 공간으로 활용하고
있다. 그러나 초고층 주상복합아파트의 거주자들
은 사회에서 상류층을 형성하면서 실제의 공동주거
의 모여살기의 모습을 이루어내기보다는 각자의 사회적

그림 7-20 | 초고층 주상복
합아파트에서의 삶

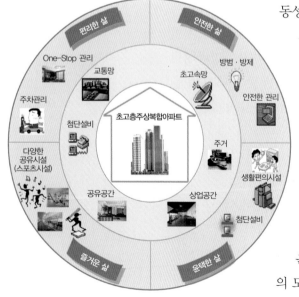

지위와 활동을 보장받는 선상에서 공동체적일 뿐이라는 비판을 받기도 한다.

안전한 삶 · 편리한 삶

1990년대 후반에 건설된 초고층 주상복합아파트는 주민의 편리함과 안전성에 중점을 둔 '원스톱 라이프'를 강조하였다. 첨단의 제어 시스템과 전문 관리조직을 통해 주민은 안전한 삶을 영위할 수 있다. 모든 설비(anydevice)를 통해 언제(anytime), 어디서든(anywhere) 누구나(anyone) 모든 서비스(anyservice)를 제공받음으로써 생활의 편리함을 극대화할 수 있는 것이다.

> **'특별한 생활'을 보장한다는 초호화 공동주택,**
> **그곳에서는 어떠한 삶이 이루어지고 있을까?**
>
> 서울에 위치한 초고층 주상복합아파트 C동 맨 꼭대기 59층. 92평형과 32평형을 터서 한 채로 만든 124평형 펜트하우스 안방에 딸린 부부욕실의 낮 풍경이다. 욕실 양쪽에는 샤워장과 세면대가 각각 하나씩 설치돼 있고, 저만치 앞 창가에는 둥글게 움푹 팬 큰 욕조가 놓여 있다. 욕조까진 엷은 회색빛 대리석 계단을 두세 개 올라서야 한다. 유리벽 바깥으로 펼쳐진 풍광을 한순간에 장악한 듯한 느낌을 안고 안방에 들어서면 탄성이 절로 나온다. 호텔 스위트룸 같은 널찍한 안방 바닥에는 붉은 빛이 도는 고급 무늬목이 시원스레 깔려 있다.
>
> (자료 : 한겨레21, 2002. 11. 14)

대리석 거실, 하늘과 맞닿은 욕조

"아침에 일어나면 전망이 끝내주는 호텔에서 잔 것 같아요. 이건 '단순한 집이 아니구나' 하는 느낌이랄까." 펜트하우스에 사는 건 아니지만, 일주일 전에 29층에 입주했다는 주부(48세)는 아직 흥분이 가시지 않은 듯 "누구나 한번쯤 살아보고 싶어할 만한 아파트"라고 권하기까지 했다. 입주자들은 벌써부터 '바뀐 삶'을 말하기 시작했다. "여기서 살면 여유롭고 품격 있는 삶을 누릴 수 있다는 말을 그저 광고성 멘트로 생각했는데, 살아보니 정말로 고품격 아파트라는 느낌이 들어요. 내 삶이 한 단계 업그레이드된 느낌이랄까?"

(자료 : 한겨레21, 2002. 11. 14)

'초고층 건물에서 살기 싫다' 80%

최근 주상복합 시장이 과열 양상을 보이는 가운데 일반인 10명 중 8명은 초고층 건물의 주거용도에 대해 부정적 의식을 갖고 있는 것으로 조사되었다. 명지대 K교수의 '초고층 건축에 관한 한국인 의식조사' 연구보고서에 따르면 일반인 100명을 상대로 한 설문조사에서 '초고층 아파트에 살고 싶은 의향이 있는가?' 라는 질문에 응답자 80.6%가 '아니다'고 대답하였다. 초고층 주거에 대해 부정적인 응답자들은 그 이유로 심리적 불안감 등 정서적 문제(52.4%)를 가장 많이 꼽았으며 다음으로는 자연성 결여(15.9%), 생활불편(11.1%) 등을 지적했다. 입주한 지 5~10년 정도가 된 아파트가 없어 아직 단점을 실험적으로 증명하기는 어렵지만 전문가들은 편리함에 비해 건강에 지장이 있지 않을까 우려하기도 한다. 일본 등 외국의 연구사례로 볼 때 오랜 기간 고층 아파트에 사는 사람들의 경우 비만이나 고혈압 등 성인병이나 호흡기 질환 발병률이 저층 주민보다 높다는 보고서도 있다. '서울에 초고층 건물이 필요한가?' 라는 질문에는 응답자의 59.0%가 '예' 라고 하였으며 그 이유로는 과밀해소(50.0%), 랜드마크 역할(30.4%), 도시 이미지 개선(16.1%) 등이라고 하였다.

(자료 : 매일경제, 2002. 12. 15)

완벽한 관리가 제공된다 – 서비스 아파트

주상복합아파트는 우리 주거형태(평면형태, 단지형태)의 획기적인 변화뿐만 아니라 관리에서도 큰 변화를 불러일으키고 있다.

호텔식 서비스, 원스톱 서비스(one-stop service)가 기존 아파트 관리와는 다른 점이라 할 수 있다. 지금까지 아파트 거주자들이 주로 관심을 가졌던 부분이 청소, 수선 등 유지관리 수준이었다면 초고층 주거복합아파트에서는 고객지원 차원으로 품격이 올라간 호텔과 같은 서비스, 주민공동체 주거문화육성에 도움이 될 것으로 기대되는 입주자관리 서비스, 첨단 시스템을 통한 공용시설의 유지방안, 최첨단 시설의 관리 등이 중요한 관리업무로 부각되고 있다.

주상복합아파트는 이같은 관리업무를 수행하기 위하여 다음과 같이 이제까지의 기존 아파트와는 다른 관리체계를 도입하였다.

첫째, 전문화된 관리조직이 입주자관리 서비스를 제공한다. 입주자관리는 거주자 상호간의 이해관계의 조정을 통해 원만한 공동주거생활을 유지하고 입주자의 주거생활만족과 공동체 의식을 높이는 것이 궁극적 목적이다.

둘째, 주상복합의 경우 자산관리 부문까지 확대하여 주택관리전문회사나 자산관리회사에 위탁하여 관리하는 경우도 있다. 이는 주택을 소비재로 봄과 동시에 자산으로 간주하고 있기 때문이다.

셋째, 아파트의 관리사무소라는 명칭도 바꾸어 주상복합에서는 고객지원센터, 생활지원센터, 생활문화지원실 등이라고 함에서 알 수 있듯이 단지 내 입주민의 민원 및 편의 제공 업무, 공동체 활성화 업무를 주요 역할로 하고 있다.

그림 7-22 | 호텔식 서비스가 가능한 로비

그림 7-23 | 첨단관리 시스템

넷째, 이 외에 주상복합아파트에서는 첨단 시설부문에 대한 관리인원, 미화부문의 요원과 특수 장비, 주차, 방범, 안내조직, 스포츠 시설과 주민공유 공간시설을 관리하는 전문인력 등을 종합적으로 관리할 조직이 있다. 주차관리, 외부방문객 출입관리, 안내요원의 상주 등은 입주자의 안전과 프라이버시를 지켜주는 역할을 하며, 관리 시스템과 인적 서비스를 조합한 관리체계는 상시 입주자관리 서비스를 제공할 수 있게 하며, 입주자들은 완벽한 서비스가 제공되는 아파트(serviced apartment)라는 만족감을 갖고 있다.

유지관리

일반적으로 주민들의 주거만족에 영향을 크게 미치는 요인이 관리에 관련한 사항이다. 특히 우리나라에서 아파트를 선호하는 이유 중 중요한 것이 주택 시설설비이용의 편리함이라는 사실을 두고 볼 때, 초고층 주상복합아파트를 선호하는 계층에게 주택 시설설비의 관리에 대한 서비스를 만족할 만한 수준으로 제공하는 것은 그들의 주거만족을 향상시키는 데 매우 효과가 크다.

건물을 건축, 전기, 설비 부문으로 구별하였을 때 하자가 가장 많은 것은 건축부문이며 그 다음이 전기, 설비 부문이다. 하자발생의 원인은 그림 7-24와 같이 추정할 수 있으므로 주거불만의 원인이 되는 하자를 감소시킬 수 있도록 철저한 시공방안을 모색하는 것이 우선적이다. 이 외에 관리주체는 입주세대를 대상으로 하자판별에 대한 입주민교육을 실시하고 있으며, 입주 전 혹은 입주 당시에 하자에 대한 체크리스트를 내용별, 용도별로 세분화하여 입주민 당사자가 직접 체크해 보게 함으로써 하자에 대한 간접적인 교육의 효과를 얻기도 한다.

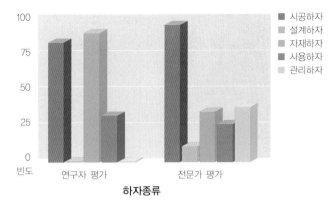

그림 7-24 | A초고층 주상복합아파트의 초기하자 발생 원인 평가

이 외에 관리주체는 입주 후 지속적인 하자관리로 이미지를 향상시키는 노력을 하고 있으며, 친절한 설명과 함께 신속한 하자보수를 실시하며 2~3일 후 결과를 직접 또는 전화로 확인하는 등 입주자관리 서비스 차원에서 유지관리를 실시하고 있다.

바람으로 초고층 아파트가 무너진 적이 있나요?

거의 확률 제로입니다. 아직까지 전 세계적으로 바람으로 초고층 빌딩이 무너졌다는 사례는 없습니다. 물론 지진으로도 견딜 수 있게 설계합니다. 초고층 빌딩을 설계할 때는 내진실험과 풍동실험을 거쳐서 내진설계와 풍동설계를 합니다. 서울에서는 대형 태풍이 온다 해도 그런 급의 태풍이 서울에 왔을 때의 풍속을 생각해서 설계합니다. 만약 그보다 더한 태풍이 온다면 순간적으로 많이 흔들리고 창문이 떨어져 나갈 수는 있겠지만 무너지지는 않을 것입니다. 태풍이 아무리 세도 몇날 며칠 부는 것이 아니고 하루 남짓이니까 버틸 수 있을 것입니다. 실제로 바람이 심한 부산이나 외국의 해안가, 홍콩, 일본 등지에 초고층빌딩을 설계할 시에 바람에 견딜 수 있도록 옥탑 부근에 추 역할을 할 수 있는 댐퍼를 설치하기도 하고 중간이나 옥탑 부근에 구조적으로 벨트를 주는 아웃리거를 설치해서 바람에 견딜 수 있도록 설계합니다. 그리고 조금씩 바람에 흔들리게 설계해서 바람에 견딜 수 있게 합니다. 많이 흔들리면 불안하기 때문에 기준에 맞게 설계합니다. 갈대가 바람에 강하다는 것을 기억하십시오.

(자료 : ihbs19pd, 2004-02-02 17:37)

운영관리

초고층 주거복합아파트에 입주한 주민들의 대다수는 입주 초 지금까지와는 다른 높은 관리비에 놀라게 된다. 주상복합아파트는 공용면적이 넓다. 주민공용면적, 주거공유면적, 첨단시설 등을 유지하는 데 드는 비용이 관리비에 합산되어 나오기 때문이다. 그만큼 일반 아파트보다 관리비가 비싸다.

전문가들은 주상복합아파트 관리비가 일반 아파트보다 1.5배 이상 높다고 지적한다. 일반 아파트의 관리비가 평당 5천~8천원인 것에 비해 초고층 주상복합아파트는 1만~2만원으로 조사되었다. 이는 주거불만의 요인이 되고 있으며 초고층 주상복합아파트에 입주를 망설이게 되는 요인 중 하나이다. 초고층 주상복합아파트 관리 주체는 관리비의 절감 및 관리효율을 높이기 위한 방안을 적극적으로 모색하여야 한다.

주택이라는 물적 자산을 사용하고 유지하는 들어가는 비용이 관리비였다면 이제는 초고층 주상복합아파트가 가진 물적 자산을 운영하여 이윤을 남길 수 있는 방안과 이를 통해 관리비를 절감할 수 있는 방안이 모색되고 있다. 일반적으로 입주자 소유의 공동시설을 운영하여 수익을 확보하는 방안으로 크게 세 가지가 진행되고 있다. 첫째, 사용 여부에 관계없이 세대당 일정액을 징수하고 있다. 둘째, 사용자에 대해서만 비용을 부과한다. 셋째, 위의 두 가지를 통합하여 수혜자부담의 원칙에 따라 사용자가 지불하는 사용료 수입을 통해 운영비를 부담하되 비용이 수익을 초과하는 부분에 대해서는 아파트 시설관리 차원에서 세대공동으로 부담하고 있다. 정액제 요금부과방법은 모든 세대에게 동일하게 일정액을 부과하는 회원권 개념의 방식을 취하는 대신 세대당 일정 인원에 대해서는 무료 사용을 허용한다. 관리비 충당에는 문제가 없을 수 있으나 각 가구당 정해진 일정 인원이 사용하지 않거나 시설을 전혀 사용하지 않는 가구에서는 불만이 있을 수 있다. 사용자부담의 원칙은 사용자에 대해서만 비용을 부과하는 사용권 개념의 방식이므로 외부인의 출입을 금할 경우 주민의 프라이버시를 유지할 수 있는 장점이 있는 반면, 입주자의 사용만으로 운영 및 유지관리에 필요한 관리비를 충당하기에는 어려움이 있다. 기본요금 부과방법은 관리비 징수는 수익자부담이어야 한다는 일반론에

표 7-4 | 주민공용시설 운영방법

운영방법	내 용	시설에 대한 권한	특 징
사용자부담	강습료, 이용료	사용권 개념	운영 유지관리비가 부족할 수 있다
정액제 요금부과	가구당 일정액	회원권 개념	세대당 일정 인원은 무료 사용
	이용료	수익자부담 원칙	세대당 무료사용자를 제외한 가족의 이용료
기본요금 부과	기본 시설 관리비 납부	관리권 개념	세대당 기본시설유지비 납부
	이용료	수익자부담 원칙	시설 운영비 충당

따라 시설의 사용자에 의한 사용료 수익을 우선으로 하고, 운영비에서 모자라는 금액은 세대당 부과하는 관리권 개념의 부담 방안이다.

단지에서 사용이 정해진 가족수 미만의 세대나 시설을 활용하지 않는 세대에게는 형평성의 문제가 잠재해 있으나 공유시설을 사용이 아닌 공동자산으로 파악하여 모든 세대가 관리에 참여하는 것이 바람직하다. 이것이 곤란할 경우 주변 이웃 단지와 함께 공유하여 사용하는 것도 운영, 유지관리비 마련의 한 방법이며 지역사회 공동체를 형성하는 데 기여할 수 있을 것이다.

지금까지 우리의 주거역사에서 매우 획기적인 주거형태로 받아들여지고 있는 초고층 주상복합아파트에 대한 살펴보았다.

이러한 새로운 경향에도 불구하고 초고층 주상복합아파트는 도시적 맥락에서 해결해야 할 많은 과제를 안고 있다. 우선 초기 주거와 상업+업무 기능의 제한된 복합에서 문화+여가 기능의 복합으로 거주성을 높이려는 노력을 하고 있음을 알 수 있었으나, 공해나 소음의 우려가 없는 공업기능과의 복합 등으로 더욱 과감한 시도를 해볼 수도 있을 것이다. 도심지, 중간지대, 외곽지 등 입지적 특성에 따라 주거와 복합되는 기능 및 규모를 차별화함으로써 기능의 중복에 따른 폐단을 막고 필요한 시설에 대한 이용편의를 제공하는 방향으로 나가야 할 것이다.

첫째, 도심의 활력을 재생시키기 위해서는 무엇보다도 공공공간의 확보가 필수조건이다. 지금까지 필지 단위의 개별적인 개발로 인하여 이러한 공간의 확보가 어려웠던 점을 감안하면 단일 주체가 개발하는 대형 주상복합타운을 시도해 보는 것도 좋은 방안이라 여겨진다. 이는 점(點)적인 개발에서 면(面)적인 개발로의 전환을 의미하며 비교적 용적률에 융통성이 부여되어 다양한 건물형태 및 기능과 도시공간의 확보가 가능하게 된다.

둘째, 생활수준의 향상에 따른 주거의 고급화+첨단화는 피할 수 없는 추세이다. 아직까지 초고층건물에 대한 거부감이 그리 크지 않은 우리의 주거문화에서 토지이용의 효율화를 위한 고층화 추세도 한동안 지속될 것이다. 그러나 초고층주상복합아파트가 새로운 주거형태로 자리매김을 하기 위해서는 규제완화를 통한 단순한 양적 확대보다는 도심의 적주성(適住性)을 향상시키기 위한 다양한 시도를 통하여 도심기능의 회복과 직주근접을 추구해야 할 것이다.

셋째, 잘 계획된 공유공간과 전문화된 입주자관리는 주민들의 사교생활을 통한 주민공동체 형성 지원뿐만 아니라 상호지원이 필요한 사람들에게도 유용하다는 점에서 지역공동체 주거문화 만들기로 발전할 수 있는 방안을 모색해야 할 것이다.

생각해 볼 문제

1. 초고층주상복합아파트가 진정한 도시주거로 정착할 것인지 아니면 일시적인 현상으로 도시의 거대한 공룡이 되어갈지 토론해보자. 진정한 도시주거로 정착할 수 있는 방안도 토론해보자.

2. 아파트 내 공동체 형성뿐만 아니라 지역사회 공동체 의식 조성에 기여할 수 있는 주민공유시설의 활용 방안을 토론해 보자.

읽어보면 좋은 책

1. 주상복합공간 인테리어, 현대주택, 2003호 12월호
2. 초고층주거복합건축물, 건축문화, 2003년 6월호
3. 주상복합아파트, 주택저널, 2003년 6월호

3

새로운
주거대안
Upcoming
Housing Issues

자연과 더불어 사는 집
– 에코하우징

1) "생태건축이란 자연환경과 조화되어 자원과 에너지를 생태학적 관점에서 최대한 효율적으로 이용하여 건강한 주생활, 또는 업무가 가능한 건축"이라고 퍼 크러시(Per Krusch)가 주장하였으며, 일반적으로 "건축물에서 에너지와 자원의 흐름이 토양, 물, 태양, 공기순환과 연결되는 자연의 순환체계를 유지시키는 건축방법"으로 인식되고 있다.

자연과 더불어 사는 집인 친환경 주택은 에코하우징(Eco Housing)이라고도 하는데, 자연환경과 조화를 이루며 자원을 생태적으로 이용하고 환경을 보호하는 건강한 주택을 의미한다. 그리고 일본에서 사용되는 '환경공생주택'과 우리나라에서 일부 사용되는 '환경보전형 주택', '환경건축 혹은 생태건축'[1], 독일에서의 '생물건축(Bio Architecture)', '대안건축(Alternatives Bauen)', '녹색건축(Green Architecture)', '기후순응형 건축(Bioclimatic Architecture)' 등 자연생태계(Eco System) 보전을 특히 강조하는 '생태주택(Eco Housing)'을 말한다.

에코하우징은 모든 개발행위와 경제활동에서 환경을 중요하게 배려하여 환경이 미치는 악영향을 최소화시키자는 개념으로 사용되는 주거를 말한다. 이곳에서는 우리들의 생활 그 자체가 자연의 순환과 생물의 다양성 속에서 이루어지는 것임을 인식하고, 생태계의 재생능력의 범위 안에서 지속 가능한 사회가 유지되도록 지구자원의 효율적인 이용과 자원의 사용에 따른 폐기물 발생을 최소화하기 위한 자원 재활용을 실천한다. 그리고 쓰레기 분리수거 및 음식물 쓰레기의 퇴비화, 수자원의 절약을 위해 우수침투가 되는 바닥재, 우수 및 중수를 재활용하는 방안 등이 실천되고 있다. 앞으로는 화석 에너지 등을 비롯한 각종 자원의 고갈이 예상되므로 자원의 절약 및 재순환방안을 모색해야 하며, 건자재를 재사용하여 건축폐기물을 줄여가야 한다.

주거환경에서 모든 인간 활동은 주변 환경인자들을 이용해서 이루어지므로 어느 정도의 환경피해는 항상 발생하기 마련이다. 인간사회가 만들어낸 이질적인 물질은 수없이 많은데 그 중에서도 자연계가 분해하기 어려운 화학물질은 단계적으로 최저한도로 조절하고, 되도록 사용하지 않는 것을 목표로 해야만 긍정적으로 자연과 인간의 건강을 유지할 수 있는 친환경 주택을 실현해갈 수 있다. 이 장에서는 인간의 건강한 삶과 지속가능한 지구환경을 위하여 21세기의 주거유형으로 추구되어야 할 자연과 더불어 사는 집인 에코하우징을 살펴보고자 한다.

에코하우징은 왜 등장하였는가

우리 인간은 수천년 동안 대자연인 태양과 비, 바람이 머물고 모든 생명이 함께 숨쉬는 집을 지으며 살아왔다. 그러나 산업혁명을 계기로 사람들은 과다한 에너지를 소비하게 되어 지구생태계에 과부하를 초래하고, 주위의 자연환경과 조화를 이루지 못하는 아파트들로 하나의 동네와 도시가 만들어지고 있다. 자기 주변에서 쉽게 얻을 수 있는 자연재료와 사람들의 손을 통해 지어진 집을 짓고 살았던 20세기 초까지만 해도 대부분의 인류는 심호흡을 할 수 있고 인간의 삶과 건강이 보호받을 수 있는 안전하고 내구성이 있는 집에서 건강한 삶을 살았다. 그리고 그 집에 들어가 살 가족의 행복과 건강을 기원하면서 마을주민들은 흙과 돌, 나무, 햇볕, 짚과 같은 재료를 모으고 다듬으면서 공동체의 힘을 모아 친환경, 친인간적인 집을 지었다. 그 후 여러 가지 새로운 건축재료가 발명되었고 이를 주택의 건설에 이용하였으나 모든 것이 인간의 건강에 이로운 것은 아니었다. 여러 가지 화학물질이 섞인 건축재료로 인하여 그 안에 사는 사람들이 알레르기 증세를 일으키고 천식, 기관지염 등을 발생시키는 것이 차츰 드러났다. 특히 20세기 후반에 들어와 이러한 화학

그림 8-1 | 자연자원을 활용
하여 주택을 짓고 자연환경
과 조화를 이루며 살아온 친
환경 민속주거

물질이 첨가된 건축재료의 사용에 대한 반성이 일기 시작하여 사람들은 자연
재료를 사용하는 친환경 주거에 관심을 갖기 시작하였다.

　친환경적 주거는 다양한 차원의 환경과 서로 화합할 수 있는 주택으로서 지
역적인 특색에 따라 다를 수 있지만, 활용 가능한 계획기법들에 따라 지구환
경을 보전하는 관점에서 에너지 자원이나 폐기물을 고려하는 것(환경에 대한
낮은 부하: Low Impact to Environment), 주변 자연환경과 친밀하고 아름답
게 조화를 이루는 것(환경과 높은 친화성: High Contact with Nature), 거주자
가 생활 속에서 자연과 동화되어 살 수 있는 거주성이 확보될 것(거주자의 쾌

적성과 건강한 삶을 약속: Health & Amenity)이라는 크게 세 가지 주요 개념을 갖는다. 다시 말해 친환경적 주택은 건축물을 계획, 시공, 유지관리, 폐기하기까지 총체적으로 에너지 및 자원을 절약하고, 환경과의 유기적 연계를 도모하여 자연환경을 보전하는 동시에 건강과 쾌적성 증진을 추구하는 주거건축물을 말한다.

기존 건축이 자연자원을 적절히 활용하지 못하고 에너지와 물질을 일방적으로 소비하고 그 결과 다양한 폐기물을 발생시키는 데 반해, 친환경 주거는 자연생태계의 일부로서 환경부하 없이 자연자원을 활용하여 자연의 순환체계에 통합될 수 있게 계획된다.

특히 도시의 친환경 주택단지에서는 지역난방 시스템을 도입하고 건축폐기물의 재활용을 통한 자원의 절약 등이 추진되어야 지구온난화, 산성비, 오존층 파괴, 자원 고갈 등 지구환경 보전까지 이어질 수 있다. 에너지 절약형 주택에서는 알루미늄, 콘크리트 등의 구조용 재료, 타일 등의 내 · 외장 재료, 시스템키친 등의 주택설비부품 등 다량의 에너지를 필요로 하는 재료나 부품의 생산, 수송과정까지 신경써야 한다. 이에 비해 목재, 흙 등의 자연적 재료는 가공이나 수송 등을 할 때 비교적 소량의 에너지를 소비하므로 친환경 주거에서는 자연재료를 많이 사용한다.

친환경 주거에서는 주택의 고기밀, 고단열화도 에너지의 손실과 낭비를 방지할 수 있으므로 에너지를 많이 쓰지 않는 주택의 구조나 설비를 도입한다. 한편 가능한 한 가스, 전기, 수도와 같은 도시의 인프라에 의존하지 않는 생활양식을 유지하도록 하는 시설 설비의 대체방안도 강구되고 있다. 그리고 재료생산 시의 에너지, 내용연수, 리사이클의 가능성이나 리사이클에 필요한 에너지 등 종합적인 관점에서 재료를 선택하는 지혜를 찾아내야 한다.

이상의 개념을 총괄하여 친환경 주거는 환경문제를 근본적으로 해결하고 예방하고자 하는 목적 하에 모든 개발행위와 경제활동에서 환경을 중요하게 배려하여 환경에 미치는 악영향을 최소화하자는 개념으로 계획되어야 한다. 친환경 주거의 궁극적인 목표는 인위적 건축환경을 소단위의 인간–생태계로 만들어 자연–생태계에 가해 없이 유기적으로 연계 · 조화시키는 데 있다. 그러나 이러한 친환경 주거가 단순히 자연환경을 보호하는 것으로 그쳐서는 안된다. 즉 친환경 주거는 단지 에너지와 자원을 절약하는 등 물리적인 방향으로만 전개되어서도 안된다. 친환경 주거를 인간의 삶을 담는 그릇으로 본다면 이곳은 신체적 · 정신적 양면의 생명활동을 억누르지 않고 펼칠 수 있는 여지를 마련해 주는 곳이어야 하기 때문이다. 따라서 친환경 주거는 자연뿐만 아니라 '사회심리적 욕구'로 대변되는 다양한 인간의 욕구와도 조화와 균형을 이룰 수 있어야 한다.

인간이 살아가는 지구상의 역사적 · 사회문화적 환경과 그에 따른 다양한 생활욕구가 자연과 인간이 공존할 수 있는 주거문화를 이룩할 때 친환경 주거는 완성될 수 있다. 따라서 우리 현실에 맞는 친환경 주거건축을 실현시키기 위해서는 먼저 우리의 자연환경에 대한 정확한 이해와 사회문화적 배경에 대한 통찰이 요구된다. 시간의 흐름 속에서 자연환경과 생태학적인 균형과 조화를 이루어온 친환경 주거의 원형인 전통 민속주택은 현재의 생활문화와 건축기술에 대한 올바른 이해를 바탕으로 기존 건축의 생태학적 문제를 해결할 수 있는 미래지향적 주거건축으로서 더 많이 연구 개발되어야 한다.

친환경 주거는 어떻게 발달되었나

전 세계적인 자연생태 보존에 대한 위기감은 환경보존을 이 시대의 새로운 이데올로기로서 등장하게 하였다. 주거분야에 있어서도 환경을 존중하고 보존할 수 있는 대안들을 모색하게 되었으며, 그 결과 환경에 대한 부담을 줄이고 건강한 거주환경을 영위할 수 있는 친환경 주거에 대한 관심이 집중되고 있다.

친환경 주거의 계획 및 건설은 현재 지구상의 인류 및 미래 세대까지의 지속가능한 삶의 실현으로서 전 세계적으로 이루어지고 있는 새로운 패러다임에 대한 노력이며, 이러한 개념의 구체적인 사례는 각 국가별, 지역별로 약간의 지역적 특성을 보인다.

그림 8-2 | 남쪽에는 넓은 창문을 이중창으로 하여 태양열을 효율적으로 사용하면서, 지붕에 태양전기 생산 패널을 설치하여 소비전력보다 더 많은 전기를 생산하는 에너지 플러스 태양주택

친환경 주거가 본격적으로 추진된 것은 1980년대 이후로 볼 수 있다. 생태건축을 표방했던 독일에서는 1980년대 초·중반에 생태적 재료, 자연형 태양열 시스템 디자인(passive solar design), 외부공간의 생태적 계획을 중심으로 생태주택단지들이 건설되었으며 그 대표적인 것이 프랑켈우퍼(Fraenkelüfer) 하우징과 샤프브릴(Schafbrühl) 주거단지, 라허비젠(Laher Wiessen) 잔디지붕 단지이다.

1980년대 말부터는 독일의 킬 하세(Kiel-Hassee), 카셀(Kassel), 쉔아이헤(Schöneiche), 스웨덴의 스카프넥(Skarpnäck), 섀르셀(Skarkäll) 주거단지 등 생태공동체(마을) 조성운동을 통한 친환경 주거의 개발도 활발하게 전개되었다.

1990년도 중반 이후부터 대체 에너지 및 자연자원의 이용 및 재활용기술이 발전하면서 환경친화형 대형 설비의 도입이 시도되어 태양광 발전을 이용한 난방, 저에너지 태양주택, 에너지 플러스 태양주택, 대규모의 기계적 설비를 활용한 하수정화 등이 추진되었다.

1990년대 말부터 2000년대 초에 이르러서는 이상의 경험을 종합하여 사회 · 경제 · 환경적 지속성을 제고할 수 있는 지속 가능한 정주지 조성에 대한 친환경 설비가 만들어졌다. 유럽 지역의 제21 활동에 따른 친환경 주택과 단지들이 다양하게 각 나라별로 추진되었다.

일본에서는 1991년 '지구온난화방지계획'을 계기로 환경공생주택에 대한 검토가 시작되어, 1995년에는 환경공생주택협의회가 발족되었고, 1999년에는 환경공생주택에 대한 개념정리와 계획요소를 구체적으로 제시하여 시행하고 있다. 대표적인 친환경 주거는 뒤에서 소개하기로 한다.

한국에서는 대한주택공사의 용인신갈 새천년 주거단지, 서울시의 상암주거단지에서 기존지형 보전과 외부공간의 자연친화성을 높이는 방향에서 친환경주거를 시도하려고 추진된 바 있다.

한편 친환경 건축물의 환경인증제도는 세계적으로 환경친화 건축물조성 시범사업과 더불어 활발하게 추진되어, 영국에서 1990년대 초반부터 이 제도를 연구 개발하여 환경인증제도를 최초로 도입하고, 오피스 건축을 중심으로 상당히 활성화시켰다. 이 인증제도를 주관하고 있는 기관인 영국건축연구원(BRE)은 각 국의 평가 모델 및 인증제도에 직 · 간접으로 큰 영향을 주고 있다. 실제로 영국의 런던 도크랜드의 밀레니엄 빌리지, 네덜란드의 에콜로니아, 독일의 키르히스타이그펠트, 덴마크의 에게비에가르트 등도 유사한 친환경 건축의 추진 사례이다.

그림 8-3 | 친환경건축물 최우수인증마크

우리 나라에서는 1999년부터 건설교통부와 환경부가 친환경 건축물 인증과 관련된 제도를 각각 마련하여 운영해 오다가 2000년 5월부터 '친환경 건축물(Green Building) 인증제도'로 명칭을 바꾸었고, 2001년 12월에는 친환경건축물 인증평가기준을 마련하였다. 2002년 1월에 대한주택공사 주택도시연구원 등 3개 기관이 인증업무를 수행해 나갈 인증기관으로 지정됨으로

표 8-1 | 세계 각국의 주거관련 건축물 환경인증제도

국가	제도명	인증기관	관련정부 및 역할	운영대상	평가기관
영국	BREEAM Ecohomes (1993, 1999)	BRE	DETR (연구개발재정지원)	주택, 주거단지	공인평가기관 (지역별로 다수)
미국	LEED(1993)	USGBC	DOE EPA	고층공동주택	AIA ASHRAE
일본	환경공생주택인증제도 (1999)	(재)주택건설성 에너지 기구 건축연구원	건설성/통상사업성 (통합고시)	단독주택, 주거단지	환경공생 주택추진협의회
네덜란드	Eco-Quantum (1996)	IVAM Environmental Research	Ministry of housing, Spatial Planning and the Environment (개발비지원)	주거	
뉴질랜드	Green Home Scheme(1999)	BRANZ	Ministry for the Environment (프로그램개발지원)	주거건축물	지역의 공인평가기관
스웨덴	Eco Effect(1999)	Center for Built Environment	Swedish Board of housing Building and Planning	주거건축	Swedish Council for Building Research

써 친환경 건축물 인증제도가 본격적으로 시행되었다. 2002년에는 공동주택을 대상으로 시행하고, 2003년 1월부터는 주거복합, 업무용(공공, 일반건물) 건축물, 2004년부터는 단계적으로 상업용(학교·병원 등) 건축물, 리모델링 건축물까지 확대하여 시행할 계획이다. 인증심사는 준공된 건축물을 대상으로 하되, 건축주가 희망하는 경우에는 설계단계에서 인증심사를 하고 예비인증을 수여한다.

친환경 주거의 물리적 환경은 어떻게 계획되는가

친환경 주거는 건물의 계획단계에서 대지의 토양의 종류와 풍향 및 태양각, 강수량, 식물과 동물의 서식상황 등의 자연조건을 면밀하게 조사하여 대지가 소유하고 있는 요소의 사용 가능성을 살핀다. 즉, 바람과 태양과 같은 대안 에너지, 모래, 점토, 짚 등과 같은 건축재료로서 지역에서 생산되는 자원 등을 말한다.

건물은 자연적 특성에 부합되며 기존의 물 순환체계와 에너지 순환, 대기의 순환체계를 가급적 적게 변화시키도록 계획한다. 건물의 형태와 크기, 향 등은 주위 환경의 자연요소들과 어울리도록 한다. 특히 건물의 벽면녹화, 방음·방풍용 식재, 정원수목, 아케이드 식재 등의 식생은 건물의 계획에 있어 중요한 요소로 고려해야 하며, 정원과 같은 녹지는 가급적 자생수종을 이용하여 다양한 생물들이 서식할 수 있는 공간이 되도록 입체적 녹화를 하도록 한다.

건물에서의 건강에 유해한 건축재료와 잘못된 설비시설은 실내공기나 거주자에게 나쁜 영향을 미치게 되며, 포름알데히드와 래커, 접착제, 곰팡이류와 같은 유해물질이 실내공기 오염의 가장 대표적인 요소이므로 계획단계에서 충분히 검토되어야 한다. 단일 건축물의 생태적 접근을 위한 방안들은 모든 개별 조치들이 여러 방면에서 복합적으로 이루어질 때 그 효과가 나타난다. 즉 개별 건축물과 주변환경 간의 상호 순환체계, 예를 들면 대기, 물, 에너지, 물질 등이 생태학적 최적상태를 이룰 때 비로서 안정되고 지속 가능하게 된다. 따라서 물이나 토양, 공기와 재료의 사용은 그 자체가 자정이 가능한 범위에서 사용하도록 하고 재활용이 불가능한 재료는 가능한 최소화하도록 한다.

대기 순환체계를 고려한 친환경 주거의 토지이용과 교통

생태학적으로 최적 상태를 이루는 에너지 및 물질 순환체계는 균형잡힌 대기 순환체계 관리가 먼저 선행되어야 한다. 이를 위하여 교통발생의 최소화와 유해물질을 방출하지 않는 교통수단, 대체 에너지원의 이용, 소각과정의 축소, 건축물 주위의 식재와 숲의 형성을 통한 천연의 공기생산 증가, 토양생물 및 하천의 복구 등의 방안이 요구된다.

오늘날 도시의 스모그와 안개는 사람과 동·식물들에게 많은 해를 끼치는

그림 8-4 | 대도시에 위치한 공동주택에서는 조경산책로, 자전거·유모차·휠체어가 접근하기 쉬운 보행자 전용도로와 자동차 주차공간을 친환경적인 바닥으로 마감하여 단지를 보행친화적으로 조성하고 있다.

요소로 작용한다. 우리의 대기 순환체계는 산업으로 인한 대기오염은 물론 교통발생에 의해서도 심각하게 영향을 받고 있다. 생태학적인 건축방식은 지역적으로 균형 잡힌 에너지 및 물질 순환관리와 직주근접의 토지이용을 통하여 대기정화에 본질적인 기여를 할 수 있다.

또한 택지개발 시 최대한 기존 지형을 보존하는 것은 환경친화의 기본적 전제조건이다. 이 외에도 단지를 보행친화적으로 조성할 수 있도록 자전거 및 보행자 전용도로 네트워크를 조성하는 것도 중요하다.

토지이용면에서 과밀한 밀도는 생태자원의 보존을 어렵게 만들고 주차문제, 환경오염문제 등을 야기하므로 적정 밀도를 지키기 위해 용적률을 낮추는 것은 가장 기본적인 환경친화적 조건이다. 직주근접으로 교통거리를 최소화하고 대중교통체계의 확립을 통하여 자가용 사용을 억제하는 것 등은 도시 내의 공해문제, 에너지 문제, 교통혼잡 등의 문제를 해결할 수 있다.

에너지 소비와 대체 에너지의 이용, 자원절약

지속 가능한 정주지는 청정 에너지, 재활용 에너지, 재생 가능한 에너지의 사용을 통해 이산화탄소와 같은 온실 가스의 배출을 저감시킴으로써 지구온난화에 적극적으로 대처하여 지구생태계의 지속성에 기여해야 한다. 이곳에서는 에너지의 효율적인 설비와 기기를 도입하고 에너지의 효율적 이용과 절약 등 에너지의 지속적인 사용을 도모해야 한다.

기후에 적절한 건축, 소생물권의 형성, 주택형태, 방위설정 및 통풍구 등을 계획하기 위해서는 에너지 순환체계에 대한 구상이 이루어져야 한다.

이와 병행하여 태양, 바람, 물, 미생물 등과 같은 천연 에너지원에 대한 잠재력을 동원해서, 주어진 에너지량을 가장 적절하게 이용하게 해주는 적극적인 에너지 획득 시스템들이 개발되어야 한다.

건축물에 비추는 모든 태양 에너지는 원칙적으로 에너지 관리에 적극적으로 또는 '소극적'으로 활용될 수 있다. 태양전지를 이용한 전기생산은 아직 비용이 많이 들며, 우수한 축전 시스템을 필요로 한다. 그리고 풍력 에너지 활용은 건축상의 장비 때문에, 상당한 투자비용이 요구되므로 해당지역의 바람 사정에 따라, 또 다른 대체 가능성과 비교하여 그 활용방안과 규모가 설정되어야 한다. 물 에너지 활용은 상응하는 수력발전소를 건설하는 경우, 긍정적인 생태학적 영향을 미칠 수 있다. 수자원의 효율적 이용을 위하여 우수의 집수와 중수 시스템을 설치하여 수자원을 절약할 수 있는데, 구체적인 내용은 독일과 일본의 사례를 통해 알 수 있다.

에너지원으로서의 미생물 에너지는 혐기성 발효과정을 거쳐 가스를 얻게 되므로, 퇴비 및 거름으로 계속적인 활용이 가능하다. 유기물을 연소하거나 코크스로 만드는 것은 재생산 능력에 따라 추진될 필요가 있다. 그리고 대규모의 기술적인 조치를 통해서 식물로부터 연료를 얻는 것은 획일적인 작물재배를 야기할 것이기 때문에 좋은 대체방안이 되지 못한다.

다른 열 소비 과정에서 남는 폐열은 특히 건축밀도가 높은 지역에서 유용하게 쓰일 수 있다. 에너지원으로서의 전기사용은 최소화되어야 되며, 열 생산을 위해서 전기가 주로 이용되는 것은 바람직하지 않다. 석탄, 석유 및 가스 등의 화석연료는 다른 목적으로 쓰는 것이 본질적으로 더 가치 있는 것이기 때문에 난방용으로 쓰는 것은 가급적 피해야 한다.

건축물은 열 에너지를 자체적으로 소모하는 것이 아니라 외부에 에너지를 빼앗기게 된다. 그러므로 건물의 난방 시스템을 결정하는 데 있어서 열을 획득하고 축적시키는 것보다 열을 보존하기 위한 조치들을 우선적으로 고려해야 한다. 그럼에도 불구하고 발생되는 열의 손실 및 그로 인해 필요해지는 에너지원은 건물이 입지하게 되는 그 지역의 태양 에너지와 풍력, 수력, 생물가스(biogas) 에너지 등 무한한 자연 에너지원을 사용하도록 유도한다. 특히 건축물과 건물단열, 냉난방 설비는 에너지 사용을 최소화할 수 있도록 하고 건물의 시설과 운영방식은 생태적인 효과와 기능의 원활한 작동, 경제적인 수행능력을 고려하여 설계한다.

대지 내 녹지공간과 생물서식공간 조성

동식물이 건강하게 서식할 수 있는 환경은 인간의 삶도 건강하게 유지될 수 있는 환경임을 의미한다. 동식물이 서식하기 위해서는 수자원과 녹지자원이 주거지 내에 존재해야 한다. 수자원은 연못, 강, 실개천, 호수 등 동식물의 생장에 필수적인 서식공간이 되고 정주지의 미기후 조정에도 중요한 역할을 하는 공간이며, 주민들이 쾌적한 여가활동을 즐길 수 있는 문화적 공간이 되기도 한다. 녹지자원은 구릉지, 산, 숲 등으로 생물서식지이며 거주지의 공기정화와 거주단지 내외 생태계의 거점으로 기능하는 곳이다. 이러한 생태서식지를 녹도 등 생물이동통로와 연결하여 그린 네트워크화하여 인간과 동식물이 공존할 수 있도록 하는 것이 필요하다.

다양한 생물은 기후와 물의 양을 조절하고, 쓰레기와 배설물을 분해하여 물질순환을 촉진하고 토양을 보존하며, 생태계 에너지 흐름을 원활하게 하여 생태계 평형을 유지하는 중요한 역할을 하고 있다.

따라서 일정한 생태계 내에 존재하는 생물종이 다양할수록 그 생태계는 안정되고, 많은 종류의 생물들이 어우러져 평형상태를 유지하면서 살아갈 수 있다. 반면, 생물 종의 수가 적어져 다양성이 감소되면, 생태계는 불안정하고 평형상태가 무너져 기후변화와 생태계 파괴를 초래한다. 결국 인간이 이용할 수 있는 자원이 감소함에 따라 삶의 질은 저하되고, 지속적인 삶의 유지가 어려워 생존은 위협받게 된다. 환경오염과 자연파괴로 생물이 살 수 없게 된 환경에서는 인간도 살 수 없게 되는 것이다.

아파트가 많은 도시지역에서도 가정의 음식물 쓰레기를 비롯한 생활폐기물을 생태적으로 재활용한다면 주택 내 또는 아파트 단지 내 정원에서 생산성이 높은 유기농채소 재배가 가능하다.

동식물 종의 다양성을 보존하고 확보하는 가장 간단한 방법은 자연환경을 있는 그대로 보전하는 것이나, 주택 건축 등으로 불가피하게 훼손하는 경우에는 훼손된 지역을 복구하고, 인위적으로 생물 서식지인 비오톱을 만들어 생물이 서식할 수 있게 해주어야 한다.

비오톱은 독일어 biotep(영어는 biotope)에서 유래한 용어로 bio(살아 있는, 생물)와 top(영역, 지역)이 결합한 생물의 서식공간을 의미한다. 생태학적으로 비오톱은 특정 생물군집이 생식·생유해 갈 수 있는 동일한 환경요건을 갖춘 공간적으로 제한된 지역을 말한다. 각 비오톱 경계 내에서 생육하는 생물들은 서로 공존하며 생명을 유지하고 종을 보존한다.

주거지에 있는 소규모 공원이나 정원 같은 비오톱은 주거지 밖과 교외의 대규모 비오톱과 연계되어 생물이 서식하고 이동하는 공간 역할을 한다. 이 비오톱은 생물 종의 보호 뿐만 아니라 거주자에게도 좋은 경관과 휴식처를 제공하여 양호한 주거 환경 속에서 동식물과 접촉하면서 더불어 생활할 수 있게 하고, 더 나아가 도시의 생태환경의 질을 향상시킨다.

비오톱은 수생 비오톱과 육생 비오톱이 있다. 수생 비오톱은 자연적으로 형성된 냇물가나 연못, 습지 중심으로 이루어진 자연형 비오톱과 옥상 정원 같이 새로 조성한 인공형 비오톱이 있다. 육생 비오톱은 산림, 초지, 사막 등으로 이루어진다. 빗물이나 생활하수를 정화하여 이용하는 인공형 비오톱에서는 기복이 있는 지형과 물의 흐름을 이용하여 낙엽과 활엽수림을 중심으로 한 다양한 식물, 곤충, 작은 동물, 야생조류 등이 다양하게 서식하게 한다.

지붕녹화는 건물녹화가 하는 기능을 대부분 수행하는데, 기존 건물구조에

그림 8-5 | 따뜻한 햇빛과 신선한 공기가 충만한 자연과 더불어 사는 집은 인간의 감각과 감성을 싱싱하고 유연하게 담을 수 있다. 우수 침투 포장, 음식쓰레기의 퇴비화, 비오톱 형성, 우수의 이용 등은 물질순환을 촉진하고 토양을 보호하며 생태계 에너지 흐름을 원활하게 한다.

하중을 주지 않고 녹화하여 사람들이 휴식이나 쉼터를 겸하도록 정원으로 꾸미는 경우가 많다. 옥상 정원에는 잔디뿐만 아니라 다년생 초화류, 관목, 중간 크기의 나무까지 다양한 식물을 심을 수 있기 때문에 두꺼운 토양층이 필요하며 지속적으로 유지관리해야 한다.

지붕녹화는 우선 대지 위에 확보하기 어려운 토양 생태계를 지붕 위에 복원할 수 있다는 장점이 있고, 일사 차단과 단열 기능으로 냉난방 에너지를 절약하고, 일사반사와 증발작용에 의해 도시의 열섬현상(Heat Island)[2]을 완화시킬 수 있다. 또한 우수를 땅속으로 스며들게 하여 도시 홍수를 예방하고, 공기오염 물질의 흡수와 산소 방출로 대기를 정화하고 빗물에 섞인 미세먼지를 여과하여 수질을 정화한다. 소리를 흡수하여 소음을 경감시키며, 식물로 건물의 외관과 도시의 경관이 자연스러워질 뿐만 아니라 옥상정원 이용에 따른 공간 효율성도 증대된다. 그리고 녹화 토양층이 산성비와 자외선으로부터 지붕 방수층을 보호하고 콘크리트 노화를 방지함으로써 건축물의 내구성을 향상시킬 수 있다.

건강하고 쾌적한 실내 환경 유지

실내 공기의 질은 인간의 건강과 안전은 물론 나아가 인간의 복지 및 생산성에 영향을 미친다. 거주자들은 가족의 건강을 위해 생활행동과 유지관리실태를 살펴보고, 실내 공기의 조건을 포함한 실내 환경과 집의 각종 설비와 마감재료, 가구가 직접·간접으로 미치는 영향을 종합적으로 검토해 보아야 한다. 그리고 주택을 새로 짓거나 개보수 작업을 할때 어떤 실내 마감재료를 사용하는가, 유지관리를 위해 청소용 세제와 도구는 어떤 것을 어떤 방법으로 사용하며, 환기를 어떻게 하고 있느냐에 따라 건강에 피해를 주는 정도가 달라진다.

이와같이 실내의 쾌적한 환경을 조성하기 위해서 건강한 건축자재를 사용하고, 청정한 실내공기를 조성할 수 있도록 하며, 실내 소음을 저감하는 것이 바람직하다. 그리고 에너지 절약을 위해서는 실내 적정 주광율(daylight)을 확보하는 것이 필요하다.

인체의 건강과 안전에 영향을 미치는 원인물질 중에는 휘발성 유기화합물(VOCs), 포름알데히드(HCHO) 등과 라돈이 있는데, 주택의 바닥, 벽, 천장재료에 들어가는 각종 접착제와 냄새에 함유되어 있다. 이들 오염물질들은 신축한 지 5년이 지나도 계속 배출되어 알레르기와 화학물질 과민증을 일으키는 것으로 나타났는데 최근 들어서는 방음 밀폐효과 등 건축기술의 발달로 환기마저 잘 안돼 마치 독가스실에 갇혀 있는 것과 같다.

새 집을 지었을 때나 개보수를 하고나서 3개월 이내에 화학물질 과민증이 발병하는 경우는 대개 페인트, 접착제 등 유기용제가 작용하는 경우가 많다. 유기용제는 유기화합물인 액체로서 실온에서 물질을 녹이면서 휘발하는 두 가지 공통된 성질이 있어 피부에 흡수되기 쉽고 호흡기를 통해 흡인되어 중추신경 등 주요기관에 침범하여 문제를 일으킨다. 그리고 유기용제는 실내에서 저농도 장기 노출 시 암의 원인이 되는 발암물질로 작용할 수 있다. 실내 환경에 유해한 화학물질을 방출하는 재료 외에도 주택의 다양한 설비가 실내 공기오염을 초래하기도 하여 주택이 거주자의 건강에 피해를 주는 시크 하우스(Sick House) 증후군을 유발시키기도 한다. 조리 시 사용하는 가스레인지, 컴퓨터와 프린터, 팩스와 같은 사무기기, 영상단말기(VDT)로부터의 유해한 전자파 방출과 결로현상에 의한 곰팡이, 집먼지·진드기 발생 등 알레르기를 일으키는 오염물질이 발생될 수 있는 주택을 시크 하우스로 판정할 수 있다.

이와 같은 질환을 예방, 치료하기 위해서는 주택, 실내 환경의 개선과 재료 선택을 잘 하고 주택 주위 환경과 동네, 지역의 대기상태, 더 나아가 지구 전체의 환경까지 원인물질을 제공할 가능성이 있는 모든 것에 대비할 필요가 있다.

자연과 더불어 사는 친환경 주거 사례

독일의 친환경주택

에너지 절약을 위한 자연형 및 설비형 태양열 이용 시스템을 개발하고 적용한 독일은 1970년대초 개발하기 시작한 이후 현재 에너지 자립주택(Zero Energy House)의 실현이 가능한 기술수준에 이르렀다. 1987년에 처음으로 에너지 자립주택이 실현된 이후 다양한 대안이 개발되었으며, 되르페에 세워진 에너지 자립주택은 2년 여의 시험운용 결과, 기존 주택에 비해 50%의 에너지 절감 효과를 얻을 수 있었다. 한편 일반적인 에너지 절약형 주택은 자연형 및 설비형 태양열 이용 시스템을 조합하여 최대 효율을 얻을 수 있는 주택

시스템을 구축하는 방향으로 개발되고 있으며, 단독주택은 물론 집합주택에도 그 개발 성과가 두루 활용되고 있다.

전통적 자연소재의 이용과 재생·재활용을 위해 흙이나 나무 등의 자연재료가 전통적 시공기술에 현대적 공법을 접목시켜 이용되고 있다. 에너지 소비가 적고 무독성인 생태건축소재를 활용한 건축 시스템을 개발하려는 사례로 카셀 대학의 민케(G. Minke) 교수는 현대식 목조진흙주택(Minke Haus in Kassel)을 지었는데 태양열 이용을 위해 남측에 커다란 온실을 만들고, 지붕 위에 흙을 덮어 새로운 토양층을 형성시켰다. 이 토양층에 이식된 야생잔디는 산소를 공급하는 본질적 기능 외에 공기중의 먼지를 제거하면서 동식물의 서식처를 제공하고, 지붕 외부 단열재의 역할을 하고 있다. 이 집에서는 진흙이란 재생가능한 자연재료가 가지는 특성인 축열성능과 조습기능을 최대한 효율적으로 활용하고, 시공상의 불편, 균열 및 분진발생, 내구성 부족 등의 문제를 압축·시출공법으로 말끔히 해결하였다. 이는 생태학적 관점에서 우수한 질을 가진 우리 전통 목조건축의 현대화에 좋은 본보기가 된다.

또다른 재생·재활용소재로는 폐신문지를 원료로 하는 종이솜 단열재와 폐목재를 재활용한 목섬유 판재를 들 수 있다. 이 재료들은 재생이 가능할 뿐더러 성능이 우수하고 가격도 상대적으로 크게 비싸지 않아 이상적 친환경 건축재료로 각광받고 있다. 독일 북부 킬에 위치한 생태주거단지는 목구조를 기본 골격으로 벽체는 소재의 특성을 살려 이른바 '복합구조'를 채택하고 있다. 다시 말해 단열을 주기능으로 하는 외피부분과 축열과 실내 기온조절을 주목적으로 하는 내피의 이중구조로 호흡이 가능한 벽체를 구성하는 특징이 있다.

에너지 및 물질순환을 위한 자연의 순환체계와 연계된 설비 시스템을 건축물에 구축하여 에너지와 자원의 활용을 극대화한 건축물은 독일 뮌헨-하이드하우젠의 사례에서 이루어졌다. 이와 더불어 수자원의 재활용을 목적으로 한 주거재개발에 적용한 베를린 장벽 6(Berlin Block 6) 사례도 있다. 이 계획은 도시의 음용수 공급체계와 일정 규모의 중수 및 우수활용 시스템을 효과적으로 통합시키는 새로운 접근방법을 잘 보여주고 있지만, 경제성 측면

그림 8-6 │ 사람들의 생활 양식을 바꾸지 않으면서 자연친화적인 건축재료와 난방방식, 생활공동체적 주거단지를 실현시킨 독일의 친환경주거

에서는 개선되어야 할 부분이 많다. 물질순환개념을 적용한 친환경 주거단지의 사례들에서는 기술적인 면과 이용자의 생활습관 양면을 고려하여 계획되었으며 갈대나 골풀 등의 식물을 이용한 중수정화 시스템을 갖춘 연못, 오수와 중수 분리배관 시스템과 정수된 물의 살수시설 그리고 잔디녹화지붕이 도입되었다.

외부공간 건물 외피를 '생물서식이 가능한 공간(biotop)'으로 조성하고 이를 자연경관과 유기적으로 연계시키려는 생태건축의 기본원칙이 구체적으로 가시화된 한 예가 많다. 건축으로 인해 파괴되는 생물서식공간을 건물의 옥상이나 건물 외피 또는 실내·외에 인공적으로 구성하여서 생물다양성(biodiversity) 보존을 꾀하며, 인공토양을 이용한 옥상 녹화기법, 소규모 습지 등의 생물서식공간 조성기법 그리고 투수성 포장재를 이용한 토양생태계 및 지하수 보전기법 등도 시도되고 있다. 한편 이 시도는 도시의 환경의 질을 개선할 수 있는 대안으로 주목받고 있으나 근본적으로는 도시계획적 차원에서의 효율적 토지활용기법과 연계될 때 그 실효를 얻을 수 있다.

사회생태학적 개념을 적용한 생활공동체적 주거단지를 건설하기 위한 시도는 사회생태학적 연구성과에 바탕을 두고 주거의 계획·설계단계부터 시공에 이르기까지 건축과정 전반에 거주자의 요구를 적극적으로 반영하면서 추진되었다. 보편적으로 인식하고 있는 물리적 생태건축 개념 외에 사회생태학적 개념을 적용하여 물리적인 면에서 자원과 에너지를 절약하는 건축일 뿐 아니라 거주자의 사회·심리적 요구를 건축 전반에 걸쳐 함께 조화시킨 이상적인 생태주거건축의 사례로는 하노버 뒤셀도르프 주거단지를 들 수 있다.

일본의 환경공생주택

지구온난화, 오존층의 파괴, 산성비 등 지구 규모의 환경문제는 국제적인 과제가 되고 있다. 한편, 환경적인 문제 이외에도 고령화, 여가시간의 증가 등 사회적 배경은 주택 내부 및 외부의 건강과 쾌적성을 중시하고, 자연과 주변 환경과의 조화 및 경관을 배려한 보다 질 높은 주택의 공급과 거주환경의 정비를 요구하고 있다. 일본의 환경공생주택은 지구환경을 보전한다는 관점에서부터 에너지, 자원, 폐기물 등의 측면에서 주변의 자연환경과 친밀하고 아름답게 조화되며, 거주자가 주체적으로 관여하면서 건강하고 쾌적한 생활이 가능하도록 고안된 주택, 혹은 지역 환경을 추진하고 있다.

작은 동물의 생식 환경 복원과 야생조경은 연못과 작은 개울가, 습지, 크고 작은 웅덩이, 다공질 공간 등으로 다양하게 조성하며, 큰 나무를 기르고 생울타리와 도로변 조경수를 연결시켜 이들의 이동공간이 되게 한다. 새와 곤충의 서식을 위해서는 나무 전신주가 기둥 위에 구멍을 뚫거나, 통나무나 느슨한 돌무덤 또는 낙엽 같은 것을 쌓아 놓아 곤충과 야생조류를 유도하는 환경공생기술을 활용하고 있다.

각 실의 적절한 배치와 완충영역에 의해서 열부하 및 열손실을 절감시키는 등 에너지의 낭비를 줄이고 유효하게 이용하는 생활방식의 체험을 권장된다. 자원의 유효이용을 위해 시공법이 합리화되도록 철저히 관리하고, 폐기용 목재를 활용하여 산림자원의 보존과 유효이용을 시도한다. 건설 잔토의 장외처리를 강력히 억제하며, 오존층을 보전하기 위하여 특정 프레온 가스의 사용을 자제하고 회수를 계몽한다.

주변에 일조장애 및 풍해가 미치지 않도록 하면서 주변 가로 및 마을경관과 조화되도록 한다. 그리고 중간 영역적 공간을 형성하여 주동 내외의 연관성

그림 8-7 | 수목은 배기 가스의 유해성분과 소음을 흡수하고, 흙은 겨울철에는 보온효과, 여름철에는 냉각효과가 있다. 일본의 고령자가 많이 사는 환경공생형 공동주택에서는 자연의 바람과 햇빛을 이용하는 건물구조와 배치로 되어 있다.

을 배려한다. 주거 내외의 쾌적성을 위해서는 마음이 치유될 수 있는 녹화, 안전하고 쾌적한 보행공간을 형성하고, 차음·방음성을 배려한 주택을 만든다. 결로, 곰팡이, 벌레 등의 발생을 방지하고, 실내공기의 오염을 방지하기 위하여 고령자·장애자, 유아를 비롯한 모든 사람의 건강과 안전성을 배려한 안전한 재료를 사용하도록 한다. 그리고 거주자의 안전과 건강한 생활방식을 지원하기 위한 바닥 온수 패널을 도입하는 등 복사 냉난방 시스템을 사용하도록 한다.

여유로운 집주성의 달성을 목표로 아름답고 주위와 조화될 수 있는, 다양한 거주자의 공동거주를 지원할 수 있는, 쾌적하고 매력적인 주택과 공용시설을 조성하도록 한다.

주거공간에서부터 지역 가꾸기에 이르기까지 적극적인 거주민의 지속적인 참여를 통하여 계획요소의 적용을 위한 구체적 수단으로서 이해집단 간의 주민협정이 체결되도록 유도하며, 이러한 집단적 행위 발생여건을 마련함으로써 환경공생주택의 가치를 더욱 높일 수 있다. 다양한 계획요소의 추출과 적용은 주민참여에 의해서 이루어질 때 부작용을 최소화하고 파급효과를 높일 수 있다고 보아 쾌적한 거주환경의 지속적인 유지관리를 입주 후에도 계속적으로 지원한다.

스웨덴의 친환경 주거

스웨덴에는 생태주택에 관심이 있는 사람들이 개인적으로 세운 친환경주거로 이루어진 마을이 약 10개 정도 있다. 스웨덴 서남부 보후슬랜의 작은 마을 섀르셀(Skärkall)에는 예술가, 건축가, 도예가, 공무원, 사업가 가족들이 5년 전부터 20여 채의 친환경주택을 짓고 살고 있다. 이 마을 주택의 재료는 천연재료라면 무엇이든 자유로이 사용할 수 있다. 대부분의 재료는 목재와 벽돌이고 기와로 덮은 지붕에는 부분적으로 스웨덴 전통주택에서 본받아 온 잔디지붕으로 구성되어 있다. 스웨덴은 겨울에 몹시 춥기 때문에 보온에 매우 신경을 쓰는데, 짚과 종이는 이중벽 사이를 채우는 매우 훌륭한 보온재로 사용된다. 벽의 일부는 언제든지 재료가 구해지는 대로 이중벽 사이의 공간을 계속해서 채울 때까지 마감되지 않고 열린 상태로 남겨둔다. 화장실은 대소변 분리 변기를 사용하여 소변만 따로 분리한 후 채소 재배에 이용한다. 모든 창은 겨울의 찬바람 때문에 이중창으로 설치하는데 이러한 창의 대부분은 동네 벼룩시장에서 사온 재활용 창문을 사용한다. 이는 건축비의 절약은 물론, 쓰레기를 줄이고 환경을 보호하기 위한 방안이다. 이 마을의 거주인들은 이곳에서 자연과 조화를 이루며 생태적인 생활방식으로 사는 것에 매우 만족스러워하고 있다.

그 외에 예테보리의 교외, 약간 떨어진 농촌마을 호숫가에 위치한 읍훌트 생태마을(Ubbhut Eco-Village)은 1990년에 세 명의 젊은 건축가들에 의해 시작되어 현재는 6가족이 살고 있다. 이곳에는 두 가족이 사는 2층짜리 단독주택과 네 가족이 사는 2층짜리 연립주택이 있다.

이 마을의 기본적인 디자인 개념은 자연을 보호하고 인간과 유기적 농작물

그림 8-8 │ 자연환기와 통풍이 잘 되도록 창과 문을 배치하고 자연재료와 재활용 건축자재를 활용하여 지형을 훼손하지 않고 자연과 어울리는 집을 직접 짓고 살면서 유기농채소 재배를 위한 자연수거식 화장실을 주민들이 공동관리하는 스웨덴의 친환경주거

사이에 협동을 촉구하는 것이다. 그들은 소변을 수집하여 농사를 지으며 온실에서 채소와 꽃을 재배한다. 자연보호를 위하여 특히 수질오염이 되지 않도록 유의하는데 물의 정화과정은 환경보호에서 가장 중요한 업무로 인식되고 있다. 변기와 하수구에서 나온 사용한 물은 화학적 정수과정을 거쳐 농사에 다시 재사용할 수 있다. 그러므로 마을에서 사용하는 세제는 물과 토지를 오염시키지 않도록 천연재료로 된 것만 신중하게 선택한다. 신선한 수초들이 정수된 물로 채운 연못에서 자라고 있었다.

사용하는 연료는 인근 지역에서 생산되는 버리는 목재를 이용해서 만든 환경친화적 연료이다. 이 재료는 구하기 쉽고 값도 싸서 이 연료를 주 열원으로 사용하여 바닥 난방을 하고, 자연형 태양열 시스템은 보조난방 열원으로 사용한다. 주민들은 마을에 공동 세탁실과 회의실을 가지고 있는데 이 회의실에서는 한 달에 한 번 주민회의가 열려 마을 공동의 관심사를 의논하고 친목도 도모한다.

주택의 주재료는 금속으로 된 지붕에, 바닥과 벽체에는 목재, 진흙, 모래, 플래스터 등과 같이 모두 인근에서 쉽게 구할 수 있고 값도 싼 재료들이다. 창문 역시 동네 벼룩시장에서 사온 재활용품으로 만든 것들이며, 이중 벽의 두께는 보온재를 충분히 넣을 수 있도록 55cm로 두껍게 만들고 그 사이를 주변에서 구하기 쉽고 값도 싼 짚으로 메꾼다. 건물에 칠하는 페인트도 화학 재료로 된 것보다는 천연재료로 만든 것을 사용한다. 건축비는 읍홀트 마을 주민들의 방식대로 지을 경우 일반주택 건축비의 1/3로 지을 수 있는데 은행에서 융자를 받을 수 있다. 이 마을의 주민들은 수년 내에 마을 중앙에 커다란 작업실, 회의실, 그리고 어린이 놀이실을 갖춘 공동생활시설(common house)을 짓기를 고대하고 있다.

생각해 볼 문제

1. 친환경 주거라는 측면에서 우리 조상들이 살았던 전통 주거에서 배워야 할 지혜는 무엇인가? 물질순환의 사상, 자연의 에너지의 힘을 어떻게 가정생활과 주거공간, 마을 만들기에 이용하여 친환경생활을 해왔는지 살펴보자.

2. 여러 나라의 친환경 주거의 공통점은 무엇이고 추진방식의 차이는 무엇인가 생각해보자.

3. 우리나라에서 환경친화형 주거단지로 인증받은 공동주택단지들을 방문해보고 주변지역의 여건과 상황, 친환경주거로서 계획하기 위하여 어떤점을 구체적으로 도입하였나 검토해보자.

4. 현재 자기 주변의 학교, 공공건물, 우리 동네는 얼마나 친환경적인 요소가 있는지 살펴보고, 10년 후에 내가 살고 싶은 집을 친환경 주거로 만들어보는 구상을 하고 글과 그림으로 표현해 보자.

읽어보면 좋은 책과 비디오

1. 주거학연구회(2003), 친환경 주거, 발언
2. 연세대학교 밀레니엄 환경디자인 연구소(2003), 친환경공간디자인 : 생태건축, 에코인테리어, 그린라이프, 연세대학교 출판부
3. 그래지나 필라토비츠(Graxyna Pilatowicz)(2002), 에코 인테리어 : 환경친화적인 인테리어 디자인 지침, 울산대학교 출판부
4. KBS(2003), 세계의 흙집, 1 · 2부, KBS 영상사업단
5. KBS(2002), 공동주택의 미래, 1 · 3부, KBS 영상사업단

이웃과 더불어 사는 집
– 코하우징

코하우징이란 어떤 집인가

　인구학적 변화와 경제적 변화가 일어나고 있는 현대사회에서 전통적인 주거형태는 다양한 사람들의 요구를 더 이상 충족시켜줄 수 없게 되었다. 오늘날 많은 사람들이 적절한 대안이 없기 때문에 이웃과 단절된 불만족스러운 집에서 살고 있다. 어떤 종류의 주거가 직업과 육아를 성공적으로 결합시켜줄 수 있을까? 어떤 종류의 주거가 독신으로 살고 있는 사람들의 이웃관계를 증진시켜줄 수 있을까? 어떤 종류의 주거가 노후를 맞이한 사람들의 삶을 활기차고 의미 있게 만들어 줄 수 있을까? 이런 요구사항을 반영하기 위한 의도에서 개발된 집이 코하우징(cohousing)이다.

　코하우징은 학자 또는 나라에 따라 코퍼러티브 하우징(cooperative housing), 콜렉티브후스(kollektivhus), 보팰레스카버(bofællesskaver), 협동주택 등으로 표현되고 있으나 영어인 코하우징(cohousing)이라는 용어가 가장 많이 이용된다.

　코하우징은 현대인의 생활양식에 적합한 근린의 개념을 재정의하는 새로운 주택형태로서 주민의 개인적 프라이버시와 공동생활의 이익추구를 혼합한 주택이다. 과거의 촌락공동체의 사람들은 한 마을에서 오랫동안 지내기 때문에 각 가족과 성격, 재능 등 모든 것에 대하여 잘 알고 있었으며, 이러한 친밀한 관계는 상호간 책임을 요구하기도 하지만 한편으로는 안전과 소속감을 보장해 주었다. 코하우징은 이와 같이 장소와 이웃에 대한 공동체 의식을 재창조하기 위한 현대적인 모델이며 반면에 종래의 공동체에서 강요하거나 압박하는 환경을 약화시켜 현대인의 프라이버시를 추구하는 요구를 반영한 공동체 주거 방식이다.

코하우징은 왜 발달하였을까

고전적인 의미의 코하우징은 원래 1930년대 스웨덴에서 기능주의자들 (functionist: modernist)과 여성운동가(feminist)에 의해서 여성들의 일상적인 가사부담을 줄이고 여성들도 남성들과 똑같이 노동력을 사회에 환원하자는 의미에서 시작되었다. 이러한 고전적 의미의 코하우징은 여러 가지 변화 과정을 거쳐 현대적인 코하우징으로 발달되었다. 현대적 의미의 코하우징은 자치관리 모델(self-work model)로 1970년대 덴마크에서 시작되어 현재 세계 각국에서 자기들의 현실에 맞게 적용되고 있으며 스칸디나비아와 네덜란드, 호주, 미국 등지에 많은 코하우징 단지가 설립되어 있다. 자치관리 모델이란 주민들이 자발적인 공동활동 참여를 통하여 가사노동을 단순화하고 남는 시간을 개인생활의 질적 향상을 도모하는 데 사용하는 것을 목적으로 하고 있다.

20세기 이전에는 일반적으로 6명 이상의 가족이 한 가정을 구성하고 아이들은 물론 하인과 친척들까지도 함께 사는 일이 흔하였다. 이러한 가정에서는 아이들과 어른들 사이에 다양한 세대관계가 이루어졌고 친척과 하인들이 집안일을 도왔으며 노인과 병자들도 함께 돌볼 수 있었다. 그러나 현재와 같은 핵가족의 개념으로는 친척이나 주변 공동체의 지원이 없이는 그러한 일을 수행하기 어렵게 되었다.

현대사회에서는 가족원의 크기는 계속 감소하고 독신자가구, 한부모가구는 물론, 수명연장과 함께 노인가구의 수도 꾸준히 증가하는 반면에 부부와 1~2명의 자녀로 구성된 통상적인 핵가족 형태는 감소하고 있다. 특히 6세 미만의 어린이를 둔 기혼여성들이 대부분 집 밖에서 시간제나 전일제 직업을 가지고 있어서 육아와 가사, 식사 준비에 많은 어려움을 겪고 있다.

이러한 현실에도 불구하고 각 세대는 식사준비와 장보기를 스스로 해야 하며 가족의 수나 직업 유무에 관계없이 식기세척기, 세탁기, 건조기, 작업공구 등을 각 가정마다 소유하고 있다. 이러한 낭비를 줄이기 위해서 개인주택의 규모를 줄이고 공유공간을 넓혀서 각 세대가 개별적으로 소유하는 것보다 더 쾌적한 설비를 공동으로 구입하고 사용할 수 있는 방안을 생각하게 되었다. 즉 공동체 주거에서 생활함으로써 공동 세탁, 공동 저녁식사, 공동 육아와 같은 활동을 통하여 더욱 효율적으로 가사노동시간과 생활비용을 감소시키는 것이다. 한편 재택근무자의 경우에는 집안에서 혼자 일하면서 느끼는 사회적 고립감을 개선하고 주택을 실용적인 작업 장소로서 재구성할 필요성을 느끼게 되었다.

현대인들이 프라이버시 보호에 집착하여 공동체 생활을 등한시하고 개인주의가 팽배하여 고립된 문화를 만드는 것에 대한 비판이 최근에 일고 있다. 이러한 의미에서 공동체 주거생활단지인 코하우징은 개인적인 취향, 나이, 수입, 인종 등으로 분리되는 현재의 문제점을 극복할 수 있는 하나의 대안으로 등장하였다.

단독주택에 살던 소가족이 코하우징 단지로 이주해 오는 이유는 가까이 살면서 사회적 관계를 유지할 수 있기 때문이다. 한편, 한부모가족이 코하우징으로 이주하는 이유는 양부모가족의 아이들과 같은 사회적 관계를 자기 아이들에게도 제공해 줄 수 있고, 조리나 양육과 같은 실질적인 면에서 서로 도움을 주고받을 수 있기 때문이다. 어떤 사람들은 공동의 이념적 가치를 지향하기 위하여 코하우징을 선택하기도 한다. 대체 에너지 자원, 친환경적 생활, 자급자족 등을 추구하는 생태마을이 그러한 예이다.

코하우징의 물리적 환경은 어떻게 구성되는가

코하우징 단지는 단독주택 단지 주변에 확 트인 시골풍경과 접하면서 도시생활로부터는 격리되어 있는 경우가 많다. 이러한 이유는 그러한 입지가 코하우징 단지로서 적합하고 여유 있는 부지를 확보할 수 있기 때문이다. 그러나 주민들의 일상생활을 편리하게 하려면 도심에서 너무 먼 곳은 바람직하지 않다. 코하우징의 주민들도 직장을 가진 경우가 많으므로 일상생활에 용이하도록 직장, 학교, 다른 도시와의 연결이 쉬우면서 여유 있는 공유공간을 계획할 수 있는 대도시 근교가 적합하다.

코하우징 단지에서는 공간이용이 생활의 질에 크게 기여하기 때문에 건물의 배치와 건물간의 상호관계가 매우 중요하다. 그러므로 코하우징은 처음부터 의도적으로 이웃간에 유대감을 형성할 수 있도록 디자인한다. 주민들이 이웃간에 서로 알고 안전한 장소에서 생활하고 있다는 느낌을 가지도록 하기 위해서 가능한 한 주민 사이에 사회적 접촉을 증가시키는 디자인을 강조한다.

주거단지

코하우징 단지는 전형적으로 12~30채의 저밀도 개인주택과 공동생활시설(common house), 공동 옥외공간으로 구성된다. 어떤 단지는 농경지와 이를 위한 건물이 있는 반면, 다른 단지는 에너지 재생산의 관점에서 다른 형태를 가지는 경우도 있다.

공동체 안에서 개인주택은 서로 가깝게 배치하여 주민들 사이의 친밀성을 높이고 공동생활시설은 중앙에 배치한다. 어떤 단지는 사회적 유대관계를 좋게 하기 위하여 개인주택을 좁은 길이나 작은 광장에 면하여 짓고, 어떤 단지에서는 공동공간과 개인주택 사이를 유리 지붕으로 덮어 날씨에 관계없이 옥외활동을 촉진시키기도 한다.

자동차의 진입과 주차는 건축계획에서 가장 먼저 고려되는 측면이다. 단지 가장자리에 주차공간을 마련하면 식료품 운반이나 환자를 운반하는 데는 불

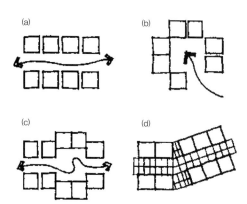

(a)

(b)

(c)

(d)

그림 9-1 | 다양한 단지계획
(a) 주택이 보행자 도로를 따라서 세워진 형태, (b) 6~7개의 주택이 하나의 중정을 둘러싼 형태, (c) 도로와 중정이 혼합된 형태, (d) 전체 주거 단지가 한 빌딩 내에 있는 형태 : 개인 주거와 공동생활 부분간의 보도를 모두 유리지붕으로 덮은 형태(자료 : 찰스 듀렛, 1994)

편하지만 단지 내에서는 자동차가 없는 보행도로와 중정을 확보할 수 있어서 어린이들이 자유롭고 안전하게 놀 수 있고 주민 누구에게나 편한 공간을 제공해준다. 또 주차장까지 오가며 이루어지는 우연한 마주침도 중요한 사회적 기능을 한다. 출퇴근 길에 주차장에서 만나고, 에너지 절약을 목적으로 자동차를 함께 타며 일상적인 담소를 나누고 우정을 쌓는다.

주차공간을 중앙에 집중시키거나 분산시키는 것은 대지 조건, 대지 크기, 주민들의 선호도에 따라 좌우되는데 대개 1~2개 정도의 주차장을 중앙에 배치하는 것이 좋다. 바닥에 보도 블록이나 자갈을 깔고 나무를 심으면 자동차가 나가고 없는 낮 시간에는 주차장이 자전거를 타거나 공놀이를 할 수 있는 어린이 놀이공간으로 이용된다. 자동차의 수량은 단지의 위치와 대중교통수단에 따라 좌우되지만 자동차 함께 타기를 통해 일반 주택단지보다 자동차의 수를 줄일 수도 있다.

보도의 계획은 건물의 배치를 조직하는 요소이다. 보도는 식물의 가지처럼 뻗어나가게 계획할 수도 있고, 오래된 도시의 광장처럼 중정을 중심으로 계획할 수도 있다. 저층 코하우징 단지의 도보는 그림 9-1 중의 한 가지로 계획할 수 있다.

전이공간

코하우징 단위 주택의 출입구는 친근감 있는 공유구역과 면해 있기 때문에 외부의 일반 주택보다는 자유롭게 계획할 수 있다. 가족생활에서 중요한 공간인 부엌-식사 공간을 정면에 배치하면 일을 하면서 공동생활시설, 즉 커먼하우스(common house)를 바라다볼 수 있는 기회가 많아진다. 공유공간에서 놀고 있는 어린이를 쉽게 볼 수 있거나 지나가는 이웃사람을 부를 수도 있다. 또 주택에서 공유공간의 출입구가 보인다면 자신들이 참여하고 싶은 활동을 쉽게 알아볼 수 있다.

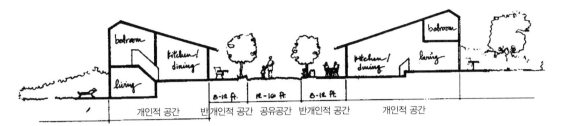

그림 9-2 | 전이공간의 단
계(자료 : 찰스 듀렛, 1994)

개인적 공간　　　반개인적 공간　공유공간　반개인적 공간　　　개인적 공간

주택과 중정 사이에 다른 방을 두지 않고 직접 드나들 수 있게 계획하면 실외공간의 이용성을 높일 수 있다. 낮 시간 동안 자유롭게 실내·외를 오갈 수 있도록 하기 위해서 회랑이나 바닥의 단 차를 없애는 것도 좋은 방법이다. 현관문을 쉽게 접근할 수 있도록 하여 현관 앞쪽에 테이블과 의자를 놓아 두면 사람들이 지나가는 것을 볼 수 있는 편안한 장소가 된다.

공유공간은 5~8개의 주택이 사용하는 작은 공간에서부터 주민 전체가 사용하는 대광장에 이르기까지 다양하다. 보도를 따라 5~8개의 집들이 피크닉 테이블을 공유하도록 배치한다면 이웃사람들이 차를 마시기 위해 쉽게 모일 수 있다. 1~3세의 유아가 노는 모습을 자기 집에서 일하거나 이웃과 차를 마시면서 볼 수 있다.

개인주택

개인주택은 일반적으로 1~5층으로 짓는데 반 층 차가 나는 스플릿(split)형으로 짓는 경우도 있다. 주민들이 1개 이상의 기본 주택형 중에서 기본 골조를 선택하고, 내부의 침실과 세부 디자인은 건물 지침에 따라 개인적으로 다르게 디자인하는데, 전형적인 디자인은 입구를 향하여 거실과 부엌이 개방되어있는 형태이다. 주거면적은 개인소유의 코하우징에서는 100~150㎡이고, 공동소유의 경우에는 60~120㎡이 일반적이다.

다양한 기능을 충족시키도록 공간을 배치하는 것은 대규모 주택에서보다 소규모 주택에서 훨씬 더 어렵다. 게다가 커먼 하우스에서 제공되는 편의시설과 개인주택의 기능이 중복되지 않게 하기 위해 주민들 스스로가 공간 할당에서 가장 중요시하는 우선순위를 결정해야 한다. 어떤 코하우징에서는 초기 비용을 절약하기 위해 건설 시에 단위세대간에 방음재료에 비용을 더 들이는 대신, 부엌 수납장의 질을 낮추어 계획하였는데, 그 이유는 나중에 방음재료를 교체하는 것보다 부엌 수납장을 고급품으로 교체하는 것이 더 쉽기 때문이다.

소규모 주택에서는 잠자는 공간을 로프트(loft)로 하는 방법, 천장을 높게 하는 방법, 벽 대신에 바닥에 단 차를 두어 공간을 구분하는 방법, 공간을 병렬로 배치시키는 방법을 이용하거나 또는 창문의 배치에 세심한 주의를 기울여 착시현상을 이용하여 좁은 공간을 넓어 보이게 하기도 한다.

코하우징의 개인주택 평면 배치는 일반 주택과는 반대로 계획하는 방법이 많이 쓰인다. 일반 주택에서는 정면에 거실이나 응접실과 같은 형식적인 방들을 배치하고 부엌은 후면에 배치하지만 코하우징에서는 공유부분으로 향하는 정면에 부엌을 배치하고 거실은 집의 안쪽에 배치한다. 이러한 배치는 실내와 실외, 사적인 공간과 공유공간 사이의 유대감을 형성하는 데 도움을 준다. 부모들은 아이들이 노는 것을 보면서 집에서 일할 수 있으며, 사적인 공간인 집 뒤쪽에서 평화롭고 조용하게 지낼 수 있다.

코하우징의 개인주택은 자녀의 성장에 따른 분가, 이혼과 같은 개인적인 생활의 변화가 생겼을 때 새로운 요구에 맞추어 변경하기가 어렵기 때문에 다른 곳으로 이주를 하게 되는 경우가 많다. 이는 어른이나 아이들 모두에게 어려운 문제를 유발시킬 수 있으므로 사전에 각 가족의 주요구(住要求)에 적응할 수 있도록 디자인해야 한다. 코하우징에는 다양한 가구형태와 연령층을 수용해야 하기 때문에 원룸형, 2~3개의 침실이 있는 주택 등으로 다양하다. 대부분의 코하우징 단지에는 주민들이 주택형태를 선택할 수 있도록 4~6개의 계획안을 둔다. 기본적인 모델은 초기 계획 과정에서 주민들의 동의에 의해 결정되고, 주거공간 내의 차별성은 건축가와 함께 상의하여 부엌의 배치, 칸막이벽의 위치, 마감재, 색채 등과 같은 부가적인 변화를 통해 이루어진다. 그러나 이러한 '차별화'는 매우 조심스럽게 하지 않으면 건설비용을 많이 증가시킨다는 점을 감안해야 한다.

미래의 변화에 대한 대응방법

사람들의 삶은 변화한다. 아이가 태어나고, 자녀들이 성장하여 가정을 떠나고, 이혼하거나 배우자 중의 한 사람이 사망하는 것과 같은 일들은 주거의 공간적 요구에 영향을 미친다. 만일 사람들이 자기가 살던 집이 적합하지 않아서 자주 집을 옮겨야 된다면 안정된 공동체를 유지할 수 없게 된다. 그러므로 공동체 안에 다양한 주거를 계획하면 주민들 간에 서로 교환할 수 있다. 그러나 개인주택의 상호교환은 현실적으로 법적인 문제와 이익 때문에 자가일 때보다는 공동소유이거나 임대일 때 쉽다.

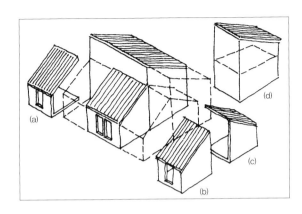

그림 9-3 ㅣ 코어 플랜 : 주민들은 코어 플랜에 어느 부분을 추가할 것인가를 선택할 수 있다.(자료 : 찰스 듀렛, 1994)

미래의 다른 세대의 요구를 충족시키기 위한 또 하나의 방법은 초기에 하나의 기본적인 코어 플랜(core plan)을 주고 여기에 부가물을 추가할 수 있게 계획하는 것이다. 이러한 디자인 방법은 거주 후에 확장되어 유용하게 이용될 수 있다(그림 9-3). 계획 초기부터 건물을 융통성 있게 디자인하기 위해서 모듈로 된 기둥과 보를 이용하고, 가변형 벽체를 사용하면 방을 추가하거나 변화에 바로 대응할 수 있다.

공동생활시설 : : 커먼 하우스(common house)

커먼 하우스는 대부분의 경우에 새로 짓지만 경우에 따라서는 부분적으로 또는 전적으로 기존 건물을 활용하는 경우도 있다.

커먼 하우스의 면적은 매우 다양하다. 덴마크와 스웨덴의 경우에는 공동소유 주택조합의 경우에 전체 주거면적의 5~10%를 차지하고 개인주택별로 보면 7~10㎡이다. 한편, 개인소유 코하우징 단지의 경우에는 전체 주거면적의 10~20%를 차지하고, 각 개인주택당 10~20㎡인 것이 일반적이다.

대부분의 커먼 하우스 내에는 넓은 거실과 개방된 부엌, 식당이 있다. 부엌, 식당, 거실을 제외한 나머지 시설은 그 수와 형태에 있어서 차이가 크지만 일반적으로 어린이 놀이실, TV실, 세탁실, 작업실, 여러 개의 창고와 설비실 등이 있다. 주민 중에 취업주부가 많으면 커먼 하우스의 유용성은 증대된다.

커먼 하우스는 공동체 생활의 필수적인 부분으로 그 위치를 결정하는 데는 다음의 3가지 사항을 고려한다. 즉 주민들이 집으로 돌아가는 도중에 커먼 하우스를 지나가도록 계획하고, 개인주택의 안이나 밖에서 잘 보이는 곳에 배치하며, 모든 개인주택으로부터 비슷한 거리에 있어야 한다는 점이다. 이 중에서 가장 중요한 조건은 첫 번째 조건이다. 주민들이 집에 가는 도중에 커먼 하우스를 지나가면 공동체에서 어떤 일이 일어나고 있는지 쉽게 알 수 있다. 사람들은 궁금하여 그 앞에서 멈추어 서고, 오늘의 저녁식사는 무엇인지, 게시판에는 어떤 알림사항이 있는지를 쉽게 알 수 있으며, 커먼 하우스에 들어가는 일이 일과의 한 부분이 될 수 있다. 게다가 자신들의 집에서 커먼 하우스를 볼 수 있다면 공동활동이 있을 때도 좀더 쉽게 참여할 수 있다.

코하우징 단지에서의 생활

코하우징 내의 조직

대부분의 코하우징 내의 조직은 공식적으로는 전통적인 방식에 의해 형성된 주민조합과 주민회의로서 매년 회의를 열어 연간 활동과 예산을 투표로 결정하고 위원회의 위원을 선출한다. 그러나 실질적으로는 민주적 방식에 따라 매달 회의를 하며 공동체의 일을 결정한다. 조직 내에는 다양한 활동을 수행하기 위한 여러 개의 작업 그룹과 위원회가 있어서 주민들이 자발적으로 흥미 있는 분야에 참가하여 단지의 운영에 참여하고 있다.

공동활동

공동활동은 개인주택의 수와 형태에 따라 달라지며, 주민들의 소망과 이것을 실현하기 위한 다양한 가능성과 관련이 있고 주민의 경제적 · 물리적 조건, 공동체의 활동에 참여하는 주민의 수와 관련이 있다.

코하우징 단지에서는 함께 조리하고 식사를 하는 것이 중심적인 공동활동이다. 모든 코하우징 단지에 공동 식당이 있지만 식사의 빈도와 조직에는 차이가 있다. 대부분의 경우에 주말을 제외하고 주당 5회 정도 공동식사를 할 수 있지만 단지에 따라 주당 1~7회로 차이가 있다. 공동식사의 빈도와 조직이 주민들이 얼마나 공동체로서 '협동' 하는가를 표현해 준다고 할 수 있다. 공동식사에 참여하는 것은 자발적이다. 공동식사에 참여하기 위하여 주민이 미리 신청해야 하지만, 어떤 경우에는 참석하지 못할 경우에만 알리는 곳도 있다. 식사준비는 순서에 따라 하는 공동의 의무이지만 어떤 곳에서는 자원활동이기도 하다. 덴마크의 경우에는 성인 1인당 10~12크로나(약 2000~3000원 정도)의 식비를 현금이나 전표로 지불하고 이 돈은 조리자가 식품을 사는 데 사용하기도 한다.

코하우징에서의 공동식사는 실질적이고 시간이 절약되기 때문에 대부분의 사람들에게는 절대적인 이익으로 생각된다. 매일같이 무엇을 사서 어떤 음식

그림 9-4 | 여름철 옥외에서 이루어지는 주민의 공동식사

그림 9-5 | 주민의 공동활동으로 가꾸는 코하우징의 정원

을 만들어 먹을까를 생각하는 일, 먹고 난 후 설거지를 해야 하는 일로부터 해방된다는 것은 일상생활에서 안도감을 줄 수 있다. 늦게 귀가하거나 또는 일정한 날마다 야근을 해야 하는 경우에도 아이들은 단지 다른 사람들과 함께 식사를 하면 된다. 조리당번이라 하더라도 여럿이 함께 일하고 편리한 취사시설이 있기 때문에 대량의 식사준비가 큰 문제는 되지 않고, 일반적으로 음식의 질은 만족스럽고 다양하다. 공동식사는 식사하는 동안 다른 사람들과 함께 이야기하고 아이들을 돌볼 수 있으며 필요한 물건을 서로 빌리고 함께 할 일을 의논하는 기회도 줄 수 있다. 금요일 밤의 식사는 밤늦도록 하는 행사로 이어질 수 있다.

조리에 참여하는 사람의 수는 어른 2~3인이 하고 한두 명의 어린이가 돕는 것이 일반적이다. 조리당번은 가족별로 구성되지 않고 개인별로 구성되므로 조리과정을 통하여 다른 주민들과 친근해질 수 있다. 어떤 곳에서는 같은 그룹이 일주일 내내 조리를 하는 경우도 있고, 하루씩 교대하는 경우도 있다. 조리당번은 식품 구입에서부터 설거지 작업까지 책임지는 것을 원칙으로 하

며, 얼마나 자주 순서가 되는가는 주민의 수와 공동식사의 빈도에 따라 다르지만 보통 4~5주에 한번씩 돌아온다. 어떤 코하우징 단지에서는 구매나 여러 가지 물건, 특히 채소를 재배하는 일에 공동 참여하기도 하고. 부가적으로 주민이 운영하는 식품점이 있어서 간단한 식품을 사는 경우도 있다.

코하우징 단지 내에서의 작업은 노력이 많이 드는 일이 될 수도 있다. 예를 들어 채소 재배, 동물 사육, 오래된 건물의 수리나 개조에는 힘이 많이 든다. 공동생활시설의 청소는 개인이 의무적으로 순서에 따라 참여해야 하는 일반적인 그룹 활동이다. 건물의 수선이나 변경,

그림 9-6 | 사회성 향상을 위한 코하우징 주민의 소모임 상차림

새 공간을 만드는 일 등은 한 달에 한 번 정도 특별한 작업 일을 정하여 자원봉사활동에 의해 이루어진다. 많은 코하우징 단지에는 학교에 다니는 어린이들을 위하여 오후의 특별 프로그램이 준비되어 있다. 이러한 활동은 성인 주민의 참여를 기반으로 이루어진다.

이러한 실질적인 활동 이외에도 코하우징 내에서는 여러 가지의 사교활동이 이루어지는데 음악, 노래, 춤에서부터 수영, 탁구, 핸드볼, 축구 등과 같은 운동에 이르기까지 매우 다양하다. 또한 생일이나 크리스마스 등과 같은 특별한 날의 축하나 계절적인 파티도 열린다. 그리고 대부분의 주민들에게 많은 정보를 전달하기 위하여 코하우징 자체 내의 신문을 발간하기도 한다.

코하우징에서의 공동생활은 이용 가능한 공동생활시설의 범위에 따라 달라지지만 사회적 상호작용의 정도는 주민들이 얼마나 서로 잘 알고 있는가, 공동체 내에서 함께 살려고 하는 태도가 얼마나 널리 퍼져 있는가에 따라 달라진다. 또한 옥외와 실내에 만남의 장소가 얼마나 많은가 하는 것도 중요한

요소가 될 수 있다. 예를 들면, 주민들이 함께 먹고 이야기하고, 물건을 서로 빌려 쓰고, 다른 사람이 가진 특별한 능력과 지식을 인정하고, 출퇴근 시에 차를 함께 타고, 아이들을 서로 돌봐주고, 휴일에 함께 여행을 하는 일 등이다. 이러한 여러 가지 활동은 사회적인 일과 실제적인 일에 모두 이익이 된다. 남의 아이들을 하루 저녁이나 짧은 여행기간 동안 돌봐주는 것은 별로 문제가 되지 않는 쉬운 일이고, 손님을 식사에 초대하는 것도 단지 공동식사에 신청하여 함께 참여하면 되기 때문에 아주 쉽다.

코하우징 생활의 어려움

코하우징에서의 생활은 주민간의 밀착감 때문에 어떤 의미에서는 너무 내부지향적이고 자기만족적으로 될 위험이 있다. 오랜 친구들, 특히 멀리 사는 친구들과의 관계를 유지하기가 어렵고, 마찬가지로 코하우징 공동체 밖의 여러 가지 활동에 참여할 여력과 시간을 찾기가 어려울 수도 있다.

코하우징에서도 갈등은 있다. 가까이 살고, 서로가 너무 잘 알고, 공동으로 하는 일이 많다는 것은 자연히 문제를 일으킬 수 있다. 이 때문에 몇몇 주민이 코하우징을 떠나는 것으로 종결될 수도 있지만, 보통 그런 일로 이주하는 일은 매우 적고, 대부분은 이혼이나 직장을 옮기는 일 때문에 할 수 없이 이주하는 경우가 많다.

특히 시작 초기에는 많은 회의가 그룹으로 또는 전체적으로 열리고, 주민들의 동의를 얻고 의사 결정과 일을 수행하는 것이 어려울 수도 있다. 행정적·실제적인 일도 많아서 코하우징 공동체 안에서 모든 일을 쉽게 성사시키기는 어렵다. 어떤 코하우징 단지에서는 주민들이 의무적으로 일하는 시간이 있는 반면, 다른 곳에서는 자원에 의해 자발적으로 일하기도 한다. 두 가지 모두 어려움이 있지만 언제나 일이 계획했던 속도대로 이루어지지는 않는다. 코하우징 단지 내에서 일을 효율적으로 수행하기 어려운 것은 대부분의 주민들이 부모는 직업 때문에 바쁘고 나이 어린 아이들이 많다는 사실과 관련이 있다. 코하우징 내에서의 생활이란 단순히 주거 형태의 적용이 아니라 성인이나 아이들 모두에게 새로운 생활방식을 적용하는 것이다.

코하우징의 실례

덴마크 최초의 대규모 코하우징 : : 팅고든

- **위치** : 덴마크의 쾨에(Køge)
- **건축년도** : 제1기 1978년, 제2기 1984년
- **가구 수** : 제1기 78가구, 제2기 91가구, 총 169가구
- **가구별 주거규모** : 45~60㎡
- **평면유형** : 5~11가지, 1~5침실형
- **주택유형** : 2층 연립주택
- **공동생활시설** : 공동부엌, 식당, 거실, 회의실, 어린이 놀이방, 세탁실 등

팅고든(Tinggården)은 덴마크에서 역사가 오래되고 대규모인 코하우징 단지로 코펜하겐 근교인 쾨에에 위치하고 있고, 1978년에 입주한 제1기 단지와 1984년에 입주한 제2기 단지를 합하여 총 169가구가 살고 있다. 이곳은 대규모 단지라는 취약점을 개선하기 위하여 13가구를 소집단 단위로 구성하여 ㄷ자, ㄴ자 모양으로 계획한 클러스터(cluster) 형태로 되어 있다. 이것은 팅고든이 코하우징의 일반적인 가구수인 50가구에 비하면 너무 큰 규모이기 때문에 소집단으로 구분하여 한 단위당 40~60명이 공동생활을 하면서 살 수 있도록 계획한 것이다.

팅고든의 주차장은 단지의 외부에 배치하여 단지 내 차량통행을 금지하고 있다. 주민들은 출퇴근 시 가능한 한 차를 함께 이용하는 방법을 이용하기 때문에 차량수는 일반 주택단지에 비하여 적은 편이다. 단지 안에서는 자전거와 보행만 가능하기 때문에 어린이들이 안심하고 뛰어놀기에 적당할 뿐만 아니라, 각 주택의 부엌 창문을 통하여 보행도로를 바라볼 수 있도록 설계하였으므로 집안에서도 밖에서 놀고 있는 어린 자녀들을 쉽게 지켜볼 수 있다는 장점도 있다.

제2기 팅고든의 주택유형은 11가지로 1침실형부터 4침실형까지 다양하지

그림 9-7 | 마당에서 노는
아이들을 바라볼 수 있는 팅
고든 코하우징 개인주택 부
엌의 창문

그림 9-8 | 제1기 팅고든
코하우징의 개인주택과 공동
마당

만 대부분 독립된 거실이 없는 LDK형으로 계획되어 있다. 또 18세 이상의 청소년들에게 적합한 기숙사형 주택이 15개 있다는 것도 특징이다. 이러한 소규모 주택은 독신자를 위한 것이며 대학의 기숙사 수준으로 부엌과 욕실은 공동으로 사용하게 되어 있다.

각 군집마다 계획된 커먼 하우스의 규모는 24~27평 정도이며, 긴 장방형 평면에 바닥 차를 두어 공간을 두 부분으로 구분하였다. 입구에 들어서면 왼쪽에 모임 공간, 오른쪽에 어린이 놀이방이 있으며, 계단을 몇 단 더 내려가면 세탁기, 건조기, 부엌 작업대가 배치된 공동작업 공간이 있다. 커먼 하우스는 누구나 쉽게 와서 세탁도 하고 모임도 할 수 있도록 수수한 분위기이지만 어린이 놀이방은 다양한 색채로 칠하여 활기 차고 흥미롭게 만들었다. 이곳에서도 어느 코하우징이나 마찬가지로 조리활동은 순번제로 협력해서 하고 어린이 양육도 분담하여 하고 있다(김대년, 2000).

피라미드형의 천창이 인상적인 코하우징 : : 크레아티브 시니어보

- **위치** : 덴마크 오덴세(Odense)
- **이주년도** : 1992년
- **가구 수** : 12호
- **소유형태** : 임대
- **평면형** : 2침실형, 3침실형
- **주택유형** : 단층 연립주택
- **특징** : 5채의 아파트는 커먼 하우스를 통하여 출입하도록 계획하여 공유공간의 접근성을 최대로 쉽게 하였다.
- **공동생활시설** : 부엌, 식당 겸 회의실, 세탁실, 취미실, 목공실, 창고, 손님방

크레아티브 시니어보(Det Kreative Seniorbo)는 1992년에 덴마크에서 두 번째로 설립된 노인용 코하우징이다. 이 코하우징은 오덴세 중심지에서 별로 멀지 않은 곳에 위치하여 인근의 빵 가게, 식품점, 학교, 우체국, 인근 주택가, 버스 정류장 등이 매우 가까이에 있다. 크레아티브 시니어보를 설립하는 데에는 초창기 회원 7명 중의 한 사람인 잉어 예겐슨(Inger Jøgensen)의 노력이 많았다. 그녀는 사회사업가인 린다 회마크(Linda Høegmark)와 오덴세 지방 정부, 주택회사, 건축설계 사무실인 에릭 에릭슨스(Architects Erik Eriksens) 등과 많은 노력 끝에 이 코하우징을 완성하였다. 그들의 경험은 후에 1992년 함머스파켄(Hammersparken)이나 1995년 프레덴스보(Fredensborg) 노인용 코하우징의 설립에 유용한 정보를 제공하였다.

크레아티브 시니어보는 12채의 단층 연립주택이 커먼 하우스를 둘러싸고 배치되어 있다. 단지의 전체 면적은 3,000㎡이고 건물면적은 980㎡이다. 그 중에서 주택면적이 850㎡이고, 커먼 하우스가 131㎡를 점유하고 있다. 크레아티브 시니어보의 주민은 전체 18명으로 6쌍의 부부와 6명의 독신 노인이다(여자 10명, 남자 8명).

입구를 들어서서 마당을 지나면 천장이 높고 널찍한 커먼 하우스를 대면하게 되고 우선 그 독특한 건물의 모습에 매료된다. 높은 천장 가운데에는 피

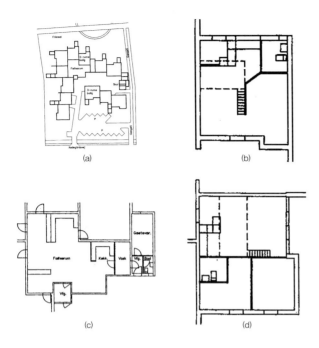

(a)

(b)

(c)

(d)

그림 9-9 | 크레아티브 시니어보 평면도 : (a) 단지 배치도, (b) 커먼 하우스 평면도, (c) 방 2개+부엌 주택 평면도, (d) 방 3개+부엌 주택 평면도(자료 : Ambrose, 1993)

라미드형의 큰 천창이 있어서 항상 실내에 밝은 분위기를 주며, 하늘에 흘러가는 구름이 실내에서도 그대로 올려다 보인다. 이 커먼 하우스 평면의 독특한 점은 5채의 주택이 커먼 하우스를 통하여 직접 출입할 수 있게 되어 있다는 점이다. 개인주택의 현관문을 열면 직접 공동거실이다. 이 커먼 하우스에는 부엌, 식당 겸 회의실, 취미작업실, 세탁실, 화장실, 손님방과 창고가 갖추어져 있다. 나머지 8채의 주택은 중정을 둘러싸고 배치되어 있어 커먼 하우스를 통하지 않고 중정에서 직접 출입할 수 있게 되어 있다. 모든 개인주택은 거실에 연결되어 개인 정원을 가지고 있으며, 정원에 개인 창고건물이 별도로 지어져 있다. 모든 주택은 임대이며, 2~3개의 방과 부엌이 있는 평면으로 58~82㎡ 규모이다. 개인주택의 면적은 크지는 않지만 천장이 높은 거실에 다락과 같은 로프트(loft)가 마련되어 있어서 좁은 느낌은 들지 않는다. 이 로프트는 공부방, 침실, 또는 손자녀들이 방문했을 때 유용하게 사용할 수 있다.

131㎡ 규모의 커먼 하우스는 개인주택에서 접근하기 쉽게 디자인되었기 때문에 주민들이 부담 없이 자주 모이고 매우 넓은 면적을 차지하고 있다. 커먼 하우스는 세탁실과 손님방을 제외하고는 대부분 벽이 없이 개방된 평면으로 디자인되어 있지만 매우 주의 깊게 계획하였기 때문에 동시에 여러 가지 다른 활동을 할 수 있게 되어 있다. 공동 부엌과 식당은 20명이 동시에 식사할 수 있는 규모이다. 세탁실 옆에 있는 손님방은 중정에서 직접 출입할 수 있는 현관과 독립된 욕실이 딸려 있어서 마치 독립된 개인주택과 같은 느낌을 준다. 이 방에는 침대 두 개를 배치하여 가족이나 친지가 찾아왔을 때, 자고 갈

수 있다. 주민들은 잦은 공동 취미활동을 하는데, 흔히 공동거실에 마련된 취미실에서 바느질을 하거나 퀼팅을 한다. 남자들을 위한 목공실은 중정 한 편에 따로 마련되어 있어서 여기에서 목공이나 기계를 수리한다.

　크레아티브 시니어보에는 설립 이후로 덴마크 국내는 물론 세계 각국에서 수많은 방문객들이 성공적인 노인용 코하우징의 사례를 보기 위하여 줄지어 방문하고 있다.

그림 9–10 | 오덴세의 크레아티브 시니어보 : (a) 크레아티브 시니어보 입구에 들어서면 단층 연립주택의 개인 주택과 천창이 있는 커먼 하우스가 보인다. (b) 높은 천장의 중앙에 넓은 피라미드형의 천창이 있어서 밝은 분위기를 준다. (c) 개인주택은 단층으로 거실에 면하여 개인정원을 가지고 있다. (d) 커먼 하우스 안에 있는 취미실에는 재봉틀이 갖추어져 있다.

도시형 코하우징 : : 유코트

- **위치** : 일본 교토 시 세이쿄 구
- **사업주체** : 주택 · 도시정비 공단
- **준공연도** : 1985년 10월
- **가구수** : 48호
- **주택구조** : RC구조, 3~5층
- **주택면적** : 63~111㎡.

유코트(U-court)는 일본 교토시의 라쿠사이 뉴타운 내의 한쪽 귀퉁이에 중층 고밀도의 코퍼러티브 방식으로 계획된 48세대의 주거단지이다. 1985년에 준공되어 15년이란 세월이 흘렀지만 여전히 성공적인 사례로 평가되고 있는 곳이다. 유코트란 이름은 아파트 3동이 영어의 U자형으로 되어 있어 붙여진 이름이다. 중정은 물과 녹지, 모임을 위한 영역이 적절히 배분되어 있고 연못은 물고기가 뛰놀고 있으며 정기적으로 청소를 하여 물이 썩지 않도록 물순환 장치를 만들었다. 단지의 남동쪽에는 공원이 있어서 각 동은 이 공원과의 연속성을 가지고 배치되어 주민들의 휴식공간으로 이용되고 있다.

유코트의 입주과정은 교토시의 살기 좋은 주거환경을 만들기 위한 시민단체인 '교토의 집 만들기 모임'에서 시작되었다. 거주자의 모집은 구체적인 목적없이 '거주자의 입장에서 적은 비용으로 가족구성과 기호에 맞는 주택을 만들면서 모두를 위한 광장과 공동시설을 만드는 것'이라는 취지에 찬동하는 사람으로 하였기 때문에 어디에서나 볼 수 있는 평범한 집단이었다. 세대주의 연령은 27~60세로 30대 중반이 중심이었고 직업은 회사원, 공무원이 주를 이루었다. 자녀들도 유아나 초등학교 저학년이 대부분이었다. 개별주택의 설계는 '교토의 집 만들기' 모임에 소속된 6개 회사가 담당하였다. 세대간 배치는 코퍼러티브 주택건설에서 가장 어려운 과정인데 유코트에서는 주민들 서로가 노인, 신체장애인, 어린 자녀가 있는 가정, 기호 등을 고려하여 하루 만에 쉽게 끝냈다. 그 후 설계기간 1년, 건설 1년 등 입주하기 전까지 2년

그림 9-11 | 도시형 코하우징인 유코트는 3~5층의 아파트로 되어 있다.

반 동안 적극적인 교류가 지속되어 입주 후에는 공동체 의식을 가지고 생활할 수 있는 바탕이 되었다.

이곳의 특징은 48세대 모두가 가족구성과 생활 패턴에 따라 다른 평면과 실내 디자인을 한 점이다. 넓이 121㎡의 커먼 룸은 C동의 측면 1층에 위치하고 있고, 여기에 다다미방, 나무 바닥의 홀, 보일러실이 있다. 홀에는 미닫이문을 설치하여 필요에 따라 넓게 또는 작게도 사용할 수 있도록 계획하였다. 이곳은 취미교실, 공동보육장소, 음악회, 탁구나 담화의 장소로 이용되고 있다. 별도의 공동창고는 유코트의 연간행사 시에 사용되는 각종 물건을 보관한다.

개별주택의 면적은 63~111㎡로, 자신의 이상에 따라 '화로가 있는 집', '시골집 같은 분위기', '아틀리에 같은 집' 등의 이미지로 표현하여 출발하였는데 건축가와 실내코디네이터가 합심하여 거의 현실화시켰다. 따라서 현관 입구에서부터 거주자의 개성에 맞게 현관문과 등, 문패는 색과 모양이 모두 다르며 각 집에 들어가 보면 단독주택과 같은 느낌이다. 발코니에는 세대 간 칸막이가 없어서 발코니의 화분에 물을 주거나 빨래를 널고 걷을 때 이웃

그림 9-12 | 유코트의 주민
공동생활실과 주민 공동활동

과 대화를 나눌 수 있어 이웃관계가 촉진되도록 하였다. 주민들은 입주 이전부터 서로 친하게 지내왔기 때문에 자주 마주치는 것에 대하여 불편해하지 않았다.

유코트의 공동생활을 위해서는 관리조합이 있으며 임기 1년의 관리조합장 1명과 이사 7명, 감사 1명으로 구성된다. 물리적인 관리를 위하여 식재위원회, 수리위원회, 시설위원회가 있고 7개의 자치회, 임시행사를 위한 위원회가 있다. 관리조합의 임원은 문제발생 시 의견을 조정하며 뉴스 지를 발행하고 세대당 1만원씩 내는 관리비는 마을행사와 운동회에 사용하며 수리를 위해 비축해 둔다. 주민들은 한달에 한번씩 24세대씩 두 그룹으로 나누어 모이고 다양한 공동활동을 한다. 주민 10인이 모인 소프트볼 팀, 테니스 팀, 농원, 음악감상 클럽, 미식가 클럽이 있다. 공동생활실은 외부인 초청 연주장소로 이용되거나 거주자들끼리 정기적인 음악회를 열어 주변의 지역주민들을 초대하여 교류를 하기도 한다.

입주 후 5년 동안 4세대가 이사를 하여 주택양도의 문제가 심각한 문제로 등장하였다. 이를 계기로 개인이 주택을 자유롭게 매매하는 것이 아니라 관리조합과 협의하는 것으로 하고 가격산출 방법도 규약으로 정했다.

아직까지의 유코트에 대한 평가는 주민들의 참여에 의한 공동주택 건설의 걸작으로 평가되고 있다. 거주자의 모집에서 입주까지의 과정이 사용자 중심으로 이루어졌으며 전원참가, 전원합의의 원칙이 충실히 이루어졌다. 토지와 비용면에서도 주택공단의 제도를 좋은 조건으로 이용할 수 있었고 공단도 건설조합의 주체성을 이해해서 끝까지 협조자의 역할을 함으로써 공기관의 적극적인 협조가 이상적인 주택단지를 만드는데 크게 기여한 예이다(박경옥, 2000).

코하우징 공동체의 전망

사람들이 코하우징에서 잘 살게 하기 위해서는 점점 더 많은 제안과 발전이 계속될 것이다. 그 이유는 앞으로는 근로시간이 짧아지고, 연금을 받기 시작하는 연령이 낮아질 것이며, 노인들이 시설보다는 자기 집에서 살기를 원하기 때문에 종전보다 더 많은 사람들이 집에서 보내는 시간이 길어질 것이기 때문이다. 이런 이유로 사람들이 현재의 집보다는 더 많은 활동과 이웃간에 유대감이 있는 집을 찾게 될 것이다.

여러 가지 형태의 코하우징이 그러한 대안이 될 수 있을 것이다. 새로운 공동체는 공동생활과 작업활동을 잘 조화시키고, 주민의 종류와 수를 다르게 함으로써 공동체의 다양한 수준과 형태를 만들 수 있을 것이다. 신축이나 오래된 주택을 개조할 때 코하우징 공동체를 실험적으로 배치해보는 것도 좋을 것이다. 이 실험은 보다 현실적이고 사회적으로 만족스럽게 살기 위하여 다른 사람들과 함께 살기를 원하는 한부모, 노인과 같은 주변 그룹의 요구와 연관지어 계획될 수도 있을 것이다.

코하우징 주거단지는 노르웨이, 독일, 프랑스, 호주, 일본 등지에서도 지어졌으나 처음에는 많은 장애에 부딪쳤다고 한다. 우리나라에도 같은 직업을 가진 집단, 또는 친구들끼리의 동호인주택과 동거주택이 시도되고 있으나 생활을 공동으로 하는 경우는 아직 없고, 다만 주택들이 한 장소에 모여 있는 수준에 머물고 있다. 예를 들면 연구자를 위한 집, 예술인마을 등이 있다. 이 마을들이 효율적인 공동체 생활을 영위하기 위해서는 탁아시설, 공동 부엌과 식당, 공동 세탁소, 사무자동화 시설 등이 갖추어져야 할 것이다.

그 외에 동거주택(shared housing)은 일반 가족과는 다른 형태의 사람들이 혼자가 아니고 함께 살 수 있도록 계획한 주택이다. 이 주택은 자유롭고 경제적이며 자신의 프라이버시를 확고히 지킬 수 있도록 공동의 공간과 시설을 공유하고 최소한의 개인 주호 부분은 따로 가지도록 계획하는 것이다. 이 주택의 유형에는 쌍둥이형 공유주택, 호텔형 주택, 양방향 주택 등이 있다. 쌍둥이형 공유주택은 각 개인이 한 가족처럼 모여 살고 거주자들에게는 사용하는 공간을 동일하게 만들어주는 형식으로 독신자, 학생들의 숙소로 적당하다. 호텔형 주택은 혼자 집에 있고 싶을 때는 언제나 자유가 보장되도록 개인 공간은 완전히 자기만의 영역이고, 필요시에 더불어 사는 즐거움과 편리함을 위해 공동 부엌과 공동 세탁장, 오락실 등이 마련된다. 양방향 주택은 혼자만의 시간과 공동을 위한 시간을 언제나 선택할 수 있도록 쌍둥이형 주택과 호텔형 주택의 장점을 합친 것이다. 출입구가 양방향으로 되어 있어 내부와 외부 어느 쪽으로나 출입이 가능하다. 앞으로 우리나라에서도 여러 가지 장점이 많은 코하우징 단지를 적극적으로 도입할 필요가 있고, 덴마크와 다른 나라들에서 구축된 경험과 실패의 경험을 배우는 것이 공통적인 문제를 해결하고 코하우징을 건설하는 데 겪는 어려움을 감소시켜줄 수 있는 방법이 될 것이다.

생각해 볼 문제

1. 우리나라에 코하우징 공동체를 적용할 때 예상되는 문제점과 개선책을 생각해 보자.

2. 우리나라에 개발되어 있는 동호인주택이나 코하우징 주택을 견학해 보자.

3. 코하우징 주택을 건설할 때, 공유 공간에 설치해야 할 시설들을 생각해 보고 그 우선순위를 결정해 보자.

4. 코하우징 주택단지를 개발할 때 기존의 이웃과 부딪힐 수 있는 문제들을 생각해 보자.

읽어보면 좋은 책

1. 주거학연구회(2000). 세계의 코하우징, 교문사.
2. 새주택설계연구회(1994). 21세기엔 이런 집에 살고 싶다, 서울포럼.

누구나 편하게 사는 집

집은 연령과 기능능력이 다양한 가족원들이 살아가는 우리에게 가장 밀접한 생활환경이다. 사람들은 대부분 자신과 가족의 기능능력이나 상황 변화에 따라 주거요구가 변화함에도 불구하고 집이 이에 대응하여 적응할 수 있게 준비되어 있지 않다는 사실을 잘 깨닫지 못하고 지내는 경우가 많다. 이는 주거환경이 개인과 가족의 변화하는 주거요구에 맞추어 적응해야 한다는 인식이 낮아서 장애물이 있음을 깨닫지 못하거나 또는 불편함을 자신과 가족의 변화 탓으로 돌리고 부적절한 주거상황을 당연한 것으로 받아들이며 살고 있음을 뜻하는 것이다.

잘못된 디자인은 사용자가 이용할 때 장애물이 되고, 이 장애물로 인해 장애를 경험하는 경우가 종종 있다. 유니버설 디자인 원리를 적용하여 설계한 집은 변화하는 상황에 제한받지 않고 장애정도나 연령에 관계없이 가능한 한 누구나 원하는 생활양식대로 편하고 안전하게 살아갈 수 있도록 사용성을 최대화한 거주자 중심의 미래지향적 주거환경이다.

이 장에서는 누구나 편하게 살도록 하는 점을 중시하는 유니버설 디자인의 개념과 원칙, 유니버설 디자인 주거의 특징에 대해 알아보고자 한다.

유니버설 디자인이란

　장애를 보는 사회인식과 인구통계적 특성 변화가 주거 디자인에 새로운 도전이 되고 있다. 장애(disability)는 특별한 것이 아니며, 우리 대부분이 살아가면서 경험하는 자연스럽고 일상적인 것으로 이해하고 정의하는 경향이 일반화되고 있다. 이와 더불어 사회가 고령화를 거쳐 고령사회로 진입해 가면서 노인인구 비중이 높아지고 질적으로 변화해감에 따라 각종 제품과, 환경, 정보통신 시스템 등을 장애정도와 연령에 상관없이 누구나 쉽게 사용할 수 있도록 디자인해야 한다는 방향으로 디자인 개념의 틀이 바뀌고 있다.

그림 10-1 ｜ 주거환경에서 다양한 거주인을 고려하여야 함을 나타내는 미국 주택과 도시 개발부 안내서(1988) 표지 그림

　최근 미국과 일본을 주축으로 하는 유니버설 디자인(universal design)과 영국을 중심으로 유럽 지역에서 주로 사용하는 포괄적 디자인(inclusive design) 개념을 주거에 적용하여 현재와 미래의 사용자를 모두 고려한 주거가 다양한 명칭으로 연구 개발되고 있다. 특히 노화진행에 따른 주거요구 변화를 부분적인 주거변경을 통해 간단히 해결함으로써 노년기에도 지금까지 살던 곳에서 계속하여 살아갈 수 있도록 (aging in place) 주거환경을 적응 또는 조절 가능하게 디자인하고자 하는 연구에 많은 관심이 모아지고 있다. 사용자의 기능능력에는 편차가 있으며, 디자인할 때 이러한 사용자의 편차를 가능한 한 최대로 수용해야 한다는 인식이 보편화되는 데 거의 반세기가 걸렸다.

　유니버설 디자인은 1960년대 전후에 제기된 무장애 디자인(barrier-free design)에서 출발한다. 무장애 디자인은 휠체어 사용자가 출입하고 다니는 데 걸림돌이 되는 장해물을 없애야 한다는 요구를 건축환경 디자인에 반영한 것으로서, 장애인이 건물과 시설에 접근하여 이용할 수 있도록 최초로 디자인 표준을 규정하는 데 기여하였으며(ANSI A117.1: The American National Standard Institute, 1961) 아울러 장애인의 권리를 디자인 과제와 연관시켜 인식하는 중요한 계기가 되었다. 이 규정에 따라 장애인이 사용할 수 있는 부엌 싱크대와 욕조, 변기, 출입구에 대한 무장애 디자인 표준이 신규 공공임대 아파트에 적용되기 시작하였다. 그러나 이 무장애 디자인 관련 규정은 적용 대상이 공공이용시설에 한정되어 있을 뿐만 아니라 중증신체장애인, 특히 이동장애인에게 초점을 맞춰 이들이 이용할 수 있도록 건물의 한 부분에 장애인 시설을 따로 만들어 시설 이용자를 격리시키는 결과를 낳았다는 비판을 받고 있다.

시민권리운동에 힘입어 장애인권리 운동이 활발하던 1970년에 들어서는 장애인이 온정주의나 특별보호대상에서 벗어나 동등한 시민으로서 기회평등을 요구하는 사회적 통합요청이 커짐에 따라, 디자인이 시민권리를 실현시키는 주요한 주제로 떠올랐다. 장애인이 공공건물이나 공공장소를 이용할 권리뿐만 아니라 나아가 시민으로서 동등하게 교육받고, 취업하고, 사회활동에 동참할 권리를 획득함으로써, 이 권리를 반영한 '접근 가능한 디자인(accessible design)'이 공식용어로 쓰이게 되었다.

초기에는 접근성을 이동장애인이 건물에 접근할 수 있도록 디자인하는 데 제한적으로 적용했기 때문에 접근 가능한 주거의 특징이 눈에 들어나는 데다 장소에 고정되고, 부정적인 이미지를 줌으로써 일반인의 호감을 끌지 못하고 시장성이 떨어지는 문제가 발생하기도 하였다. 접근 가능한 디자인은 최소요

그림 10-2 | 휠체어 사용자의 출입을 가로막는 주택 출입구 계단

그림 10-3 | 낮은 문턱이라도 휠체어로 넘기엔 힘든 장애물

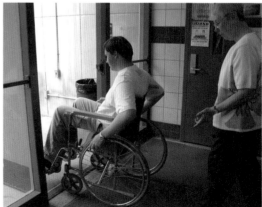

그림 10-4 │ 휠체어로 접근
가능하도록 개조한 경사로
출입구

건규정에 묶여 디자인 가능성을 축소시킨 측면과 사회적 통합을 이끌어내지
못한 점이 있는 반면, 제품과 환경을 잘 디자인하면 더 많은 사용자가 이용할
수 있게 된다는 사실에 관심을 갖게 하는 계기가 되었다. 접근 가능한 디자인
을 통해 환경장애물이 제거되면 장애인을 포함한 모든 사람들의 기능능력이
강화된다는 점을 중시한 건축디자이너들에 의해 접근성을 넘어 더 포괄적이
고 보편적인 디자인 개념이 필요하다는 주장이 대두되었다. 접근 가능한 디
자인 표준은 계속해서 관련법의 개정이나 새 관련법의 제정에 힘입어 적용대
상과 세부 규정이 확대 보강되고 있다.

　유니버설 디자인 개념이 관련전문가의 관심을 끌기 시작한 것은 장애와 노
후를 디자인 요소로 인식해야 한다는 디자이너들의 결의가 있었던 1980년대
들어서이다. 유니버설 디자인은 장애인을 정상인의 주류에 포함하여 디자인
초점을 장애보다 사람에게 두고 사용자의 개념을 확대함으로써, 장애를 가진
사람들이 독립성을 유지하고 자립하려고 노력할 때 붙였던 특수요구라는 분

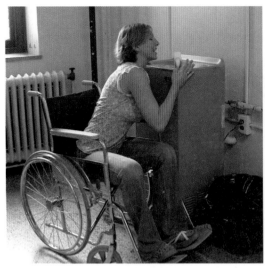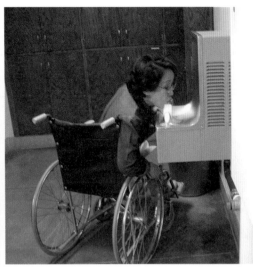

그림 10-5 ┃ 접근성이 낮은
식수대와 이보다 접근성이
높은 식수대

류가 더 이상 필요하지 않게 됨과 동시에 모든 사용자를 통합할 수 있게 된다. 유니버설 디자인은 특수하게 보이지 않으면서 사용자에게 편리함과 유익함을 준다.

1990년대 이후 지난 십수 년은 세계적으로 유니버설 디자인에 대한 관심과 이해가 크게 높아지고 성숙한 시기이다. 인구통계적 특성 변화가 모든 사용자를 염두에 두고 인간중심으로 디자인하고자 하는 유니버설 디자인을 디자인 상식으로 발전시키는 데 중요한 촉진역할을 하였다. 유니버설 디자인은 선천적 장애나 사고나 질병에 의한 장애가 아니더라도 인간은 누구나 노화에 의해 기능을 잃어가면서 장애가 생긴다는 사실을 감안하여 모든 사람이 장애를 지니고 있다고 가정한다. 우리 대부분은 단지 일시적으로 정상일 뿐이라는 것이다.

유니버설 디자인은 접근성을 규정한 최소요건을 넘어서, 신체장애를 가진 사람들에게 필요한 사항을 일반제품과 공간에 포함시킴으로써 보편적으로 디자인한 제품과 환경은 누구나 더 편하고 쉽게 사용할 수 있을 뿐 아니라 시장성과 수익성도 높다. 유니버설 디자인은 사용자가 능력 있고 자주적인 인간이라는 느낌을 갖도록 사용자 중심의 좋은 디자인을 추구한다.

유니버설 디자인 원칙

유니버설 디자인 창시자로서 미국의 노스캐롤라이나 주립대학교 유니버설 디자인 센터를 이끌었던 메이스(Ronald Mace)는 기능능력의 변화를 수용하는 유니버설 디자인 철학에는 4가지 아이디어, 즉 지원성, 적응성, 접근성, 안전성이 담겨 있다고 제시하였다(Null, 2003). 보편적으로 디자인한 제품과 환경은 지원성이 있어 사용하기 쉽고 유지관리하기 쉽다. 예를 들어, 광센서가 달린 수도전이나 변기, 전등, 또는 원격조종기는 노인이나 장애가 있는 사람들이 정상적으로 일상생활을 영위하는 데 도움이 된다.

적응성은 다양한 사람들이 각자의 요구변화에 맞추어 여러 가지 방법으로 사용할 수 있게 한다. 작업대 아래에 설치한 당겨쓸 수 있는 서랍형 작업판은 작업공간이 더 필요한 때는 부수적인 작업대가 될 뿐 아니라 의자에 앉아서 사용할 수 있는 낮은 작업대가 되기도 하고, 부엌일을 돕는 어린아이의 작업대로도 쓸 수 있다. 한편, 접근성이 확보될 경우 장애인도 정상인이 즐기는 일상적인 편리함과 편안함을 즐길 수 있게 된다. 한 예로서 계단이나 문턱이 없는 넓은 출입구에는 휠체어뿐만 아니라 워커, 유모차, 바퀴 달린 여행용 가방도 쉽게 접근할 수 있다. 그리고 불이 들어와도 표면이 뜨거워지지 않는 스토브나 물이 묻어도 미끄럽지 않은 욕실바닥과 욕조같이 보편적으로 디자인

그림 10-8 | 의자에 앉거나
일어나는 동작을 지원해 주
는 쿠션

그림 10-9 | 적응성이 높은
서랍형 작업판

그림 10-10 | 불이 들어와
도 표면이 뜨거워지지 않는
오븐

한 제품과 환경은 현재 장애를 갖고 있는 사람들이 안전하게 이용할 수 있을
뿐 아니라 사고에 의한 장애를 미리 방지할 수 있게 한다.

이와 같은 아이디어가 담긴 유니버설 디자인을 명쾌하게 실현하고 효과적
으로 보급하기 위해 노스캐롤라이나 주립대학교 유니버설 디자인 센터(1997)
에서는 7가지 유니버설 디자인 원칙을 선정하였다. 이 원칙은 제품과 환경,
정보통신 시스템 디자인에 적용하여 가능한 한 많은 사람들이 능력과 연령에
관계없이 쉽고 안전하게 사용하며, 사용자의 기능능력을 강화할 수 있도록
한 디자인 지침이다. 이 디자인 원칙은 사용성에 주안점을 두고 있으며 유니
버설 디자인 운동의 증진에 힘입어 계속 수정, 보완되고 있다.

평등하게 사용

유니버설 디자인은 기능능력이 같지 않은 다양한 사람들 모두에게 유용하
며 이들 전체를 적용대상으로 한다. 손잡이가 두툼하고 손가락 닿는 부분에
홈이 파진 용구는 손가락 움직임이 둔하거나 손힘이 약한 사용자를 포함하여
누구나 사용하기 편하다(그림 10-11).

그림 10-11 | 손잡이가 두툼
하고 손가락 닿는 부분에 홈
이 있어 누구나 쓰기 편한
부엌용구

융통성 있게 사용

유니버설 디자인은 개인의 기호와 능력을 폭넓게 수용한다. 걸터앉을 자리
가 달린 욕조, 오른손이나 왼손으로 사용할 수 있는 가위는 사용자가 편한 대

로 쓸 수 있다(그림 10-12).

간단하게 직관으로 사용

사용자의 경험이나 지식, 언어능력, 집중력 수준에 관계없이 사용방법을 이해하기 쉽게 디자인한다. 광센서가 달린 수도전은 이용방법에 대한 설명이 없어도 직관적으로 간단히 사용할 수 있다(그림 10-13).

알기 쉽게 정보전달

유니버설 디자인은 사용자의 감각이나 처한 조건에 상관없이 필요한 정보를 사용자에게 효과적으로 전달한다. 물에 닿으면 소리나는 알람 기구는 시각장애인에게 원하는 만큼 용기에 물이 찼음을 소리로 알려준다(그림 10-14).

실수에 대한 고려

돌발적이거나 뜻하지 않은 행동에 의해 위험이 발생하거나 결과가 빗나가는 것을 최소화한다. 세면기 아래 파이프를 단열재로 감싸면 뜨거운 파이프에 닿아 화상 입을 염려가 없다(그림 10-15).

신체노력 절감

유니버설 디자인은 효율적이고 편안하게 사용하게 함으로써 신체의 피로를 최소화한다. 가볍게 눌러도 쉽게 열리는 레버형 손잡이는 문 여는 데 드는 힘을 줄여준다(그림 10-16).

접근하고 사용할 수 있는 크기와 공간

신체 크기나 몸 자세, 이동가능성과 상관없이 사용자가 접근하고, 손이 닿고, 조작하고, 사용하는 데 필요한 적절한 크기와 공간을 제공한다. 휠체어로 접근하여 사용할 수 있는 공간이 충분하지 않은 소규모 엘리베이터는 휠체어를 타고 안으로 들어갔다가 돌려서 나오기가 어렵기 때문에 휠체어 사용자의 이용을 제한한다(그림 10-17).

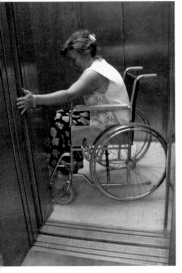

그림 10-16 | 가볍게 눌러도 쉽게 열리도록 기능을 개량한 레버형 손잡이

그림 10-17 | 휠체어를 돌릴 공간이 충분하지 않은 비좁은 엘리베이터

누구나 편하게 사는 주거 디자인

보편적으로 디자인한 집은 주택의 모든 공간과 구성요소에 유니버설 디자인 원칙을 적용하여 디자인할 뿐만 아니라 이 원칙을 적용하여 개발한 제품과 정보통신 시스템을 활용하기 때문에 연령과 기능능력이 다양한 사람들이 살기 편하다. 무장애 디자인이나 접근 가능한 디자인 규정이 적용되는 주택은 4호 이상이 한 건물에 있는 경우에 제한되어 있으나, 유니버설 디자인은 주거유형이나 소유형태에 관계없이 모든 주거를 적용대상으로 함으로써 주택시장이 넓고 전망이 있어 관련 산업체의 관심도 높다.

유니버설 디자인 주거는 무장애 디자인과 접근 가능한 디자인을 포함하고 있으나 이 두 디자인에 적용되는 것과 같은 규정을 정하기가 쉽지 않다. 유니버설 디자인 주거는 요소의 모양과 크기, 위치, 작동하는 데 드는 힘, 사용방법, 색채, 재료 같은 것을 간단히 변화시킴으로써 누구나 사용하기 편하게 한다. 예를 들어, 벽 콘센트를 좀 더 높게 달거나 전등 스위치를 조금 낮게 설치하면 다양한 사람들이 사용하기 쉬워진다는 것이다.

유니버설 디자인 주거는 사용하기 당황스럽거나 값이 비싼 장애보조용품의 사용을 줄일 수 있는 한편, 불가피하게 이들 용품을 사용해야 할 경우에는 이를 수용하기도 한다. 처음부터 욕실 출입구 폭을 넓게 디자인하면 휠체어를 이용하게 되더라도 출입구 폭을 넓히기 위해 문에 스윙 힌지를 달 필요가 없게 된다. 욕실 벽과 천장의 필요한 부분을 강화시켜 놓으면 손잡이대나 리프트 궤도가 필요할 때 구조변경을 하지 않고 쉽게 설치할 수 있다.

그림 10-19 | 특수하지 않아 보이는 손잡이대, 의자, 물온도 조절기, 세제통 등 샤워실 용품

그림 10-20 | 문을 문틀 밖으로 활짝 열리게 하여 출입구 폭을 5.4㎝ 넓힐 수 있는 스윙 힌지

그림 10-21 | 외부에서 원격 조정할 수 있는 차고문 파워 작동기

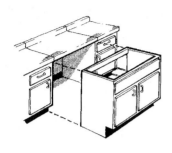

그림 10-22 | 앉아서 작업
할 경우를 대비한 적응 가능
한 부엌 작업대

유니버설 디자인 주거는 진료소 같은 이미지를 주는 것이나 내구적인 의료설비 사용을 피하는 대신 보편적으로 사용할 수 있고 일반적으로 구할 수 있는 매력적이고 저렴한 제품을 선호한다. 나아가 제품가격을 낮추고 더 보편적으로 사용할 수 있는 일반 소비제품시장을 만드는 데 기여한다. 차고문 파워 작동기는 문을 여닫기 힘든 사람들을 위해 고안된 보조용품이었으나 원격 조정할 수 있게 하여 대량생산함으로써 가격이 저렴해지고 보편적으로 사용하는 일반 소비제품이 되었다.

유니버설 디자인 주거는 사용자의 현재 요구는 물론 미래 요구에도 대응하여 필요한 조치를 할 수 있도록 적응성이 있는 요소를 갖추고 있다. 이 적응성으로 인해 독립적인 주거생활, 재가건강보호, 살던 곳에 계속 살기 운동 등을 지원할 수 있어 누구나 전 생애에 걸쳐 더 편안하고 안전하게 살 수 있는 집이 된다. 유니버설 디자인 주거는 노화관련 변화를 경험하는 노인, 모든 연령의 장애인, 성인, 어린이를 포함하는 모든 사람을 이롭게 한다.

누구나 편하게 사는 주거의 세부특징

누구나 편하게 사는 집에 관한 선행연구에서 제시된 유니버설 디자인 주거 특징은 내용목록이 다양할 뿐 아니라 기준수치도 최저기준이냐 추천기준이냐에 따라 일치하지 않은 경우가 있다. 최저기준보다는 추천기준이나 그 이상을 적용하면 주거공간의 사용성이 더 크고, 더 보편적으로 되는 경우가 많다. 유니버설 디자인 주거의 구체적인 세부특징은 주거실내외 환경 어느 곳에라도 나타낼 수 있으나 주로 실내 일반, 출입구, 부엌, 욕실에 관한 디자인 특징을 기본으로 다루고 있다.

실내 일반특징

실내공간은 한 층으로 구성하는 것이 좋으나, 단층이 아닌 경우에는 일층에 거실과 부엌, 식사실 이외에 욕실과 침실을 두어 필요시 층계를 이용하지 않아도 일층에서 독립적인 생활이 이루어질 수 있도록 계획한다.

계단은 아래와 위는 물론 중간에도 밝게 하고, 가능한 양쪽에 손잡이대를 설치하고, 손잡이대의 시작과 끝 부분을 계단 끝보다 길게 낸다. 계단폭은 필요할 경우 이동의자를 설치할 수 있도록 넓게(121.9㎝ 이상) 하고, 계단 시작과 끝 부분에 의자에 앉고 내릴 수 있는 여유공간을 둔다. 또는, 엘리베이터 시설을 대비하여 1층과 2층을 통째로 연결하는 붙박이장이나 창고(최소 91.4 ×121.9㎝)를 설치할 수도 있다.

마감재는 관리하기 쉬운 것을 선택하며, 표면에 광택 있는 것은 피한다. 바닥재는 미끄럽지 않고 휠체어가 다니기 쉬운 재료를 깐다. 카펫을 까는 경우에는 조밀하게 짠 루프형으로 파일 높이가 낮고, 패드가 얇고 단단한 것이 휠체어 다니기가 쉽다.

조명은 실내 전체에 풍부하고 다양하게 하며, 창을 많이 내어, 특히 거실과 욕실에 자연광이 많이 들도록 한다. 창문턱은 의자에 앉거나 침대에 누워서도 밖이 보이도록 낮게(45.7~91.4㎝) 하고, 창문을 쉽게 여닫을 수 있는 장치를 한다. 전기 콘센트는 보통보다 높게(최소 45.7㎝ 이상) 설치하고, 침실과 책상 주변에 여유있게 더 설치한다. 전등 스위치는 보통보다 낮게(91.4~106.7㎝), 온도조절기는 숫자를 읽기 쉬운 것으로 전등 스위치보다 조금 높게(121.9 ㎝ 이하) 설치한다. 거실과 침실, 부엌에 전화 잭을 설치한다.

문은 열린 폭이 최소 81.3㎝(추천 91.4㎝) 이상 되도록 하며, 문폭은 91.4㎝ 이상으로 한다. 가능한 한 문턱을 없게 하고, 불가피한 경우에는 0.6㎝ 이하

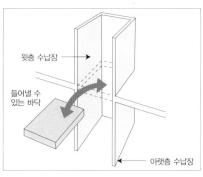

윗층 수납장

들어낼 수 있는 바닥

아랫층 수납장

그림 10-23 │ 계단실 조명과 손잡이대

그림 10-24 │ 필요한 경우 터서 엘리베이터를 설치할 수 있도록 1, 2층을 연결한 수납공간

그림 10-25 | 지면을 완만하게 돋우어 계단을 두지 않은 출입로

그림 10-26 | 서서히 돌려 창문을 여닫을 수 있는 여닫이 장치와 가볍게 잡아내리거나 살짝 들어올리면 되는 창문 가리개

로 한다. 통로는 넓게(106.7㎝ 이상) 하고, 방과 거실, 욕실, 부엌, 출입문 안팎에는 휠체어를 돌릴 수 있는 공간(지름 152.4㎝의 원)을 둔다.

모든 출입문의 손잡이는 레버형으로 하고, 수도전은 싱글 레버형으로 한다. 가구나 붙박이장 손잡이는 ㄷ자 형이나 고리형(D형)으로 한다. 벽수납장에는 높이를 조절할 수 있는 걸이대나 선반을 설치한다. 이용시간이 짧은 출입구, 다용도실, 지하실, 차고에는 광감지식 전등을 단다. 원격스위치로 전등과 냉난방을 조절할 수 있게 하며, 홈 자동 시스템을 설치하고, 시각과 청각 겸용 초인종과 연기감지기를 단다.

출입구

출입구 앞에는 주택을 지면으로부터 높이기 위해 단차를 두는 것이 일반적인데, 이 계단이 주택 내부와 외부를 연결하는 접근성을 막는 장애물이 된다. 주택 외부에서 들어오는 출입로나 차고에서 실내로 직접 통하는 출입구는 지면을 완만하게 돋우어 단을 두지 않도록 한다.

그림 10-27 | 앉거나 짐을 올려 놓을 수 있는 의자가 놓인 출입구

그림 10-28 | 스위치를 누르면 소리와 함께 빛을 내는 초인등

문 밖에는 눈이나 비 등을 가릴 수 있도록 포치나 지붕을 설치하고, 출입문 옆에는 문 여는 동안 짐을 올려놓을 수 있는 선반을 달거나 의자나 무릎이 들어가는 탁자를 둔다. 집의 호수나 주소표지판의 글씨는 크게, 색은 바탕색과 대조되게 하여 바닥에서 152.4㎝ 정도 높이에 단다. 출입구역은 조명을 밝게 하고, 출입문 잠금장치를 비추는 국부조명을 한다. 출입문에는 문턱을 없게 하며, 불가피한 경우라도 문턱의 높이가 1.3㎝를 넘지 않도록 하고 문턱 양면을 완만하게 경사지게 한다. 야광초인종을 91.4~121.9㎝ 높이에 설치하고, 필요할 경우 누르면 실내에서 소리와 함께 빛이 번쩍이는 초인등을 연결한다. 출입문에 TV 모니터가 연결되어 있지 않을 경우에는 휠체어에 앉은 사람이나 어린이가 내다볼 수 있는 높이에 도어아이를 하나 더 설치하거나 출입문 옆에 긴 고정창을 낸다.

부 엌

부엌은 식사 준비와 뒷정리가 이루어지는 가사작업공간으로 다양한 가족

원이 공동으로 이용하는 공간이다. 부엌은 출입구와 식사공간과의 접근성이
좋아야한다.

부엌작업대는 전기스위치나 기계손잡이로 작업면 높이(71.1~91.4㎝)를 조
절할 수 있게 하며, 작업면은 밝은 색으로 하고 작업면 앞뒤 가장자리는 작업
면 색과 대조되게 한다. 작업공간에는 국부조명을 하고, 개수대에는 당겨 쓸
수 있는 스프레이 수도꼭지를 연결한다. 작업대 아래 수납장(최소 높이 73.7
㎝)은 필요한 경우를 대비하여 적응 가능하게 하고, 앞으로 당겨 쓸 수 있는
선반이나 서랍, 걸이대를 설치(높이 60.1~76.2㎝)하고, 코너에는 회전식 선반
을 설치한다. 개수대 아래 파이프는 벽 쪽으로 연결하고 단열재로 감싼다.

벽 수납장도 높이를 조절할 수 있게 하거나 보통(7.6㎝ 정도)보다 낮게(작업
대에서 38.1㎝ 위에) 설치하며, 벽 수납장 선반 유닛을 자동으로 내리고 올릴
수 있도록 한다. 벽 수납장 색은 벽면 색과 대조되게 한다.

냉장고는 문을 양쪽으로 여는 형으로 하고, 오븐과 세탁기, 건조기도 앞쪽
에서 옆으로 열 수 있는 것을 설치한다. 조리용 레인지는 스토브와 오븐이 하
나로 통합된 것보다 분리된 것으로 하고, 큰 조절기(지름 3.8㎝ 이상)가 앞쪽
이나 윗면 옆에 달린 것을 선택하고, 필요한 경우 켜고 끄는 것을 통제할 수
있는 별도장치를 한다. 스토브는 버너 사이를 끌어서 옮길 수 있도록 평면형
으로 된 것으로 하고, 사용 중에 신호불이 들어오고 버너 표면이 뜨거워지지
않는 것을 설치한다. 세탁기와 건조기는 바닥(30.5~38.1㎝ 정도)을 높여 설치
하고, 전자레인지는 어린이나 휠체어에 앉아서 손이 닿는 위치(61.0~121.9㎝)

그림 10-29 │ 필요한 곳으
로 당겨서 쓸 수 있는 개수
대 스프레이 수도꼭지

그림 10-30 │ 밖으로 끌어
낼 수 있는 부엌 작업대 아
래의 수납장

그림 10-31 │ 움직이는 벽
수납장 선반 유닛

에 설치한다. 식품저장고의 선반은 높이조절이 가능하게 하고 앞쪽으로 끌어내어 사용할 수 있도록 한다. 손이 쉽게 닿는 곳에 소화기를 준비해 둔다.

욕 실

욕실은 집에서 안전사고가 발생하기 가장 쉬운 곳이다. 여닫이문은 밖으로 열리게 하고, 변기 옆에 전화기나 비상연락장치를 설치한다. 수납장은 손닿기 쉬운 곳에 위치하게 한다. 필요 시 손잡이대나 레일을 설치할 수 있도록 변기와 욕조, 샤워실 주위 벽을 최소 113~136kg 정도는 견딜 수 있도록 보강한다.

세면대는 높이를 조절할 수 있게 하고, 세면기는 가능한 한 이용자 앞쪽으로 가까이 오게 한다. 세면기 아래 파이프는 벽쪽으로 연결하고 파이프는 단열재로 감싼다. 세면대 아래의 수납장은 필요시 적응 가능해야 한다. 거울은 의자나 휠체어에 앉아서도 볼 수 있는 높이에 길게(아래 91.4㎝ 이하, 위 182.9㎝ 이상) 설치한다. 수건걸이대는 손잡이대를 겸할 수 있도록 튼튼하게 설치한다.

대변기는 광센서로 물 내리는 장치가 달린 것으로 높이조절이 가능한 것이나 또는 표준 높이보다(7.6㎝) 높은 것을 설치한다. 대변기 양옆에 빈 공간(45.7㎝)을 이상 두고, 앞쪽과 한쪽 옆에는 여유 공간(91.4㎝)을 둔다. 화장지걸이는 한 손으로 화장지를 갈아 끼울 수 있는 것을 설치한다.

욕조나 샤워실 물 조절기는 손이 닿기 쉽게 중간에서 앞쪽으로 설치하고, 샤워기는 조절 버튼과 긴 줄(182.9㎝ 이상)이 달려 이동할 수 있는 것으로 단다. 샤워실은 152.4㎝×91.4㎝ 크기(추천 152.4㎝×121.9㎝)로 하고 벽에 접는 의자를 설치한다. 욕조는 턱이 낮거나 문이 달려 있고, 걸터앉는 자리가 있는 것을 설치한다.

그림 10-32 | 스위치로 올리고 내리는 문이 달린 욕조

그림 10-33 | 이용하기 편하게 사용자 앞쪽 가까이 설치한 세면기

이 집은 교통사고로 수년간 재활을 통해 현재 휠체어를 타고 신체 오른쪽 힘으로 독립생활을 하고 있는 독신여성 거주자를 위해 개조한 집이다. 제한된 개조비용으로 거주자가 독립적인 생활을 할 수 있도록 기능적 지원을 하면서 재활치료를 도울 뿐 아니라 거주자가 원하는 개방적이

개조전　　　　　　　　개조후

면서 밝고 환영하는 분위기를 살려 아름답게 개조하였다. 유니버설 디자인 개념을 적용한 오른쪽 개조 후 평면은 왼쪽 개조 전 평면과 여러 가지 다른 점이 있다.

집으로 들어가는 주택 앞면 포치를 길게 해 휠체어가 접근하기 쉽게 하면서 동시에 환영하는 분위기를 나타냈다. 주침실은 화재발생 시를 대비하여 오른쪽 창문을 비상문으로 바꿨다. 벽 수납장 문은 쌍미닫이문으로 바꿔 휠체어로 들어가서 전체 공간을 보고 이용할 수 있도록 하였다. 튀어나온 주침실 방문 벽을 제거해 통행공간을 넓혔다. 욕실은 휠체어가 들어갈 수 있도록 확장하고, 욕조 대신 롤인 샤워실을 설치했으며, 신체 오른쪽 힘을 사용할 수 있도록 세면대와 변기를 오른쪽에 배치하였다. 변기 주변 벽을 강화해 손잡이대를 설치했고 추후 발생할 필요에 대비하였다. 세면대 아래에는 휠체어가 들어갈 수 있도록 하였다. 거실과 부엌, 다용도실을 통하는 동선을 일직선으로 정리하고, 부엌과 거실 사이에 열린 창을 두어 두 공간을 시선과 소리가 통하도록 함과 동시에 음식을 들고 다니는 동선을 줄였다.

부엌은 홈 비즈니스를 위해 식사공간을 없애고, 부엌 작업면을 많이 두었으나 작업대를 ㄷ자형으로 배치하여 작업동선이 길어지지 않게 하였다. 스토브와 오븐을 분리하여 둘 다 적절한 높이에서 사용할 수 있게 하였으며, 부엌작업대 앞에 손잡이대를 설치하였다. 오른쪽에 사무용 공간을 두었다. 다용도실에도 세탁기와 건조기를 오른쪽에 설치하고 왼쪽에 테이블을 놓아 지원자들과 함께 사용할 여유공간을 두었다. 다용도실 뒷문 밖에는 패티오를 설치하여 식물을 기를 수 있도록 하였다. 거실에

휠체어로 접근 가능한 세면대, 변기, 롤인 샤워실

서는 뒤로 눕힐 수 있는 의자에서 휴식, 글쓰기, 햇볕, 조망을 즐길 수 있다. 전체적으로 자연빛과 조명을 풍부하게 하고, 평면을 개방적으로 한 결과, 실내가 유쾌하고 탁 트인 느낌을 준다.

(자료 : Dobkin & Peterson, 1999, pp.68-69)

생각해 볼 문제

1. 우리나라는 세계에서 가장 빠르게 노령화되고 있는 사회로서 노인단독가구 특히 노인독신가구 비율이 크게 높아지고 있는 반면, 노인의 전통적인 거주형태였던 기혼자녀가족과의 동거비율은 낮아지고 있다. 주거를 보편적으로 디자인해야 하는 필요성을 우리사회의 노인인구변화와 연관시켜 생각해 보자.

2. 우리나라에서 1998년부터 시행하고 있는 장애인 · 노인 · 임산부 등의 편의증진에 관한 법률은 특수요구를 가진 장애인 · 노인 · 임산부 등이 생활을 영위할 때 장애인 등이 아닌 사람들이 이용하는 시설 및 설비를 다른 사람의 도움 없이 안전하고 편리하게 이용하고 정보에 접근할 권리를 보장하고 있다. 지역사회에서 이 권리를 실현하는 데 걸림돌이 되는 주거환경에 대해 생각해 보자.

3. 유니버설 디자인 주거관련 웹사이트를 통해 누구나 편히 사는 주거환경의 세부특징에 대해 알아보고, 이미 일반적으로 우리 주거에 적용하고 있는 점과 앞으로 적용하면 좋은 점에 대해 생각해 보자.(http:www.aarp.org/life/homedesign, http://design.ncsu.edu:8120/cud http://fcs.iastate.edu/udll, http://www.ksu.edu/humec/atid/udf, http://www.homemods.org, http://adaptenvi.org)

4. 주거환경과 상호작용하는 거주자의 기능능력(청각, 시각, 후각, 촉각, 손놀림, 동작범위, 팔이나 다리 근력, 이동성과 민첩성, 균형감과 협동조정력, 인식능력 등) 하나에 제한이 생겼다고 가정하고, 그 거주자가 자신의 집에서 생활할 때 예상되는 문제점과 그에 대한 대안을 생각해 보자.

읽어보면 좋은 책

1. 박정아(2000). 유니버설 디자인 환경 및 제품의 디자인 특성 분석 연구: 주생활 공간 및 제품을 중심으로. 연세대학교 대학원 박사학위논문.
2. Null, R. L. & Cherry, K.(1996), 이연숙 연구실 편역(1999). 유니버설 디자인. 태림문화사.
3. Dobkin, I. L. & Peterson, M. J.(1999). Universal Interiors by Design: Gracious spaces. New York, N.Y.: McGraw-Hill.

남녀가 평등하게 사는 주거

우리가 사는 집은 일단 지어지면 우리들이 정확하게 읽고 해석해야 하는 교과서와 같은 성질을 띠게 되며 이 공간은 우리들 각자에게 어떻게 살아야 될지를 보여주는 무대가 된다. 즉 "만물을 위한 시간과 장소가 존재 한다."는 상식적인 개념에 의거해서 집이라는 공간을 볼 때 우리는 집이라는 공간과 그 속에서 보내는 시간에 사회적인 의미를 부여함으로써 우리가 사는 사회 속에서 질서를 유지해 가는 일련의 규범을 만들고 있음을 알아차리게 된다. 더욱이 이러한 규범은 그 속에서 사는 사람들에게는 너무 당연하고 친숙해져 있어서 이를 인식하지 못하게 된다. 따라서 이러한 질서를 객관적으로 이해하기에는 어려움이 많고 비판적으로 볼 기회는 그리 많지 않다.

주거공간에서 남성과 여성이 함께 생활하고 있지만 여성들의 생활은 정말 남성과 같다고 볼 수 있는가? 여성들이 경험하는 주거생활의 실태는 어떠하며 여성들은 왜 그러한 생활을 해야 하는지 알고 있는가? 남녀가 평등한 생활을 가능하게 하기 위하여 주거생활에서는 어떠한 새로운 개선들이 이루어져야 하는지 우리의 주거문화를 새롭게 살펴보자.

주거는 누구의 본거지인가

여성들의 장소는 집이라고 대부분의 사람들은 굳게 믿고 있으며 이러한 현상은 동·서양을 막론하고 과거로부터 현재까지 이어지고 있다. 실제로 우리나라에서도 기혼여성의 반은 집 밖에서 남성들과 마찬가지로 소득을 위한 일을 하고 있지만 아직도 여성들의 본거지는 집이라는 믿음에는 큰 변화가 없다.

여성과 남성의 세계를 나누는 가장 근본적인 차이는 가정과 공적 사회의 분리로, 전통적인 여성은 가정에, 남성은 공적인 사회에 뿌리를 내리고 있다는 믿음에 있다. 생리학자들이나 일련의 심리학자들은 여성들이 집에 머무르는 것이 자연스러운 현상이라 믿지만 많은 사회과학자들은 여성들이 그들에게 적합한 장소를 집이라고 믿도록 교묘하고 집중적으로 훈련받기 때문이라고 주장한다(Loyd, 1982).

우선 우리 사회에서 여성과 남성이 집의 의미에 대해 나타내는 차이를 보면 여성은 집을 그들 자신의 정체성의 구성요소나 표현으로 생각하는 반면, 남성은 집의 의미를 단순한 물리적인 장소로 생각하며, 현재 사는 집보다도 어린 시절의 집을 더 많이 연상하는 경향이 있다. 이러한 발견은 집에 대한 감정적인 애착심리가 남성에게는 그들이 성인이 되면서부터는 희박해지는 것으로 나타나는 것에서 가능하다. 즉, 집이란 누구에게나 대부분 긍정적인 연상을 불러일으키지만 여성은 집을 더 감정적으로 중요한 그들 생활의 측면으로 생각하는 반면, 남성은 더 중립적인 물리적인 의미와 어린 시절의 연상을 주로 하고 있는 것으로 나타난다.

실제로 필자가 실시한 연구에서 심층면접에 참여한 응답자들의 집에 대한 인식은 '생활의 전부', '가족생활의 중심', '가족의 안식처', '행복한 곳', '안락한 곳' 등으로 표현되었으며 반면 남자들은 '쉼터', '휴식처', '부동산', '재산' 등으로 인식한다고 하였다. 그러나 맞벌이를 하는 부부의 경우에는 집을 '쉬는 곳'이라고 함께 생각하고 있다고 보고하고 있어, 일하는 여성의 경우에는 전업주부와는 다른 인식을 하고 있는 것으로 나타났다.

남성과 여성의 주거공간에 대한 인식의 차이에 대한 사회화는 유아기나 더 이르게는 태아일 때부터 부모들이 남아나 여아를 다르게 대함으로부터 시작된다. 이러한 사회화는 성인이 될 때까지 지속되며 그것은 정보매체들에 의해 더욱 강화된다. 부모들은 딸을 기르는 데 더욱 엄격하게 하며 딸들은 더욱 집 가까이에 두고 더 많은 가사 일을 가르친다. 아이들은 성장하며 성의 차이는 더욱 벌어지고 사용하는 언어, 옷을 입는 방법, 가지고 노는 장난감 등 이러한 차이는 더욱 분명해진다. 한 연구에 의하면 여대생들은 일상생활을 통하여 남자형제들과는 다른 엄격한 귀가시간 등의 행동지침이 있었다(이경희, 1996).

교육을 받는 시기에 중요한 영향을 미치는 우리나라의 많은 교과서나 잡지, 텔레비전, 신문과 라디오는 여성들의 진정한 성취가 주거를 근거지로 하는 가정에 있다는 메시지를 끊임없이 전한다. 주택관련 광고에 출현하는 CF 배우들은 대부분 여성들이며, 이러한 광고는 여성들의 꿈과 이상이 집에 있음을 전한다.

최근 주택건설업자들은 이러한 현상에 대한 인식에 기초하여 그들 나름대로 마케팅의 한 방법으로 주택의 브랜드화를 시도하고 있으며 이러한 과정에서 유명 여배우들은 집을 선전하는 주역으로 중요한 역할을 하고 있는 것을 볼 수 있다. 남성보다 여성들의 이러한 참여는 아마도 그러한 의미에서 당연한 일로 받아들여진다. 결국 집의 주인공은 여성이라는 것이 우리 사회의 일반적인 생각이다. 이와 함께 주택과 관련된 가전제품이나 가구의 선전에서도 여성들의 등장은 매우 당연해 보인다.

주택은 이러한 의미에서 여성의 사적인 영역의 보루이며 대부분의 여성들은 이러한 현상에 대해 자연스럽게 생각하는 경향이 아직도 강하게 나타나고 있다.

우리 사회에서 아직도 많은 여성들은 그들의 생활의 본거지가 주거공간이라고 믿고 있으며 한 연구에서 주부들의 50%는 그들 생활의 중심지는 주거가 되어야 한다고 생각하고 있었다. 그러나 미혼의 딸들은 그보다는 훨씬 적은 수치인 17%를 나타내고 있어 세대간의 차이를 보이고 있다. 앞으로 이들

이 주부가 되었을 때를 가정하면 매우 큰 변화가 있을 것으로 예측된다. 한편 남편들의 경우에 매우 보수적인 태도를 보여 여성들이 집에 머무는 것이 당연하다고 생각하는 비율이 매우 높아 77%에 달하고 있었다(이경희, 1996).

그러나 최근 남성들의 주거공간에 대한 관심이 커지고 있으며 이러한 현상은 아파트의 분양광고에서도 볼 수 있다.

주거공간이 여성들만의 본거지가 아니고 남성과 여성 그리고 가족들의 공동의 장소라는 인식은 앞으로 더욱 확산될 것으로 보인다. 실제로 실내 디자인이나 주택관련 전시회를 둘러보는 참가자들 중에는 여성들뿐 아니라 가족 단위의 관람자들을 많이 볼 수 있으며, 특히 남성들의 관심은 더욱 커지고 있어 주택이 여성들만의 공간이라는 인식의 한계는 점차 흐려지고 있다.

사회 · 경제 구조와 주거

우리나라의 전통주거에서 성별에 따른 공간사용의 구분은 어떻게 설명될 수 있는가? 왜 현대의 도시주택에서는 이러한 공간의 성별분리가 뚜렷하지 않은가? 이러한 현상은 우리나라의 주거에서만이 볼 수 있는 문화적인 특성인가?

집단주의 사회와 개인주의 사회가 주거에 미치는 영향

사람들의 사회계층이나 문화적인 배경은 흔히 주거생활에 관한 연구에서 중요한 부분을 차지하고 있으나 덩컨(Duncan, 1982)은 이러한 요인보다도 사회적인 구조의 특성에 따라 주거에 대한 태도가 달라짐을 밝히고, 특히 성에 따른 주거의 의미에 큰 차이를 보인다는 것을 주장하였다. 던칸은 주거에 대한 태도는 집단주의 사회구조와 개인주의 사회구조로 구분하여 이해할 때 설명이 잘 된다고 보았다. 집단주의 사회구조는 전통사회뿐 아니라 현대사회에도 존재하며 인도의 오지에서뿐 아니라 미국의 대도시의 특정지역에서도 볼 수 있는 사회구조라 하였다.

이러한 집단주의적인 사고를 바탕으로 하는 주거에서 볼 수 있는 특징들은 다음과 같다. 남자들은 공적인 공간에 적합하므로 공적인 개방 공간, 그 마을에서 특별한 위치의 사람의 집, 남자만이 고객이 될 수 있는 카페와 같은 공공시설 등을 중심으로 활동하며 주택 내에서도 남자들만의 공간이 구별되어 사용된다. 반대로 여자는 사적 공간인 집에서 대부분의 시간을 보낸다. 남자들은 여자의 영역에는 그들이 있을 자리라고 생각하지 않기 때문에 식사나 취침만을 집에서 하며 이런 시간마저도 최소화시키려고 한다.

특히 남자와 여자의 거주공간이 분리된 예에 대하여 던칸은 마이크로네시안 집단에 속해 있는 울리시안(Ulithian)이나 멜라네시안 집단인 솔로몬 군도의 말라이타 지역의 원주민들의 주거를 관찰하여 이들의 독특한 유형을 밝혔다. 이러한 지역에서는 남자들이 생활하는 공간은 가장 마을에서 크고 장식이 잘 된 구조로 되어 있으며 주로 여자와 아이들이 거주하는 개인주택은 중요하지 않으며 구조나 장식에도 많은 노력을 기울이지 않는다.

아프리카의 모로코 지역이나 아랍 국가들을 여행해 본 경험이 있는 사람은 도시의 거리를 지나다 카페에 앉아 있는 사람들을 보고 놀란 경험이 있을 것이다. 수십 명의 남자들이 카페에서 거리를 향해 앉아 있지만 한 명의 여자도 보기가 힘들다는 것을 보게 될 것이다. 그곳에서는 거리의 카페와 같은 장소는 공적인 장소로 여성들이 앉아 있기에는 부적합하다고 여겨진다.

이와 같이 집단주의 사회구조 안에서 남자와 여자의 거주공간을 구분하여 분리시킨 예는 우리나라의 전통적인 한옥의 구조에서도 뚜렷이 나타나고, 이집트, 이란, 멕시코의 일부, 과테말라, 아프리카 가나의 일부 종족에서 발견된다는 보고가 있다(Duncan, 1982). 이 밖에 주택의 공간이 분리되어 있지는 않아도 집단주의적인 가치가 뚜렷한 사회 내에서는 주거공간 내에 성차별이 분명히 나타나고 대부분의 여성들의 공간은 외부로부터 격리되고 때로는 외부인의 접근이 금지되고 있어 어떤 의미에서 주택은 낯선 남자로부터 여자를 격리시키는 장소가 된다.

오늘날 우리의 가정생활을 보면 개인주의적인 특성이 더욱 보편화되고 있으며 이러한 개인주의적 가치의 특성은 산업화가 이루어지면서 선진국에서뿐 아니라 개발도상국의 일상생활에서도 보편적인 생활양식이 되어가고 있다. 이러한 개인주의적 사회 속에서 나타나는 주거의 특성을 보면 아래와 같다.

첫째, 대부분의 주택은 독립된 단위로 구성되어 핵가족의 거주를 목표로 하고 있으며 밖에서 일하는 남편과 집에 있는 아내의 가족을 위하여 구성되고 있다. 비록 주택 자체의 형태가 집합주택의 구조를 나타내고 있다고 해도 이러한 집합주택들도 단지 통로만이 공유되며 수직적으로 연결되어 있다. 이러한 독립적인 주택의 구조는 가족생활의 사적인 운영을 강화하고 가족끼리의 의존성을 바탕으로 모든 생활이 이루어지게 되므로 주부들의 생활은 더욱 부담이 커지게 된다. 집합주택의 공간에서도 공동체적인 공간사용의 예는 보기 힘들다. 따라서 이웃과의 관계도 정보를 교환하는 정도의 관계를 유지하는 것이 보통이며 가사일을 함께 처리하는 경우는 많지 않다.

그러나 집합주택은 관리의 편리함이나 방범 그리고 주변에 구매시설이나 자녀들의 사적인 교육기관이 근접성 때문에 이에 대한 선호는 여성들에게 높게 나타나고 있다.

둘째, 주거공간은 그 내부에서 공적이며 사적인 공간의 구분이 생기며 이러한 구분 속에는 복잡한 기준들과 차이를 나타내고 있다.

주거공간에서 가족구성원 각자가 어떻게 개인실을 사용하고 있는가를 살펴보면 각 배우자들은 자신을 위한 각각의 방이 필요하지 않는 것으로 가정된다. 따라서 부부의 사적인 생활이 최소화되고 있다. 그러나 가족구성원 중에서 자녀들은 독립적인 개인실을 가지고 있는 비율이 높으며 이러한 자녀의 개인실의 확보는 다른 공간의 배분에서 보다 우선적이라 할 수 있다. 그러나 조사연구에서 70%의 주부들은 개인실이 필요하다고 하였으며 미혼의 딸은 약 90% 정도가 필요하다고 하였으며 남편의 경우도 80% 정도는 개인실이 필요하다고 하였다. 즉 주거공간에서 주부나 남편의 개인실이 없는 것은 그들이 이러한 방을 원하지 않았다기보다는 절대적인 방 수의 제한 때문인 것으로 보인다.

대부분의 주거공간에 여분의 방은 없으므로 친지나 친척들의 장기 체류는 제약을 받게 되어 친지의 장기간의 방문은 이제 점차 보기 힘든 사례가 되고 있다. 주거공간에서 행해지던 공적인 행사, 즉 결혼식이나 장례식, 어린 자녀들의 돌잔치까지도 주거공간 밖에서 행해지는 경우가 많으며 이러한 현상은 여성들의 제한된 노동력으로 할 수 있는 범위를 넘어선다는 인식과 상업화된 일상생활의 한 면을 나타내고 있으며, 그 결과 주거공간의 공적인 성격은 점차 줄어들고 있다.

최근 서울지역에서 분양되어 입주가 시작된 한 아파트의 평면을 살펴보자(그림 11-3). "자연스럽고 편안한 분위기의 모더니즘 디자인, 도심 속의 편안한 라이프스타일을 연출합니다." 이것은 이 평면을 소개하는 건설회사의 홍보용 소개서에 제시된 글이다.

53평형의 이 아파트는 비교적 사용 면적이 큰 아파트이나 침실은 3개밖에 없다. 최근에 분양하고 있는 대부분의 대형 평수의 아파트들이 대부분 3개의

그림 11-3 | 서울지역 D건설회사가 분양하여 2004년 입주한 주상복합아파트의 평면도(53평형)

침실을 가진 평면으로 구성되어 있어 만일 두 자녀를 가진 가족이 산다면 부부가 하나의 침실을, 두 자녀가 각각 하나의 침실을 쓸 수 있게 된다. 아마도 한 자녀의 가족이라면 하나의 방이 여분으로 남아 가족 중 누가 어떠한 용도로 쓸 것인지 고심하게 될 것이다. 결국 큰 평수의 아파트이지만 부부가 개인실을 가지기에는 방수가 넉넉하지 못하다. 그러나 부엌은 넓고 부수적인 제2의 부엌공간을 두어 가사작업에 편리하게 계획되었고 개수대가 있는 반도형의 작업대는 간이 식탁으로 사용할 수 있게 되어 있다. 거실공간은 상대적으로 커서 우선 이 아파트가 외부인에게 성공한 사람이 사는 곳이라는 것을 인식하게 하는 데 유리하게 보인다. 이러한 주상복합아파트에는 최근 주민들이 공동으로 사용하는 공간들을 상대적으로 많이 배분하고 있다. 주민들이 공동으로 사용하는 연회실, 독서실, 체육실, 주민 회의실, 노인실, 노래방, 탁아실, 손님용 방 등이 제공되는 곳도 있으며 이러한 공간들은 공동체적인 삶을 영위하는 데 큰 영향을 미치기도 한다.

경제구조가 주거에 미치는 영향

오늘날에도 여성은 주거를 중심으로 모든 활동영역을 제한받고 있으며 이러한 주거중심의 여성관이 윤리적으로 권고되는 저변에는 경제의 구조 속에서 그 원인을 찾을 수 있다는 주장들도 상당한 설득력을 가지고 있다

역사적으로는 산업혁명 이후 생산적인 일들은 주거로부터 공장으로 나가게 되고 남성과 여성의 역할은 더욱 극명한 차이를 보이게 된다. 여성들은 집안일을 관리하며 이에 대한 책임을 지나 임금을 받지 못하므로 경제적으로 불안정한 위치에 서게 된다. 한편 실제로는 노동현장에 고용되어 근로여성으로 일하는 여성들도 상당부분을 차지하고 있었으나 여성의 가정성에 대한 이데올로기는 강한 영향력을 발휘하여 생산노동에 참여하는 여성들도 주거와 가족을 돌보는 일을 혼자만의 책임으로 생각하게 되었다.

경제체제가 성공적으로 존속하려면 지속적으로 성장이 이루어져야 하며 생산이 증대되면 소비도 증가해야 한다. 가정 관리자, 즉 여성에 의한 경제적 소비는 다른 명칭으로도 불리는데 이는 가정관리, 실내장식, 가사노동 등으로 불리지만 그 명칭이 무엇이든 간에 여성들은 경제체계에서 상당한 기여를 하고 있다. 산업생산이 증가하게 되면 가정에서의 소비도 증가하여 기본생활 필수품인 식품이나 의류와 같은 것을 마련하는 것에 만족하지 않고 사치품으로 그들의 주거를 장식하기 시작한다. 중산층들은 구매를 하나의 의무로서 그리고 그들의 오락으로 받아들인다고 하였다. 빈곤계층도 기본적으로 은신처를 마련하기 위하여 노력하지만 그들도 금전적 여유가 생기면 과시하기 위한 물건을 구입한다.

20세기에 접어들면서 기업들은 수많은 가전제품을 생산하고 제조업자들은 시장의 확대를 위하여 끊임없이 노력하게 된다. 제2차 세계대전 이후 미국에서는 전시에 무기를 생산하던 방위산업체들이 가전제품을 생산하기 위하여 방향을 바꾸고 과학기술의 새로운 열매인 냉장고, 진공청소기, 세탁기 등을 생산하여 이들을 판매하기 시작하였다. 이들은 또한 끊임없이 광고를 하여 이들 생산품의 실용적인 유용성보다는 도덕적 설득에 치중하여 좋은 가전제품을 사지 않는 것은 시간낭비이며 태만한 것이라고 설득하였다. 한편 여성

들의 교육기관에서는 실습실에 이러한 가전제품들을 기증받아 그 사용법을 교육하며 과학적인 생활 관리에 관한 신념을 심어주었다.

특히 20세기 초 이후에 과학적인 생활관리의 원칙이 강조되고 가정에서는 청결과 능률의 가치가 새로운 압력으로 작용하게 된다. 따라서 새로운 가전 제품에 대한 소비의 물결은 남편의 급여능력을 넘어서게 되고 기혼여성들은 이러한 압력에 의해 직업을 갖게 되었다는 견해도 있다.

그러나 최근 우리나라에서 기혼여성의 경제활동참가율은 48.1%에 달하고 있어 이미 집에 있는 여성의 전형적인 모습은 퇴색하고 있다(한국여성개발원, 2003). 따라서 집에서 소비하는 여성의 이미지보다는 생산하는 여성, 취업하는 여성의 이미지가 점차 강화되고 있다. 또한 여성들의 취업의 형태도 다양해지고 있다. 정보통신의 기술이 발달하면서 재택근무를 하는 여성들도 늘어나 이러한 가정을 위한 다양한 주택평면들도 소개되고 있다.

그러나 현대의 개인주의 사회에서 지위의 표현은 자신의 정체감을 알리는 대상물에 의존하는데, 특히 주택은 사적인 생활을 외부인에 공개하는 장소이므로 개인의 정체감을 알리는 대상물로서 대단히 중요하다. 집단주의 사회 속에서 중요하게 여겨지지 않던 주거는 개인주의 사회 속에서 가족에게 중요한 장소가 될 뿐 아니라 이를 마련하고 관리하고 잘 꾸미려는 노력도 더욱 증대된다는 것이다.

주거공간은 소비재를 보호하고 담아둘 수 있는 용기이며 동시에 전시용 진열장이 되기도 한다. 주거의 디자인은 서구적인 형태를 받아들이고 서구 스타일의 가구를 그 속에 배치하는 일이 일반화되고 있다. 한 조사연구에서도 주거공간이 사회적인 지위를 나타내므로 남보기에 좋아야 한다고 생각하는 주부는 75%에 달하고 있으며 미혼의 딸들 중 67%, 남편들 중에는 62%가 이러한 생각에 동의하고 있음이 밝혀졌다. 즉 우리 사회에서 주거는 사회적인 위세를 나타내는 중요한 기능을 하고 있다고 볼 수 있다(이경희, 1996).

이와 같이 주거와 관련된 소비로서 중요한 부분을 차지하는 것은 실내장식과 관련된 것이다. 역사적으로 가구는 먹고 잠자고 활동하기 위한 도구로서의 기능을 하였으며 가구가 장식으로 인식되기 시작한 시기는 서구에서도 바로크 시대 이후로 알려져 있다. 우리나라에서도 전통주택에서 가구의 사용은 그 종류에 있어서나 사용기간에 있어서 매우 절제된 행태를 보였다. 그러나 오늘날 대부분의 지역에서 가구는 사용가치보다 장식품의 성격을 띠며 특히 중산층의 여성들은 전시를 위한 가구구입에 많은 노력을 기울이고 있다. 대부분의 가구는 낡아서가 아니고 유행이 지나거나 가족의 지위 전달이 적절하게 이루어지지 않으므로 새로 구입된다.

우리나라에서는 아파트의 대량생산이 이루어지며 중산층들이 이러한 아파트에 거주하기 시작하며 실내장식에 대한 관심이 증가하였으며 이러한 현상은 획일적인 외형 속에서 개성을 찾으려는 노력의 일환이기도 하다. 실내장식이라는 용어는 주거단지 근처의 간단한 설비를 수리하는 업체들도 그들의 간판에 즐겨 사용하는 용어가 되고 있으며 여성 잡지나 방송매체들은 중산층의 여성에게 자신을 표현하는 다양한 주제를 제시하고 특별한 분위기를 구성하도록 부추긴다. 개성이 있으며 편안하고 여유 있는 주거공간을 가족들을 위하여 마련하는 것은 중요한 책임으로 인식되고, 이를 깨끗하게 유지하고 정리하는 것은 주부의 당연한 책무로 여기게 되었다.

한편 어떤 효과적인 수단을 동원해서라도 판매를 해야 한다는 것이 최우선의 도덕이 된 사회에서 광고는 이러한 소비를 위한 중요한 사회제도로서의 기능을 한다. 따라서 광고에 의한 판매는 유용성에 의해서가 아니라 환상에 의해서 이루어진다.

신문에 게재된 부엌의 광고 문안을 살펴보자.

주부 자유공화국 ○○으로 오세요!
주부 자유공화국, '유틸리티키친 – ○○'
고기능으로 손이 자유로워집니다.
고감각으로 눈이 자유로워집니다.
고감성으로 느낌마저 자유로워집니다.

이제 주방이 바뀝니다.

주부가 자유로워집니다.

주부의 마음속에 자유가 있습니다.

마음속에 그린 주방을 누구나 소유할 수 있게…

신개념 주방공간 ○○이

새로운 삶의 가치를 추구하는 앞서가는 주부님을

고기능, 고감각, 고감성이 살아 있는

주부자유공화국 유틸리티키친으로 초대합니다.

실제로 이 광고에는 부엌의 형태를 보여주는 어떠한 근거도 없다. 단지 매우 아름다운 여성이 행복한 미소를 짓고 있을 뿐이다. 우선 이 광고의 메시지는 주부의 자유로움에 있다. 마치 이 부엌을 구매하여 설치하면 주부는 모든 가사노동에서 자유로워질 수 있는 것 같은 환상을 불러일으킨다.

결국 현대의 시장경제가 주도하는 사회 속에서 주거공간이 우리의 지위를 반영하는 한 여성들이 이 공간을 꾸미고 관리하는 개별적인 가사노동은 가치 있는 것으로 남게 되고 여성들은 이러한 사회적인 압력에서 자유로워지기가 힘들다. 이러한 현상은 여성들의 제한된 노동력으로 할 수 있는 범위를 넘어선다는 인식과 상업화된 일상생활의 한 면을 나타내고 있다.

가사노동과 주거공간

여성과 남성의 성별체계에 따른 노동분담은 주거공간에서 구체화된다. 여성들에게 있어서 주거공간 전체와 가족 개개인은 가사노동이 이루어지는 대상이며 주거공간을 중심으로 이루어지는 다양한 가사노동들은 주부가 주된 책임은 지고 고립적으로 수행하고 있다. 취업여성의 경우 직장에서의 일과 가사노동을 모두 제한된 시간 내에 처리해야 하므로 더욱 어려움이 많다. 따라서 주거공간에서 가사노동을 줄이고 자녀양육을 쉽게 하고자 하는 노력은 대부분의 여성들, 특히 주부들의 관심사이기도 하다.

우리나라 전통 주거건축물 답사를 위하여 함양 지역을 돌아볼 기회가 있었다. 방문한 가옥 중에서 유난히 기억에 남는 집으로 흔히 허삼둘 가옥이라 알려진 주택이 있었는데 이는 여러 의미에서 상당한 교훈을 주는 가옥이다. 이 가옥은 당시 진양갑부 허씨 문중의 허삼둘이 토호 윤대홍에게 시집와 지은 집으로 특히 안채의 구성에서는 특출함을 보인다. 당시의 시대상에서 과감히 탈피하여 여성중심의 공간배치와 부엌으로 출입하는 통로가 대각선으로 뚫리고 토상화(土床化)한 것이 특이하며 이는 여성들이 부엌을 드나드는 데 편리하도록 창의적으로 과감하게 계획된 평면으로 구성한 것이다. 20세기 초반에 지어진 주택으로 그 시대의 일반적인 평면들에서는 볼 수 없는 과감한 시도로서 오늘날의 시각에서 보아도 그 과감함이 통쾌하기조차 하다. 과연 이러한 시도가 오늘날의 아파트 구조에서도 가능한 일일까?

오늘날 주거의 과학적 관리에 대한 관심이 커지며 효율적인 주택에 대한 목표는 더욱 구체화되어 기능적인 건축이 강조되고 있다. 홀을 중심으로 하는 개방된 평면계획이 도입되어 주택공간에 변화를 일으켰으며, 주거공간에서

그림 11-4 | 전통주택의 기본적인 틀을 깨는 함양의 허삼둘 가옥 : 부엌으로 들어가는 입구를 대각선으로 내고 그 높이를 높여 드나들기 쉽게 계획하였다.

공적인 공간은 통합되고 개인적인 공간만 분리되어 사적 공간으로 남게 되었다. 이러한 홀 중심의 개방된 주택공간의 유형은 우리나라의 주택공간에서도 가장 보편적으로 볼 수 있는 유형이 되고 있다. 이와 같은 개방공간은 동선의 효율성과 가족들의 가사노동참여의 기대에 의해 더욱 선호되고 있다.

그러나 이러한 건축공간의 개방성은 여성들의 가사노동의 기본적인 내용에는 큰 변화를 주지 못하고 단지 모든 가족들이 보는 앞에서 해야 한다는 점과 부엌을 끊임없이 치워야 한다는 점이 강조된다. 또한 이러한 개방적인 부엌은 주부의 프라이버시가 제거되어 스스로 하고 싶은 시간에 일을 할 수 없게 한다는 점에서 비판을 받기도 한다. 이러한 비평에도 불구하고 개방적인 평면은 새로운 지위의 상징을 원하는 가족들의 요구를 충족시키므로 많은 주거에서 받아들여지고 있다. 그림 11-5는 이러한 개방적인 부엌의 단점을 부분적으로 조절하기 위하여 움직이는 벽을 설치하여 사용하는 시간에 따라 벽체를 움직이게 설계된 부엌이다.

그렇다면 실제로 가족들의 참여를 유도하는 부엌공간의 디자인은 어떠한

그림 11-5 | 일본 세키수위(積水) 건설이 제안한 부엌 : 공간을 개폐할 수 있는 평면의 예

그림 11-6 | 일본 세키수위
(積水) 건설이 미래형 주택
으로 제안한 컴퍼스 21
(Compass 21)의 아일랜드
형 부엌

형태가 되어야 할까? 주부들이 제시한 주거
공간의 개선안은 우선 부엌 공간이 현재보
다 컸으면 좋겠다는 의견들이 많았고 부엌
의 작업대를 아일랜드(island)형으로 만들
어 식구들이 부엌일에 참여할 수 있는 기회
를 확대하는 방안을 제안하고 있다. 실제로
최근에 분양되고 있는 아파트들의 평면을
보면 부엌공간이 주택의 중심을 차지하고
이에 대한 시설 설비의 투자는 다른 공간들
보다도 크게 늘고 있다.

한편 주 5일 근무제가 확산되면서 주거공
간은 가사노동의 공간을 넘어 여가와 취미
활동의 중심으로 그 중요성이 커지고 있다.
주거공간 내에 이러한 활동을 할 수 있는 공
간을 두기도 하고 아파트의 공유공간에서 주민들이 함께 참여할 수 있는 프
로그램을 마련하기도 한다. 최근에 등장하기 시작한 주거복합 건물에서도 이
러한 경향은 뚜렷하게 나타나고 있어 앞으로 운동이나 취미활동을 위한 공간
의 배분은 더욱 커질 것으로 예측된다.

역사적으로 여성들의 가사노동을 감소시키고자 하는 노력은 새로운 공간
의 계획에서, 그리고 한편에서는 사회적인 제도의 개혁을 통하여 역사적으로
다양하게 이루어졌다. 19세기의 서구의 유토피안 사회주의자들은 실험적인
공동체 생활을 계획하고 여성들이 단조로운 일로부터 해방되도록 하였다.

1970년대 초반 스웨덴과 덴마크의 건축가들은 공동주택을 소재로 하여 노
동공간을 공유하고 일을 분담하는 공간의 계획을 시도하였다. 이러한 생각들
은 미국이나 그 밖의 지역에도 확산되고 있으며 이러한 코하우징의 계획은
특히 공동의 식사와 관리프로그램을 운영하여 여성들의 가사노동을 경감시
키는 데 효율적이라는 점이 강조되고 있다.

가사노동을 공동체적인 주거공간에서 집단적으로 해결하는 코하우징과 같

은 주거유형에 대해서는 아직까지 수용하고자 하는 인식이 확산되고 있지 못하다. 즉 아직까지 우리 사회에서 집안일은 사적인 것으로 생각되고 있으며, 이러한 공동체적인 해결에 대해서는 신뢰를 보내지 않고 있는 실정이다.

주거의 입지는 누구에게 유리한가

주거를 근거지로 하는 여성들에게 있어서 취업 장소나 일상생활을 지지해 주는 서비스, 그리고 더 나아가 정보에 대한 접근은 여성들의 일상생활의 질에 영향을 미치는 중요한 요소들이다. 일반적으로 공간적인 배열, 즉 어떠한 공간이 취업 장소나 정보에 근접해 있는가는 여성과 남성의 지위에 영향을 미치며 특히 여성의 격리된 공간성은 성 차를 강화한다고 본다.

주거지의 위치선정은 여성들의 행동반경을 결정한다. 한 조사에 의하면 우리나라 여성들이 주거지를 선택할 때 가장 중요하게 생각하는 이유는 우선

그림 11-7 | 주거공간에 주민들을 위한 공동의 바 등의 공유공간을 마련한 주거복합아파트의 사례 : 서울 도곡동의 D 주상복합아파트의 내부 전경

자녀 학교의 위치였다. 그 다음이 남편의 직장 위치이며, 본인의 직장이나 편익시설 등은 그 이후에 고려되는 사항들이었다. 이러한 현상은 우리의 문화권에서 나타나는 독특한 것으로 자녀의 교육에 대한 온 가족의 지원은 이러한 공간적인 배려에서 잘 나타나고 있다. 따라서 취업한 여성의 경우에도 그들은 일상생활에서 시간적 압박을 받으면서도 자녀의 학교에의 접근을 더욱 중요시하고 있다.

한편 여성들은 남성보다 교통수단에 대한 접근이 어렵다. 여성들은 가까운 거리에 있는 직장을 구하려는 경향이 있으며, 오가는 길에서의 위험에 노출 정도가 높다. 취업이 증가하면서 여러 가지 일을 복합적으로 하는 여성들에게 이러한 교통수단의 제한적인 요소들은 더욱 여성들의 일을 어렵게 한다. 일을 하면서 최상의 선택을 하는 유연한 수단과 이러한 일들을 최소화하는 것이 가능한 사람은 여성보다는 남성이다. 남성들은 대부분 차를 소유하고 첫 번째 차에 일차적으로 접근하고 있다. 이러한 현상은 많은 여성들을 교통 장애자로 만들고 대중교통 의존자로 만든다.

질적인 측면에 있어서 여성들의 일상생활의 구조는 남성과는 매우 다르다. 남성들은 직업을 중심으로 일하는 시간만이 매우 높은 스트레스를 받는다. 그러나 취업주부는 집안일과 아이양육을 우선적으로 책임을 지게 되므로 아침에 모든 가족을 깨우는 것으로부터 시작하여 직장에서 일하는 장시간 동안 긴장 속에서 일을 하게 된다. 즉 여성들에게 이 모든 일은 주된 일이다. 따라서 한 가지 일이 계획대로 되지 않았을 경우 이것은 다음의 다른 일에 직접 영향을 미치므로 여러 장소간의 이동은 긴장 속에서 이루어진다.

여성들의 취업기회의 증가로 활동범위가 넓어지고 공공장소나 교통수단의 이용시간도 다양해지고 있다. 여성들은 혼자서 이동하는 시간이 많아짐에 따라 범죄의 노출이 증가하고 대중교통, 주차장, 엘리베이터 또는 주택 공간 자체도 여성들에게는 위험한 장소로 인식된다. 이러한 장소에서의 여성들의 안전을 위한 대책은 미비한 실정이다. 이를 위하여 물리적인 방범대책도 중요하지만 그보다 사회적인 조직적 대책이 필요하다.

근린환경은 여성의 일상생활을 어떻게 지지하는가

여성의 측면에서 보면 근린에서의 다양한 서비스는 주거공간에서의 개선과 함께 생활내용을 결정하는 주요한 요소가 된다. 근린 주거환경의 집합적 서비스는 가정 내에서 전통적으로 이루어졌던 기능을 대체하는 데 있어서 필수적이다. 이러한 것은 집안 관리, 공유 외부공간, 아이돌보기, 구매활동 등을 포함한다. 보행거리 내의 시설, 공공교통수단에의 접근성, 이동거리를 최소화한 가정, 직장, 지역사회 서비스의 위치는 여성들에게 매우 중요하다.

자녀가 있는 결혼한 여성이 직업을 갖게 되면 근린환경이 얼마나 편리하게 형성되어 있는지를 재검토하게 된다. 이러한 가구들은 주거공간의 크기가 더 작아지더라도 주부의 직장에 더 가깝고 대중교통수단이나 각종 서비스를 쉽게 이용할 수 있는 장소에 거주하려 할 것이다. 다양한 시설과 설비가 구비된 고급화된 근린에 위치한 주거에 대한 수요는 다양한 고용기회, 공공 민간 서비스의 혼재, 문화, 여가, 사회적 서비스의 다양성에의 근접성에 매력을 느끼는 맞벌이부부의 증가에 따라 앞으로는 더욱 수요가 증가할 것이다.

그러나 현실적으로 우리나라의 주거단지계획에서 이러한 근린시설의 설치는 매우 제한되어 있으며 이는 주거단지시설의 법적 기준과도 관계가 있다. 우리나라에서는 주거단지계획 시 법규들은 크게 개발 밀도, 주거건물 동의 형태와 배치 그리고 생활여건시설 및 환경조건 등에 관하여 규제를 하고 있다. 우리나라의 주거건축 관련 법규에서 정하고 있는 다양한 공동시설의 기준은 매우 획일적이며, 특히 여성들의 가사노동을 절감시키거나 육아를 쉽게 하도록 도와주는 시설들은 최소한의 조건들로 구성되어 있다.

취업여성들에게 항상 가장 큰 문제로 인식되고 있는 것은 육아문제로 바람직한 탁아시설의 확충은 우선적으로 해결해야 할 과제이기도 하다. 우리나라에서는 대부분의 취업주부가 있는 가정에서 조부모의 도움을 받는 비율이 높게 나타나고 있으나 핵가족화되는 추세에 비추어 볼 때 이러한 방법이 오래 지속될지는 의문이다. 바람직한 탁아시설은 사용자가 사용하기에 편리해야 하며 옥외공간을 이용할 수 있는 곳이 적합하고 아동들이 안전하게 보호받을 수 있어야 한다. 또한 연구에 의하면 많은 취업주부들이 바람직한 탁아시설의 위치로 주거 가까이 있는 것을 선호한다는 것으로 나타났다(신혜경, 1995). 따라서 탁아문제를 해결하는 방안으로 직장탁아 등도 논의가 되고 있으나 바람직한 모형으로는 거주지에 근접한 장소에 탁아시설을 두는 것이 장기적으로는 더욱 바람직하다. 특히 우리나라의 대도시에서와 같이 교통문제가 어려운 점을 생각한다면 자녀를 데리고 이러한 직장의 탁아시설을 이용하는 것도 매우 어려운 일이다.

공동주택의 단지를 건설하는 업자들의 입장에서는 될 수 있으면 최소한의 시설물만을 단지 내에 건설하는 것이 수익성에 유리하므로 대부분의 경우에는 최소한의 시설만을 제공하게 되나 앞으로 소비자의 요구가 높아지고 주택시장에서의 경쟁력이 요구되면 이러한 편익시설이나 탁아시설도 경쟁력을 높이는 차원에서 건설이 촉진될 수도 있다.

주거공간은 누가 소유하고 통제하는가

주택을 소유하고 그 주택이 한 개인의 재산이 된다는 것은 무엇을 의미하는가?

주택을 소유한다는 것은 우선 이러한 소유를 통하여 어떤 이익을 이끌어 내리라고 하는 기대를 의미한다. 특히 이러한 주택은 자유시장 경제체제 속에서 하나의 상품으로 이는 화폐로 전환될 수 있다. 화폐의 소유가 그 소유자에게 엄청난 사회적 권력을 부여한다는 것은 설명할 필요가 없다. 이러한 기대는 법에 의해 보장을 받는다. 즉 주택을 소유함으로써 갖게 되는 재산권은 배타적인 개인의 권리로 주택을 사용하고 이득을 취할 때 타인을 배제할 권리를 법적으로 보장받음을 의미한다. 주택을 소유하여 개인의 재산이 된다는 것은 주택을 사용하거나 이를 통하여 이익을 취하는 것에 대한 권리를 가지는 것이며 이러한 소유를 단순히 잠정적인 점유와 구분하는 것은 이러한 재산권이 하나의 요구이고, 이 요구가 법에 의하여 강제될 것이라는 데 있다.

우리나라의 재산법은 사유재산제도에 기초를 두고 있으므로 가족의 가장 큰 재산으로 중요한 의미를 가지는 주택도 누구라도 자기의 이름으로 취득할 수 있고 이를 처분할 수도 있다. 이러한 내용을 추상적으로 보면 주택소유의 기회는 남녀 모두에게 동등하게 주어져 있다. 그러나 실제로 여성이 주택을 소유할 수 있는 가능성은 남성에 비하여 매우 낮다.

결혼한 이후에도 대부분의 여성들은 화폐소득을 위한 경제활동에서 소외되어 있기 때문에 스스로의 노력만으로 독자적인 자산을 형성하기가 힘들다. 여성이 취업을 하여 화폐소득이 있다고 해도 주택을 구입할 때 대부분 남성의 명의로 하는 것이 일반적인 관례이다.

한편, 우리의 민법은 부부의 재산소유에 관하여 부부별산제를 원칙으로 하고 있어 부부는 각자 자기의 재산을 관리하고 사용하며 이득을 얻을 수 있다 (민법 제831조). 즉 부부가 소유하는 재산을 모두 공동의 재산으로 보지 않고 각각의 개인의 소유로 인정하는 것으로 부부 중 한쪽이 혼인 전부터 가지고 있던 고유재산과 혼인 중 각자의 명의로 취득한 재산은 각자의 재산으로 인정한다. 따라서 이렇게 특정인의 명의로 되어 있는 재산은 공유의 추정을 받을 여지가 없다.

대부분의 남성들은 물론 여성들조차도 경제적인 공동체로 인식하는 가족제도에서 이러한 부부별산제의 제도에 관하여 깊이 이해하지 못하고 있으며 실제로 일상생활에서 이러한 문제는 사실 심각하게 논란이 되지 않고 있다. 여성들의 경우 가족을 위하여 화폐가치로 환산되지 않는 가사노동을 하며 주택을 관리하고 돌보지만 실제로 주택의 소유권은 없다는 불리한 위치에 있게 된다.

남성들이 주택을 소유하기에 더욱 유리하게 되어 있는 것은 우리나라의 조세제도에서도 찾아볼 수 있다. 즉 전업주부인 아내가 남편의 소유로 되어 있는 주택을 공동명의로 할 경우에는 남편으로부터 증여받은 것으로 보고 이에 대한 증여세를 부담해야 한다. 결국 대부분의 여성들은 이러한 과중한 세금부담을 기피하여 자신의 명의로 된 주택을 소유하기를 기피하게 된다. 이러한 문제는 이혼 시 재산분할청구와 상속 시 기여분의 재산청구에서도 적용된다.

재산의 상속은 유언에 따라 정해지기도 하지만 법적인 상속분은 1990년도 민법의 개정으로 어느 정도 남녀의 차별이 없어진 셈이다. 기본적으로 사망자의 배우자는 5할을 가산하고 아들과 딸은 같은 비율로 상속을 받는다. 그러나 실제로 이러한 상속이 가족 내에서 현실적으로 이루어지는가는 별개의 문제이다. 이러한 법적인 기준이 있음에도 불구하고 실제로는 아들에게 미리 주택을 증여함으로써 딸들에게는 이러한 상속의 기회를 박탈하는 경우가 많다. 더구나 여성들 자신도 딸에게보다는 아들에게 주택의 상속이 이루어져야 한다고 믿는 비율이 높은 실정이다. 최근 우리나라의 상속세법이 개정되어 가정 내에서 배우자(여성)의 재산 형성 기여정도를 감안하여 배우자의 상속, 증여에 대한 면세범위가 부분적으로 확대되었다.

여성들이 일상생활의 본거지라고 생각하는 주거공간은 여성들에게 자아정체성과 관련된 정서적인 의미를 주는 공간이며 자신의 지위를 나타내기 위하여 수많은 가구들로 장식해야 하는 곳이기도 하다. 또한 여성들은 이러한 공간의 관리자로서 주거공간은 노동의 주요 대상이 된다. 그러나 이러한 주거공간의 소유와 통제에 관하여 여성들은 매우 제한된 영역에서 권리를 행사하고 있다.

생각해 볼 문제

1. 남성의 눈으로 본 우리의 주거공간은 어떠한 특성들이 있는가?

2. 주거에서의 가사노동공간의 개선은 과연 얼마만큼의 가사노동을 절감시키고 있는가?

3. 여성들을 위한 근린환경을 마련하기 위해서는 어떠한 단지계획이 되어야 할까?

읽어보면 좋은 책

1. 김미혜 외(1997). 양성평등이 보장되는 복지사회, 미래인력연구센터.
2. 새주택설계연구회(1994). 21세기엔 이런 집에서 살다!, 서울포럼.
3. 이경희, 최재순, 김대년, 신혜경, 홍형옥(1995). 여성의 삶과 공간 환경, 한울 아카데미.

4

미래의 주거
를 보는 관점
Perspectives in Future Housing

살고 싶은 동네

우리나라의 주거단지는 1960년대 이후 근린주구이론을 바탕으로 계획되면서 사회적·물리적 생활여건을 갖춘 중상류층의 주거지로 성장하였다. 그러나 이러한 계획방식은 단지 안으로 주 간선도로의 진입을 배제하며 주거단지를 주변 도시공간과 격리시킨 채 주거단지의 자족적인 생활환경을 확보하는 지극히 폐쇄적이고 배타적인 형태였다. 이러한 주거단지 계획은 주변 이웃간의 사회적 접촉의 기능성과 기회를 감소시켜 커뮤니티 의식을 부족하게 만들고, 동네에 대한 소속감을 갖지 못하게 하며, 멋없이 치솟은 판상형 고층 아파트 속에서 심리적 부담감까지 느끼게 하는 등 단조롭고 메마른 주거환경을 초래하였다. 또한 가로가 단지의 경계로만 존재하기 때문에 생활가로로서의 역할마저도 못하는 매력 없는 공간으로 되고 말았다.

도시 속의 주거에서 농촌의 마을과 같이 강한 공동체 의식을 강요할 수는 없으나 이웃과의 관계가 폐쇄적으로 된 원인이 바로 우리의 주거단지 계획이 개성이 없고 개인공간 위주로 이루어져 활력 있는 공유공간을 확보하지 못한 데서 찾아볼 수 있기 때문에 이에 대한 개선이 요구된다.

이 장에서는 살고 싶은 동네의 의미를 생각하고, 살고 싶은 동네의 사례로서 국내외의 차별화된 개성있는 주거단지와 주민이 직접 참여하면서 동네를

만들어 살아가는 곳을 소개하여 그 특징을 살펴보면서 향후 우리나라 단지
계획의 시사점을 찾고자 한다.

살고 싶은 동네의 조건

사회에서 기본적으로 요구되는 안전문제 및 사람들의 심리적 불안, 외로움
과 소외감 같은 사회문제는 우리가 사는 집이나 동네와 밀접한 관계가 있다.
집이 건강해야 사회가 건강하고 삶이 건강해지듯이 우리들이 모여 살고 있는
동네가 안전하고 살맛나야 궁극적으로 우리의 삶의 질이 높아지게 된다. 우
리는 동네에서의 삶, 모여 사는 삶의 즐거움을 포기할 수는 없다.

살고 싶은 동네를 만들기 위해서는 기능성, 효율성에 의한 하드웨어적인
요소를 넘어서서 인간과 환경이 자연스럽게 어우러지며 나눌 수 있는 소프트
웨어적 시스템의 중요성을 결코 과소 평가해서는 안된다.

주거의 생명은 살아 있는 공간을 조성하는 데 있으며 생활공간 환경은 다양
하고 많은 사회적인 요구를 반영해야 한다. 즉 개인의 프라이버시가 중요한
요소인 만큼 가족간의 공동체 의식과 이웃과의 커뮤니티 의식 또한 매우 중
요한 요소이다.

도시주거는 이제 생존을 위한 공간에서 생활이 가능한 공간으로 질적인 회
복이 이루어져야 한다. 도시 내 공동체 공간이 활력을 회복하고 공유공간들
이 활동하기 편하도록 살아나야 하고 개인의 공간은 다양성을 인정하고 인간
성을 회복하여야 한다. 폐쇄적이며 배타적이고 획일화된 것들로부터 해방되
어야 하며 동네의 활기를 찾을 수 있는 관련된 시설들과 연계하여 편리하고
쾌적한 환경을 만들어야 한다. 살고 싶은 동네는 바로 이러한 환경이 만들어
지는 곳이다.

획일적이지 않으며 표정이 풍부한 주거 건물 사이를 오가면서 사람들이 만
나고 멈추면서 대화할 수 있는 자연스러운 커뮤니티 공간을 적극적으로 도입
하고, 다양한 시간과 장소에서 각자의 목적을 수행하도록 주거와 시설을 복

합화 하는 것도 한 방법이다. 또한 단지 내 가로와 도시 가로를 네트워크화 시키면 가로 공간이 활성화될 뿐 아니라 동선의 다양한 선택성이 부여된다. 이러한 다양한 요소로 인해 획일적인 회색빛 단지가 변화 있고 인간적인 곳으로 바뀌게 되며 동네에 대한 애착을 불러일으킬 것이다. 이렇듯 동네에 대한 애착은 곧 주민들 스스로가 동네를 만들고자 하는 소위 동네(마을) 만들기 운동으로 전개될 수 있으며, 살고 싶은 동네가 살고 싶은 지역, 도시, 나라로 확산되어 결국에는 우리나라 전체가 쾌적한 공간 환경으로 탈바꿈되는 작은 계기가 된다.

따라서 살고 싶은 동네를 만들기 위해서는 기능적인 면 뿐만 아니라 사는 사람의 마음이 반영되는 심리적인 면이 중시되어야 한다. 고령자나 장애인, 어린아이나 건강한 성인이 행복하게 더불어 살 수 있는 동네, 그곳이 바로 살고 싶은 동네이다.

동네 만들기를 위한 주거단지계획

도시에서 동네를 만드는 주거단지계획은 도로, 주택, 생활 관련시설, 개방 공간(open space), 주차장 등의 시설들을 가장 합리적으로 작용할 수 있도록 이들 시설을 집단적으로 디자인하였다. 일반적으로 주거단지계획은 간선도로에 의해 구획되어 있는 소규모 블록에서부터 신도시에 이르는 대규모 계획까지도 포함한다. 즉 단지 규모에 대한 제한은 없으나 건축과 도시 차원의 중간적 위치를 차지하고 있어 물적·기능적 측면에서부터 경제·사회적 측면을 모두 포함한다고 할 수 있다.

주거단지계획에서 동네는 흔히 근린주구(neighborhood)라는 용어로 대체되고 이는 기본적인 계획 단위로 사용되어왔다. 근린주구라는 용어는 1929년 미국의 건축가인 페리(C. A. Perry)가 주거단지 커뮤니티 조성을 위해 근린주구를 계획단위로 채용한 이후로 널리 사용되기 시작하였다. 근린주구 이론의 배경은 19세기 말 산업화로 인해 공업도시가 등장하면서 도시의 인구밀도가 높아지고 심각한 도시문제가 등장하여 주거환경의 악화가 심각하였으며 노동자들의 주거환경은 더욱 열악함으로 이러한 문제를 해결하고자 도시계획의 일환으로 만들어졌다. 즉, 근린주구란 동질적인 공동체로서의 개념이 강조되는 사회단위로서 이 안에서 지역의식의 형성이 가능하고, 공동 서비스나 사회 활동을 영위하는 데 필요한 각종 시설을 주변에 확보·활용할 수 있는 지역적·공간적 범위라고 말할 수 있다. 이는 이상적인 근린의 규모를 산출하기 위하여 초등학교를 지원하는 데 필요한 시설수에 근거하고 있다. 따라서 그는 근린의 규모는 대략 65ha의 면적에 5,000~6,000명의 주민이 살고 1,000~2,000명의 학생수를 가진 초등학교가 있는 구역을 제시하였다. 페리가 제안한 근린주구 단위의 6가지 원칙은 다음과 같다.

첫째, 규모에 있어서는 초등학교 하나를 유치할 수 있는 정도로 인구 약 5천 명 정도이고 면적은 주택 유형에 따라 다르다. 즉 도보에 의해 사람들이 언제든지 갈 수 있는 5분 이내의 반경 800m 정도의 규모이며, 학교까지는 어린이들이 도로를 횡단하지 않고 도보로 통학할 수 있는 거리이다. 둘째, 경계는 간선도로이며 통과교통은 근린주구 안으로 들어오지 못하고 우회하게 한다. 셋째, 전체 면적의 10% 정도의 개방공간이 있어야 한다. 넷째, 주민의 요구에 응할 수 있는 커뮤니티 센터가 근린주구 단위에 위치한다. 다섯째, 쇼핑센터 등의 상가가 있어야 한다. 여섯째, 내부의 가로 체계는 거주자의 접근성을 위해 보차 분리시킨다.

근린주구 단위계획은 우선 사회적 측면에서 하나의 생활공동체로서 주민들의 사회적 상호 작용을 도모하고 공동유대를 강화하며, 영역성을 제고하여 주민들이 보다 긍지를 갖게 할 수 있다. 또한, 물리적·공간적 측면에서는 보행생활권과 주민활동의 반복이용이라는 기본척도에 맞게 편익시설을 확보·배치하여 생활을 용이하게 하고 안전과 쾌적한 일상생활을 보장하며, 관리가 용이한 공간과 시설단위를 만들 수 있게 한다.

그러나 현대 도시에서 사람들은 한 단위 주거에 거처를 정하여 매일 직장으로 출퇴근하면서 이동성을 전제로 생활권이 매우 광역화되고 복잡하게 얽혀 있다. 지금까지 대량공급시대에 채택된 단지계획에 있어서 기본원리로 적용된 근린주구이론은 여러가지 유용성에도 불구하고 문화나 지역적 특수성을 고려하지 못하고 비슷한 계층의 커뮤니티를 집합시킨다는 한계로 인해 비판받고 있다. 즉, 근린주구의 개념은 수시로 이동하고 재편성되는 현대 도시 생활양식의 특성이 반영되어 있지 못하다. 현대의 주거단지계획에서는 이동성을 바탕으로 탄력적인 커뮤니티가 형성되도록 도시 내의 넓고 다양한 공간의 네트워크를 실현시켜야 한다.

도시형 집합주택이 생활공간의 네트워크를 실현하는 것이라면 단위주택이 반드시 주거동이나 단지를 매개로 해서 도시와 연결되는 것이 아니라 곧바로 도시 내의 다양한 공간과 개별 선택적으로 직접 연결되는 것도 필요하다고 하여 일본에서는 도시 가로변이나 녹도변에서 알파룸[1]을 갖는 주택 등을 제시하고 있다. 또한, 주거단지와 주거동이 연결되는 계획 기법으로는 주거동 사이에 공용마당 조성, 보행전용로에 의한 단지 내 가로의 생활공간화, 필로티에 의한 공간 상호간의 연결 및 중정 공간의 도입을 통해 공간의 네트워크화를 꾀하고 있으며 도시와 주거동을 연결하는 계획기법으로는 주거와 시설의 복합화, 도시 가로변의 보행 아케이드 조성 등이 있다.

이러한 기법은 외국에서 살기 좋은 주거단지계획에 적용되고 있으며, 우리나라도 부분적으로는 적용되고 있으나 아직은 개발단계라 할 수 있다. 이러한 동네 커뮤니티 중심과 다양한 디자인 기법들이 적용된 일본과 우리나라의 아파트 단지들의 사례를 통하여 살기 좋은 동네의 모습을 살펴보기로 한다.

1) 단위주호 내의 주생활 공간으로부터 분리되어 설치되는 별도의 공간으로 거주자의 요구에 대응하여 사용되는 공간이다. 도로로부터 직접 진출입이 가능하며 도로변의 활력을 제공한다. 주로 취미공간, 작업실로 사용된다.

살고 싶은 동네 가보기

일본 타마 뉴타운의 벨콜린 미나미 오사와 단지

일본에 있는 미나미 오사와 타마 뉴타운(南大澤 多摩 新都市)은 동경 도심에서 서쪽 25~40km의 거리에 위치하며 면적 3,000㎢, 인구 31만 명으로 계획된 일본 최대 뉴타운이다.

이 개발은 동경도와 주택도시정비공단(HUPC), 동경도 주택공급공사

그림 12-1 | 타마 뉴타운 미나미 오사와 15주구의 전경
(자료 : 이규인, 1997)

(TMHSC)가 중심이 되어 시행되었으며, 자연환경을 존중하고 주거뿐 아니라 업무, 상업, 레크리에이션이 복합된 도시로의 개발을 목적으로 계획되었다. 이 뉴타운은 21개 주구로 이루어지며 분할 각 주구는 약 100㏊의 대지에 2,000호의 주택이 건설되어 있다. 전체 녹지율이 30%로 가로공원, 중앙공원, 주구공원 등이 광범위하게 조성된 보행자 전용도로 네트워크에 의해 유기적으로 연결되며, 각 공원의 주제 테마가 달라 각각의 특색을 갖고 있다.

　벨콜린 미나미 오사와 단지는 타마 뉴타운의 제 15주구로 1988년부터 1990년에 걸쳐 개발되었으며 개발 면적은 66㏊에 모두 1,500가구를 수용하고 있다. 계획의 기본 골격을 보면, 구릉지 전체의 경관을 기본으로 하는 거리조성을 원칙으로 하고 있다. 지형이나 보존림 등 자연조건을 존중하면서 전체 건물을 낮게 계획하여 조망을 가리는 고층 판상형 주동은 피하는 동시에 보행자 전용의 녹도를 활성화하고 있다. 이 단지의 특징은 단지의 폐쇄성과 획일성을 극복하고 외부공간, 파사드, 거리조성 등 외부경관 디자인에 조화된 일체감을 주기 위해 마스터 아키텍트(MA) 제도를 도입하고 있다는 점이다. 마스터 아키텍트 제도는 일정한 개발지역 내에서 사업주체가 서로 다르고 개발시기도 일치하지 않은 대규모 프로젝트를 추진할 때 1인의 건축가에게 주로 외부공간의 디자인 체계화를 유지하도록 권한을 부여하는 것이다. 그리하여 서로 다른 디자인의 조정역을 일임시켜서 부지 전체에 대한 종합적인 계획과 개발을 끌어내는 방법이다.

그림 12-2 | 타마 뉴타운의 보행녹도(자료 : 이규인, 1997)

부지 전체는 지형적 특성에 의해 3개의 구역으로 분리되어 있다. 즉 철도가 다니는 힐 사이드 구역에는 고층 동을 각 블록에 2개동씩 배치하여 심볼로 삼았고, 계곡에 해당하는 부분에 형성된 구역에는 자연과 도시가 공유, 공존하는 원칙 하에 가로에 면한 주거동과 광장의 연속체인 보행자 전용도로를 도입하였다.

이 보행자 전용도로를 통근, 쇼핑, 통학 등 다양한 동선을 수용함은 물론 단지들을 연결하는 생활공간으로서의 성격도 갖고 있다. 커뮤니티 중심이 되는 즉 각 단지들에 배치된 도서실, 테니스장, 놀이터, 광장, 상가 등의 공용시설을 계단형 가로와 단지 내 엘리베이터를 이용하여 서로 연결시킴으로써 목적에 대한 다양한 선택이 가능한 네트워크를 형성하고 있다. 마지막으로 15주구 입구에 해당하는 도입 구역에는 고층동이나 경사진 주동을 배치함으로써 밀도감이 있는 거리로 계획하였다. 특히 5, 8블록은 중앙의 차도를 사이에 두고 서로 마주 보고 있는 단지로 보행자 전용도로와 연결되어 있다. 주동의 형태는 다양하게 디자인되어 있는데 먼저 중앙의 가로와 광장에 면한 가로형으로 알파룸이 있는 공간을 채택하고 있다.

그림 12-3 | 알파룸이 있는 평면도와 알파룸(자료 : 이규인, 1997)

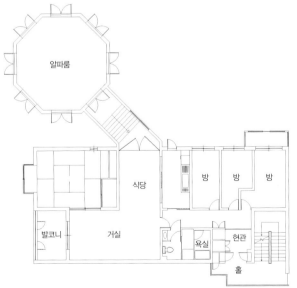

그림 12-4 | 고층의 탑상형
주동이 심볼로 배치되어 있
는 경관(자료 : 이규인,
1997)

그림 12-5 | 디자인 조정에
의한 주거동(자료 : 이규인,
1997)

다음은 테라스형으로 보행자도로에 면한 경사지의 조망을 중시하며 중정
형은 보존림에 접해 있는 부채 모양의 형태를 갖고 있다. 그 외 고층 탑상형
주동으로 다양한 스케일과 디자인으로 구성되어 있다. 이 단지에서 얻는 시
사점은 획일성을 탈피한 단지 경관성 향상은 물론 주변 자연경관을 고려한
조화와 다양한 생활양식을 고려한 단위 공간계획 및 보행자 전용도로를 활성
화시켜 단지거주자들뿐만 아니라 외부인과의 자연스러운 만남을 통해 오고
가는 정다운 커뮤니티를 이끌어 냈다는 점이다.

용인의 상갈 금화마을

금화마을은 1996년 대한주택공사가 주택 건설 100만호를 기념하여 현상
설계 공모한 단지로 경기도 용인시 상갈리에 위치하고 있다. 대지면적은
118,828㎡, 연면적 302,395.73㎡, 건설호수는 2,721호로 11층에서 20층으
로 계획되어 있다. 입지적으로는 경부고속도로가 단지의 서쪽으로 통과하여
교통이 편리할 뿐 아니라 문화적으로는 한국 민속촌이 위치하고 있어 환경이
양호한 주거단지라 할 수 있다.

금화마을은 자연경관과 주거단지의 조화를 통해 단지 전체가 하나의 동네

가 될 수 있도록 구성하였는데, 특히 3단지와 4단지는 논두렁에서 착안한 곡선으로 주거동을 배치하였다.

주거동 사이는 보차분리를 통해 안전하고 쾌적한 생활공간을 형성하였고, 그 예로 경사면을 이용한 주차공간을 볼 수 있다. 단지 입구에서부터 보행로의 경우 1/2층 올라가고 차량동선은 주변도로에서 1/2층 내려가도록 하여 자연적인 경사면으로 주차문제를 해결함과 동시에 자연채광과 자연환기를 가능하게 함으로써 주차장이 쾌적한 환경이 될 수 있도록 설계되었다. 또한 단지 내에는 입체 보행로를 통한 3, 4단지의 연계를 확보하였다. 단지 내 중앙에는 선형으로 오픈 스페이스를 배치하여 단지 내부의 옥외생활의 중심으로 어린이 놀이터, 휴게 공간, 광장을 설치하여 보행자와 일상 동선을 자연스럽게 연계시켰으며 이는 주민들의 커뮤니티 공간으로 사용된다.

주거동의 출입 공간의 방향 역시 오픈 스페이스로의 접근성을 고려하고 있고 이를 통해 방범 기능을 기대해 볼 수 있다. 또한, 오픈스페이스에는 주민들이 직접 참여하여 환경 미술품을 만들어 꾸몄는데 3단지의 경우 대리석 벽면에 동네 아이들이 그린 그림을 부조로 새겼고, 4단지의 경우 입주 전 주민들에게 엽서를 보내 숲에 사는 동물의 그림을 받아 이를 바탕으로 만들었다고 한다. 오프라인뿐만 아니라 단지 내 커뮤니티를 온라인상에서도 구성을 하고 있으며 게시판(http://www.goldenvil.com)을 통해 주민들의 의견을 조합하여 더 나은 환경을 만들도록 노력하고 있다.

그림 12-6 | 용인 상갈 금화마을의 논두렁에서 착안한 주거동 배치

그림 12-7 | 주거동 사이의 입체 보행로

그림 12-8 | 3, 4단지를 연결하는 육교

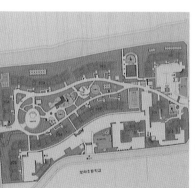

그림 12-9 | 4단지의 환경
미술품

그림 12-10 | 금화마을 커
뮤니티 게시판

그림 12-11 | 단지 내 실개
천

　지금까지 우리나라 아파트 단지는 단지와 단지가 서로 유기적으로 연결이
되지 않는 경우가 대부분이지만, 금화마을의 경우 단지끼리의 보행동선의 연
속성을 확보하여 아이들의 놀이 영역을 확대시켜 선택의 기회를 제공하였고,
경사로 형태의 입체 보행로는 바퀴가 달린 자전거, 유모차, 킥보드, 인라인
스케이트 등 아이들의 놀이 동선이 인접 단지로 확장될 수 있는 충분한 여건
을 제공하고 있다. 단지와 단지를 연결하는 가로는 하늘을 가로지르는 공중
골목처럼 휠체어 이용자를 고려한 램프의 완만한 곡선으로 두 동네를 이어주
며 아이들은 이곳을 통해 인라인 스케이트를 신고 두 단지를 왔다갔다할 수
있다. 또한, 자연과의 연계성을 살리기 위한 방법으로 단지 내 실개천을 두어
주동과 자연공원을 적극적으로 연계시키는 매개체로서 딱딱하기만 한 아파
트 단지에 자연의 연결을 통한 환경친화 주택을 시도하여 좋은 평가를 받고
있다. 실개천을 따라 외부의 자연이 단지 내로 연결되고 그 연결은 아이들의
교육뿐 아니라 소중한 체험을 할 수 있는 공간으로 쉼터이자 배움터가 된다.

주민참여형 동네 만들기

　최근에는 주민이 직접 참여하면서 동네를 만들고 살아가는 주민참여형 동
네 만들기에 대한 사회적 관심이 높아지고 있다.

생활환경에 관심을 갖고 행동하는 주민들의 활동은 '동네 가꾸기', '마을 가꾸기', '마을 만들기'라는 말로 사용되어 왔다. '마을 만들기'(마치즈쿠리)라는 말은 이미 일본에서 1962년 나고야(名古屋) 에이토(榮東) 지구의 도시재개발 시민운동에서 처음 사용되어 이때부터 도시계획에 주민이 참가하는 길이 열렸다. 그 후 1970년대 후반에 접어들면서 대도시에서 내부 시가지가 점점 쇠퇴해 갈 때 그에 대응하여 주민 스스로가 지역 내부로부터 환경을 바꿔 재생시켜 가고자 하는 활동이 계획적으로 전개된 것이다. 그 후 1980년대는 마을 만들기의 개성화가 강조되었으며 1990년대는 사람과 사람, 물리적 환경과 마음을 결합하는 마을 만들기를 위한 노력이 지속적으로 행해지고 있다. 여기서는 마을의 의미를 동네와 같은 의미로 보고 살펴보기로 한다.

시정개발연구원(2000)은 동네(마을) 만들기를 삶터 만들기, 공동체 이루기, 사람 만들기의 3가지 의미로 정의하고 있다. 즉 생활공간과 장소를 가꾸고 만들고 이웃과의 친교를 이루고 공동체를 형성하며 참여와 실천을 통해 건강한 주민으로 자라고 배우고 새롭게 태어난다는 의미가 내포되어 있다고 하였다.

이러한 운동을 이끌어갈 주체는 주민이다. 주민들 스스로가 삶터를 공유하는 이웃과의 공동노력과 실천으로 지속될 수 있다. 우리나라도 주택을 재산 가치로만 보던 때에서 주거환경의 질을 먼저 생각하고 자녀교육과 환경에 대한 염려, 주부들의 여가, 문화, 교육에 대한 수요 역시 커지면서 이를 주민 차원에서 해결해 보려는 시도들이 나타나고 있다. 이러한 바람직한 주민의 자각과 의식 변화가 지속되고 완성되기 위해서는 무엇보다도 행정, 전문가, 시민운동이 함께 지원하는 적극적 시스템 구축이 필요하다.

동네 만들기는 주로 아파트 단지, 일반 주택가, 재개발이나 재건축이 진행되는 특수한 주거지역으로 나누어지고, 활동의 성격은 주민 공용공간이나 시설물을 만들고 생활환경을 개선하는 것과 같은 물리적 활용(하드웨어)을 표출되는 경우와 마을축제나 행사를 개최하거나 재활용 운동을 전개하는 등의 다양한 공동체 프로그램을 통해 진행되는 비물리적 활동(소프트웨어) 위주의 마을 만들기가 있다.[2]

2) 구체적인 사례 내용은 서울시 정개발연구원(2000), '마을도시 도시 계획의 실험, 마을 만들기 : 사례와 시사점'에 자세히 소개되고 있다.

그림 12-12 | 마당을 골목 공원으로 바꾸고 담장벽화로 꾸민 모습

여기서는 일반 주택지와 아파트 단지에서 전개되었던 마을 만들기 사례 중에 우리나라의 대구시 삼덕동 마을과 일본의 센리뉴타운과 세타가야구 아파트 단지 사례를 소개하고 마지막으로 우리나라의 주민이 참여한 친환경 공동체 마을을 소개한다.

대구시 삼덕동 담 허물기와 골목 가꾸기

1996년 10월 시민운동가였던 대구 YMCA 김경민 부장이 대구광역시 중구 삼덕동 3가에 대지 100평 규모에 30평 정도의 예쁜 마당과 점포가 딸린 2층 단독주택에 세를 들어왔다. 그는 그곳에 살면서 "담을 트면 정원도 넓게 보이고 햇볕도 많이 들어와서 좋을 것이며 더구나 이 공간을 우리 부부만 즐기는 것은 너무 아깝다."라는 생각을 하면서 1998년 11월초에 드디어 담을 허물었다고 한다. 담을 헐면서 가졌던 그의 생각은 골목공원이 있으면 동네 주민들, 특히 주부들이 자연스럽게 모여서 대화도 나누고 아이들이 와서 놀 수도 있어 삭막한 골목이 나름대로 활기를 되찾을 수 있을 것이라는 기대였다. 그러

나 사적 공간인 마당을 공적 공간인 골목공원으로 바꾸기 위해 환경작업을 하는 동안 처음 주민들의 반응은 '이집 개조해서 식당하려나?' 하고 냉랭했다고 한다.

그러나 그는 담을 허물어 공원을 가꾸는 것에 그치지 않고 주민이 공감하고 골목공원에서 함께 즐기며 서로의 느낌을 공유할 수 있는 꾸러기 환경그림대회, 담장벽화 그리기, 녹색가게와 초록화실, 인형극 공연 등의 프로그램을 기획했다. 이러한 프로그램이 기획되면서 비로소 마을 주민들은 관심을 갖게 되고 골목의 존재에 대해서도 새롭게 인식하는 계기가 되었다 한다.

벽화 그리기에도 기본 원칙을 두어 '생활에 친숙한 재료를 벽화작업에 사용'하고 '주변 공간과의 연관 하에 작업'한다든가, '화단조성 등과 연관되게 실시'하고 '주민이 참여할 수 있는 방식을 고려한다.' 등의 내용을 제시하기도 하였다.

녹색가게와 초록화실은 그동안 방치되었던 5평 정도의 점포를 수리해서 재활용 가게를 만들어 주민들과의 지속적인 교류를 하고, 주택 지하층에 초록화실을 두어 아이들과의 접촉을 통해 마을 주민들과 자연스러운 만남의 기회를 제공하였다.

이러한 파장은 점차 확대되어 대구 시민과 언론으로부터 많은 관심을 받게 되어 마침내 대구 시민사회단체와 대구시가 공동으로 전개하는 '대구사랑운동시민회의'의 주요사업으로 담장허물기가 채택되기에 이르렀다. 담을 허물겠다고 신청하면 담장을 허무는 과정에서 폐기물은 대구시에서 처리해 주고 허물고 난 뒤의 조경은 전문가들을 중심으로 한 자문위원회도 구성하여 필요한 나무는 임업연구소에서 일부 제공하는 원칙과 담장을 허무는 데 필요한 인력도 공공 근로요원을 투입해서 해결하기도 하였다. 삼덕동 동사무소는 담을 헐고 은행나무를 심어 그 아래에 많은 이웃들이 모여 이야기꽃을 피우고 있다.

대구시 삼덕동의 사례에서 얻는 시사점은 동네 만들기가 적극적인 의식과 열의를 갖고 실천한 시민운동가 주민 한 사람에 의해 시작되었다는 점이다. 또한 동네 만들기는 주변의 물리적 환경개선뿐 아니라 다양한 공동체 프로그

그림 12-13 | '방 하나 더 갖기 운동'의 일환으로 2DK를 3DK로 개조한 다케미다이 주거단지의 평면도

램이 병행될 때 그 효과가 파급된다는 것을 보여준다. 또한 동네 만들기가 지역과 도시 차원까지 확산되는 데는 행정의 대응과 역할이 같이 따라야 함을 보여주는 좋은 사례라 할 수 있다.

일본 센리뉴타운의 다케미다이 주거단지

1961년부터 1970년에 걸쳐 일본 최초의 신도시인 오사카(大阪府) 센리(千里)에 계획되어 완성된 다케미다이(竹見臺) 공영주택이 재건축되지 않고 주민주도로 주택을 개선한 사례를 소개한다. 다케미다이 주거지역은 1965년 주거 전용면적이 35㎡밖에 안되는 2DK 저층 아파트 단지로서 11개동 390호가 건설된 곳이다. 이 단지에서 1975년 '방 하나 더 갖기 운동'이 시작되어 주민들이 자발적으로 학습, 조사를 시작해 오사카, 중앙정부와 몇 번의 교섭을 거쳐 1979년 증축공사가 실시되었다. 그 결과 일조권, 프라이버시 확보 측면에 물리적으로 증축이 불가능한 경우를 제외하고는 1980년 350호가 증축에 성공하였다. 이 운동은 공영주택의 거주 수준을 주민의 손으로 끌어올린 결과로 국가의 주택개선 시책을 정형화했다는 데서 큰 의미가 있다. 증축하기 이전에는 주택면적이 좁아 이사가기를 많이 원했으나 지금은 증축에 의해 방이 하나 더 늘어나고 욕실, 세탁실 등의 부수공간도 생겨 전용면적이 이전보다 약 1.6배인 56㎡로 되어 계속 살겠다는 사람이 20% 이상이 증가하였다고 한다. 여기서 시사하는 바는 우리나라와 같이 사업성을 추구하면서 기존 건물을 헐고 고층으로 올리려는 재건축 방향이 아니라, 지금 살고 있는 공동주택을 이웃끼리 힘을 합치면 지금의 커뮤니티를 유지하면서도 주택의 주변환경을 좋게 만들 수 있다는 신념을 주민들이 갖고 있다는 점이다.

주민 각자가 그 동네를 사랑하고 생활에 애착을 갖으면서 개선의 전망과 방법을 연구하고 발견하면 제도와 정책을 바꿀 수도 있다. 주택 내부 공간 확장뿐 아니라 이제는 '창문 건너편도 우리의 삶터'라 하여 쾌적한 주거 외부 환경조성에도 힘을 합치고 있다고 한다. 정부나 사업자 위주의 환경조성이 아닌 생활하는 주민 스스로가 주택정책을 복지정책과 결부시켜 개선해나가는 신선한 움직임이다.

일본 세타가야구 니시쿄우도 아파트 단지

인구 약 80만 명이 사는 면적 58.05㎢인 일본 동경의 세타가야구(世田谷區)는 동네 만들기 사업이 20여 년 동안 주민들의 적극적인 참여하에 다양하게 이루어지고 있다. 그 중에서도 여기서 소개하는 니시쿄우도(西經堂) 아파트 단지는 주민 행정조직뿐 아니라 비영리전문가집단(NPO)이 적극 관여하여 비전문가인 주민들 입장을 잘 조정하면서 성공한 사례라 할 수 있다.

일본에서는 건축가, 변호사 등과 같은 전문가가 전문적 지식과 경험을 바탕으로 주민과 함께 활동하는 '마치즈쿠리 하우스'의 조직이 있다. 동네 만들기에는 이러한 전문적 지식이 있는 전문가가 있어야만 행정조직과의 중간적 역할을 담당할 수 있기 때문이다.

니시쿄우도 단지는 1958년에 주택 도시정비공단에서 지은 4~5층의 임대주택으로 660가구가 살고 있었다. 건축 28년 후 이 단지에 재건축의 움직임이 일면서 주민자치회에서는 단지 내에 설문조사도 하고 모임을 갖으며 대책을 논의했다. 그러는 가운데 공단측에서는 1991년 10월 다음과 같은 기획안을 주민들에게 제시하였다.

1. 11층의 고층 아파트를 건설하며 880가구가 거주한다.
2. 단지 내에 있는 아동관을 이전한다.
3. 아동공원을 축소 이전한다.
4. 조경과 나무를 없애고 주차장으로 한다.

마침 그 당시에 세타가야구는 '마치즈쿠리 활동 기획공모'가 있어 주민 자치회는 그 공모에 응모하게 되고 결국 수상을 하게 되면서 여기에 '마치즈쿠리 하우스' 조직의 전문가인 건축가 노무라 씨가 관여하기 시작하였다. 노무

그림 12-14 | 재건축 후의
단지 모습

라 씨와 관련 건축가들은 주민들의 의견을 묻는 설문조사를 하고 노인이 거
주하는 곳이 있으면 직접 찾아가 주거상황을 파악하여 모형도 만들어 보고
하면서 주민들의 의견을 모았다. 주민들이 건축법이나 경비 등의 현실 문제
에 대해 노무라 씨를 포함한 전문가들의 도움을 받아 1992년 1월에 공단에
제시한 안은 다음과 같다.

1. 4~6층의 중층 아파트를 중심으로 9층 이상은 하지 않으며 800가구가 거주한다.
2. 현재의 아동관, 공원을 그대로 두고 조경도 가능하면 그대로 둔다.
3. 모든 가구가 일조 4시간을 확보하도록 배치한다.
4. 노인용 1DK의 평면계획도 포함시킨다.

이러한 주민들의 요구에 공단은 이를 어느 정도 받아들이고 최종안을 제시
하였다(그림 12-15).

니시쿄우도 단지는 재건축이라는 새로운 개발이 공급자의 일방통행이 아
니라 공급자와 수요자의 양방 커뮤니케이션에 의해 이루어져야 함을 보여주
는 사례가 되고 있다.

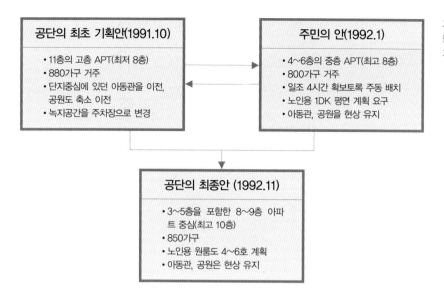

그림 12-15 │ 공단과 주민들 합의로 이루어진 재건축 기획 과정

공단의 최초 기획안(1991.10)

- 11층의 고층 APT(최저 8층)
- 880가구 거주
- 단지중심에 있던 아동관을 이전, 공원도 축소 이전
- 녹지공간을 주차장으로 변경

주민의 안(1992.1)

- 4~6층의 중층 APT(최고 8층)
- 800가구 거주
- 일조 4시간 확보토록 주동 배치
- 노인용 1DK 평면 계획 요구
- 아동관, 공원을 현상 유지

공단의 최종안 (1992.11)

- 3~5층을 포함한 8~9층 아파트 중심(최고 10층)
- 850가구
- 노인용 원룸도 4~6호 계획
- 아동관, 공원은 현상 유지

친환경 공동체 안솔기 마을

경남 산청에 자리잡은 안솔기 마을은 주민들 스스로가 만들어낸 우리나라 최초의 생태마을이다. 생태마을이란 마을 구성원들이 각각의 공동체로서 생활 및 생산을 함께 하며 주변 환경과 조화된 자연친화적인 생활공간 속에서 스스로 자원과 에너지를 절약하면서 주민합의 하에 의사결정을 하는 공동체를 말한다.

안솔기 마을은 2000년 초기부터 전체 45,000평의 면적 중 약 9,000평을 19가구(약 70명)의 인구가 거주하는 것을 목표로 하여 만들어졌으며 대안주거지 조성을 위하여 실험적 차원에서 주민참여 생태마을로 계획을 수립하였다. 처음에는 주변에 있는 대안학교인 간디학교가 주체가 되어 마을이 추진되었다. 간디학교는 사람과 사람뿐 아니라 자연과 사람이 조화를 이루며 살아가는 것을 교육의 이념으로 정하고 이에 동조하는 간디학교 교사, 학부모들이 모여 생태마을이 구성된 것이다. 간디가 추구하였던 3가지 진리인 '단순', '노동적 삶', '공동체'를 목표로 이 마을이 시작되었으며 마을계획 초기부터 설계, 조성까지 모두 주민참여 방식을 원칙으로 철저히 조성되고 있다. 매월 1회 주민간담회를 열어 입주 예정자와 전문가가 공동으로 참여하여

그림 12-16 | 안솔기 마을
전경

전반적인 논의와 의사결정을 하고 때론 전문가를 초빙하여 강연과 토론뿐 아
니라 우수생태마을 견학을 통해 그들의 조직과 네트워크를 보고 우리나라에
맞는 형태로 가꾸기 위해 노력하였다. 주민회의를 통한 결정과 기타 사항은
인터넷 소식지에 실어 예비주민들도 함께 할 수 있는 여건을 마련하였다.

주민참여는 마을회의를 통해 자치규약을 정하였고 이 규약은 생태적으로
살아가기 위한 마을 주민들이 지켜야 할 권리와 의무, 공유부분의 범위와 건
축, 주민대표회의와 마을회의 구성, 마을회계의 내용으로 구성하였다. 또한,
마을 안에 개별 주택건축 또는 입체 구조물을 설치할 때는 마을 주민회의를
통해 건축허가를 받아야 한다. 마을주민회의에서 정하는 사항들은 다음과 같
다. 한 가구당 1필지는 200평으로 제한하며, 개별주택 건축의 재료는 환경친
화적인 건축재료를 사용하여야 하며, 규모는 연면적 60평과 2층 이하의 건축
물이고, 처마 높이는 최대 7m를 넘지 못한다. 그러나 개별주택의 양식에 있
어서는 자유 원칙을 적용하여 통나무주택, 심벽집, 흙벽돌집 등의 여러 형태
의 건축물이 허용되었다.

그림 12-17 │ 안솔기 마을의
친환경주택

도로는 투수성이 높은 재료를 사용하기 위해 집을 지을 때 나온 돌들을 사용하여 포장하여 보행로로 사용하며, 마을 진입로에 공동주차장을 배치하여 마을 내부로 차량의 출입은 위급시에만 사용하도록 하였다. 마을 조성 시에 파괴된 산림과 자연 생태계를 위해 비오톱을 살리기 위한 실개천 및 인공연못을 조성하여 자연정화시설과 동식물의 서식처가 될 수 있는 공간을 조성하여 적극적인 복원활동을 꾀하였다. 또한 생태계 교란을 막기 위해서 마을 내부에는 애완용 가축을 기르지 못하고 생태계 보전을 위해 개별 대지 안의 수목은 그대로 보존해야 한다. 환경오염을 최소화하기 위해 합성세제나 샴푸 등은 사용하지 못하며 대기오염을 발생시키는 물질은 태우지 못하게 되어 있다. 쓰레기는 지정된 장소에 분리하여 운반해야 하며 자연발효식 화장실 또는 기계식 자연발효 화장실까지 다양한 화장실을 설치하여 산에서 가지고 온 부엽토와 섞어 자연발효를 시켜 다시 자연으로 돌아가게 하였다.

이상과 같이 살기 좋은 동네를 돌아보면서 찾을 수 있는 공통점은 모두가 거주자의 커뮤니티 중심사고와 자연친화형 공간계획이라는 점이다. 다시 말해 획일적인 건물들의 나열이 아닌 다양한 삶이 전개될 수 있는 공간들로 구성되어 있다. 특히 일본의 경우는 외관 디자인이 지루하지 않도록 개성 있게 연출한 점이 주목되고, 폐쇄적인 단지와는 달리 영역성을 확보하면서도 주변의 가로와 면하도록 계획함으로써 배타적이고 구심적인 커뮤니티 형성을 강요하지 않으면서 다양하고 선택적인 사람과의 접촉을 가능하게 하고 있다. 또한 주민들 스스로가 참여하여 공동체로서의 단지개선을 위한 적극적 참여와 생태마을을 만들어 실천해 나가는 또 다른 의미의 동네는 현대사회에서 퇴색해가는 공동체적 생활에 대한 관심을 확대시키고 더불어 사는 이웃들의 새로운 생활방식을 배울 수 있게 한다. 특별히 일본의 마을 만들기에 NPO 전문가의 조언과 지도는 우리에게 시사하는 바가 크다.

생각해 볼 문제

1. 공동체 의식을 갖고 살기 좋은 동네로 만들기 위해서는 어떤 계획이 필요한지 생각해 보자.

2. 우리나라 전통마을의 특징을 고찰하면서 새롭게 개발되는 주거단지에 적응할 수 있는 점들은 무엇인지 생각해 보자.

읽어보면 좋은 책

1. 엔도 야스히로(1997), 김찬호 역, 이런 마을에서 살고 싶다, 황금가지.
2. 이규인(1997), 세계의 테마형 도시 집합주택, 발언.
3. 주거학연구회(2003), 친환경주거, 발언.

살고 싶은 도시

도시란 무엇인가? 도시는 인간이 모인 곳이다. 그러면 인간은 왜 모여서 살고자 하는가? 그것은 혼자서 사는 것보다 함께 사는 것이 생존에 유리하고 인간답게 사는 데 유리하기 때문이다. 혹자는 도시는 인간이 만든 어떠한 발명품보다 가장 위대하다고 한다. 그래서 이를 도시혁명이라고도 한다. 그러나 오늘날 놀라운 속도로 진행되는 도시화로 우리나라의 경우 인구의 80%가 도시에 거주함으로써 인간의 모든 것을 도시 안에서 구할 수 있게 된 반면, 우리는 우리가 만든 도시라는 괴물 앞에 무기력한 존재가 되고 말았다. 도시의 창조주로서 도시 안에서 인간의 지위회복을 해야 할 시점에 이른 것이다. 이 장에서는 우리의 도시가 나아가야 할 방향을 알기 위해 도시가 어떻게 성장 발전하여 왔고, 과연 이상적인 도시란 어떤 것인지에 대해 생각해 보고자 한다.

도(都)+시(市)

한자로 도시(都市)란 왕이 거주하는 성곽을 의미하는 '都'와 시장을 의미하는 '市'의 합성어이다. 왕궁과 시장이 있는 장소가 도시라는 의미이다. 그렇다고 도시와 비도시를 구분하는 기준이 왕궁과 시장의 존재유무는 아닌 것이고 세계의 여러 지역에서 도시와 비도시를 구분하는 가장 일반적인 기준은 단일 행정구역 내의 인구수이다. 우리나라의 경우 어떤 단일 행정구역 내 인구가 5만 명 이상이면 도시로 파악하고 있다. 인구 기준에 의한 분류는 극히 단순한 방법이고, 도시는 오히려 시민적인 삶의 양식으로 파악되기도 한다. 근대성, 합리주의, 고도화된 분업과 시장경제가 만들어낸 삶의 양식이 지배적인 지역을 도시라 하고, 그러한 삶의 양식을 지니고 사는 사람들을 도시민이라 한다. 하지만 이 또한 도시민적 삶이라는 개념의 모호성 때문에 도시를 실용적으로 사용하기에 적절하지 못하다는 문제점이 있다.

도시와 비도시를 구분하는 기분으로 간단한 방법 중 하나는 사회조직 형성의 기본원리로 구분하는 것이다. 기본원리가 혈연이나 지연이라면 비도시이고, 그 원리가 경제적이거나 정치적인 권력이라면 그 지역을 도시라고 구분하는 것이다.

도시를 한마디로 정의할 수는 없으나 대체로 혈연이나 지연적 관계가 아닌 합리적이고 고도화된 분업과 시장경제가 만들어낸 삶의 양식을 공유하는 자들의 정주지라고 한다면, 도시는 인간의 삶에 절대 불가결한 여러 기능을 수행한다. 외부의 침입세력을 집단적으로 막아내고, 생산활동을 분업적으로 수행하며, 각종 통치제도를 만들어 삶의 질서를 꾸리고, 인간의 지적·영적 활동에 필요한 교육·문화·종교적 활동을 고양하는 활동을 담아내는 것들은 모두 도시가 역사적으로 수행해 왔던 역할이자 기능들이다. 산업화가 전개되는 근대도시는 농촌으로부터 생산인구를 끌어 들여와 근대적인 생산관계나 조직을 만들어 상품을 생산하며, 이를 교역·분배·소비하는 활동을 매개하고 촉진하는 기능을 수행해 오고 있다.

도시의 기능은 근대 합리적인 생산-분배-소비관계를 구성하는 개별적인 역할자나 기능 수행자들이 유기적으로 집합화되면서 생겨나는 집단적이고 체계적인 기능이기 때문에 특정 도시가 어떠한 기능을 하는지는 그 도시의 인적구성이나 활동체계에 따라 다르다. 흔히 도시의 유형을 산업도시, 상업도시, 교육도시, 관광도시, 군사도시, 숙박도시, 항구도시 등으로 나누는 것은 도시가 수행하고 있는 활동의 전문성과 특수성에 의거하는 것이다.

이런 점에서 도시의 기능은 대단히 복합적임을 알 수 있다. 하지만 역사를 통해 검증되고 있는 도시의 기능은 대별하여 두 가지로 압축된다. 그 하나가 '도(都)'로 표현되는 정치행정적 기능이라면, 다른 하나는 '시(市)'로 의미되는 경제기능이다. 이것이 뜻하는 것은 생산물을 분배·소비하는 활동의 중심이자 결절지이면서 통치를 위한 정치·행정의 거점으로서의 기능을 다양하게 수행하는 것이 도시의 가장 보편적인 기능이라는 사실이다.

도시의 생성과 발전

인류의 역사가 5만 년 전 이상으로 거슬러 올라갈 수 있다면 도시의 역사는 대략 6천 년 정도로 본다. 인류가 유목생활을 청산하고 모듬살이를 시작하면서 살아가는 방식의 획기적 변화를 가져오게 된다. 인간의 정주생활이 시작된 이 사건을 우리는 농업혁명이라고 하는데 차일드(Childe, 1950)는 인류역사에 있어 새로운 세계의 출현이라고 하여 이를 도시혁명이라고 불렀다. 농업혁명은 도구를 활용하는 정착민적인 생산활동을 가능케 했으며, 나아가 잉여생산이 이루어짐으로써 생산을 하지 않는 비생산적 인구층을 생겨나게 하여 사회의 형성을 가져왔다. 이에 따라 출현한 새로운 공간적 삶의 양식이 정주공동체로서의 도시이다. 농업이 주된 생산방식이었던 시기에 도시(공동체)는 농업활동과 그를 둘러싼 사회적 관계를 저변으로 하면서 주변지역에 대한 정치·행정적 통제와 경제적 거래의 중심으로 활동과 기능을 담당하면서 완만하게 성장하였다.

인류의 삶의 획기적 변화를 일으켰던 두 번째 사건은 지금부터 200년 전의 산업혁명, 차일드가 말하는 제2의 도시혁명이다. 산업혁명은 자연과 인간의 관계를 통한 생산의 방식(즉 농업)이 자연으로부터 채취된 자원을 인간과 인간관계를 통해 부가가치를 높이는 생산의 방식으로 전환됨을 의미한다. 이러한 생산방식의 실제적 작동은 농촌공동체로부터 생산인구나 생산도구를 이탈시켜 도시로 집중시키는 변화, 즉 농촌의 해체와 근대도시의 형성을 통해 가능하였다. 산업화를 통해 근대 도시가 출현했다는 것은 바로 이를 두고 하는 말이다. 오늘날의 도시는 모두 산업혁명(혹은 산업화)을 겪으면서 등장하고 발전하고 있는 도시로서의 구조와 특성을 공통으로 가지고 있다는 점에서 모두 '산업도시(industrial cities)'라고 할 수 있다.

도시공간구조는 어떻게 변화하고 발전해 가는가?

도시는 고정적이지 않고 늘 변한다. 도시의 인구규모, 구성밀도 등의 물리적 특성이 변하고 도시의 생산구조, 집단간 상호작용체계, 생활양식, 정치체제 등이 변화한다. 개별변화가 집합화되면서 나타나는 도시변화의 구체적인 현상은 성장, 쇠퇴, 확산, 재편 등이다. 그래서 도시를 '생태적 유기체'라고도 한다. 생태학적 접근은 도시의 변화현상을 모두 적절하게 설명하지는 못하나 도시 내 하부구조의 설명에는 매우 적절하다. 도시 내부의 변화를 생태적으로 설명하는 고전적 이론들은 밀도경사이론, 버제스(Burgess)의 동심원지대이론, 호이트(Hoytt)의 선형이론, 해리스(Harris)와 울만(Ullman)의 다핵이론 등이다. 이 중 도시의 변화를 설명할 때 많이 인용되는 버제스의 동심원지대이론, 호이트의 선형이론에 대해 알아본다.

동심원지대이론

버제스(1925)는 고전 생태학자로서 도시의 성장을 동심원으로 개념화하였다. 그는 시카고시를 이론 설정의 대상으로 하였다. 그에 따르면 도시는 기본적으로 다섯 지대로 나누어진다.

- 제 1지대(중심상업지구, CBD; Central Business District) : 이 지대는 도시의 중심에 위치하며 교통의 중심이 된다. 이 지역에는 높은 사무실 임대료를 지불할 수 있는 기업이 위치하는데 주로 여러 고객을 대상으로 하는 업체들이 모인다. 백화점, 호텔, 식당, 극장, 은행, 전화국 등이 이곳을 주로 차지한다. 이 지역은 도시의 핵으로 모든 도시의 활동을 외곽으로 확산시키는 힘의 원천이 된다.

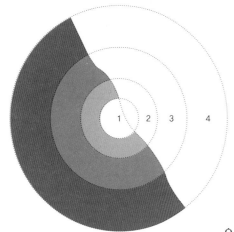

1. 중심상업지구
2. 변천지대
3. 노동자 주거지대
4. 중류층 주거지대
5. 통근자 지대

그림 13-1 | 버제스의 동심
원지대 이론(자료 : Burgess,
1928)

- 제 2지대(변천지대) : 이 지역은 CBD를 둘러싸고 있으며 유동성
이 심한 지역이다. 주로 타 지역에서 이주해 온 사람들이 도시
에 정착할 때까지 임시로 거주하면서 노동력을 파는 지역으
로 중심지로부터 가까운 곳에 슬럼을 이루며 거주하는 지역
을 말한다. 이 지역은 빈민들이 거주하여 주택가격은 싼 편
이지만, 집세는 상대적으로 어느 지역보다도 높다. 그리고
이 변천지역은 조만간 중심지역의 확산에 의해 중심지화될
지역이다.

- 제 3지대(노동자 주거지대) : 이 지대는 서민층이 밀집된 지역
으로 변천지역보다는 깨끗하고 또 주택가격도 변천지대보다 비싸
다. 이곳에는 이민온 사람들의 2세들이 주로 살며 좁은 정원에 주택밀도
가 비교적 높다. 변천지역에서 기반을 잡은 주민들이 다음 단계로 이주하
는 지역이다. 이 지역주민들은 주로 중심지 주변에 직장을 가지며 비교적
낮은 수입으로 살아가고 있다.

- 제 4지대(중류층 주거지대) : 이 지대는 노동자 주거지역 다음에 위치하며
경영자, 전문인, 소규모 사업체의 주인들이 모인 곳이다. 이들은 보다 넓은
정원과 넓은 평수의 주택을 소유하면서 공해와 소음으로부터 해방된 지역
에 살고 있다. 이들은 소득이 비교적 높아 높은 교통비를 지불할 수 있기
때문에 이 지역 주민들은 노동자 주거지역에서 이주해 온 사람들이다.

- 제 5지대(통근자 지대) : 이 지대는 도시 외곽의 독립된 소규모 도시나 부락
으로 낮에는 거의 모두가 중심지에 위치한 직장에 나가고 밤이면 모여드는
곳이다. 그래서 이 지역을 통근자 지대라고 한다.

선형이론

선형이론(sector theory)은 1930년대 말 호머 호이트(Homer Hoytt, 1939)
가 버제스의 동심원지대이론을 보완하는 입장에서 내놓게 된 것이다. 그는
미국 142개 도시의 주택임대자료를 정리하면서 도시주거지 분포가 버제스의
동심원 형태보다는 부채꼴 모양의 분포를 이루고 있다는 것을 확인하였다.

그의 경험적 연구에 의하면 도시의 공장들이 버제스가 말한 대로
CBD 주변보다는 강을 낀 계곡, 강어귀 또는 철도선 주변으로
확장해 가고 있었다. 그리고 주거지역은 공장지대의 공해와
시장지역의 소음을 피해 경관이 좋은 강변 언덕이나 특정지
역에 밀집되는 경향을 보이고 있었다. 이 이론은 건물임대
를 중심으로 개발된 모형이기 때문에 여타의 도시 활동에서
나타나는 공간구조를 정확하게 나타내지는 못하였다. 그러
나 이 이론은 동심원지대이론의 기본 가정을 대부분 그대로
유지하면서 도시의 고정환경과 지리적 여건에 따른 도시성장과
정을 설명한다는 점에서 진일보한 이론이라 할 수 있다.

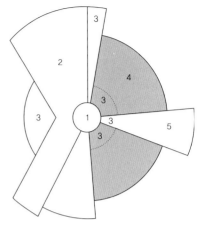

1. 중심상업지구
2. 도매경공업지대
3. 하층계급주거지대
4. 중간계급주거지대
5. 상류계급주거지대

그림 13-2 | 호이트의 선형
이론(자료 : Harris, C.D. &
Ullman, E.L., 1945)

좋은 도시

'좋은 도시' '살만한 도시'란 어떤 도시를 말하는가?

일반적으로 좋은 도시를 말할 때 고용기회가 충분하다든가, 좋은 주택이
많다든가 또는 학교, 쇼핑 시설, 훌륭한 교통체계 등 경제적이고 물리적 요인
을 말하게 된다.

'좋은 도시', '살만한 도시'를 언급할 때 적주성(適住性)이라 하는데 이는
경제적·물리적 가치뿐 아니라 정서적이고 감성적이며 사회적인 측면 또한
중요하다. 즉 도시는 단순한 경제 공간을 넘어서 지각되며, 느껴지고, 마음을
가꾸어 주는 장소로 다루어져야 한다. 단순히 물리적 시설을 공급하고 토지
를 개발하는 것에 그치는 것이 아니라 삶의 조건을 다룸으로써 삶의 내용을
높이고자 하는 노력이 있어야 한다. 또 한 가지 좋은 도시란 공동체 형성이
잘 되어 있느냐는 것이다.

많은 학자들이 물리적 측면에서 도시환경의 질을 높이는 데 고려해야 할 원
칙으로 공통적으로 내세우고 있는 것은 이미지성(imageability)과 파악 용이
성(legibility)이다. 이미지성이란 관찰자에게 강한 감동을 불러일으킬 수 있

어야 한다는 것이며, 파악 용이성이란 전체가 조화되는 형태로 보이도록 도시의 각 요소가 조직되어야 한다는 것이다. 이런 관점에서 도시설계에서 가장 잘 인용되는 것이 케빈 린치(Kevin Lynch)의 5가지 도시의 구성 요소이다. 린치는 도시의 물리적 구성 요소를 길(path), 중심(node), 구역(district), 접경(edge), 랜드마크(landmark)라고 보았다.

좋은 도시 구상안

긴 역사 속에서 이상적인 삶의 거처로서 유토피아를 꿈꾸며 많은 계획·설계가들은 물리적 환경을 중심으로 좋은 도시에 대한 구상안을 제시하여 왔다. 그 중 대표적인 것이 하워드의 '전원도시', 르 코르뷔제의 '빛나는 도시'이다.

하워드의 전원도시

산업혁명을 일으켰던 영국은 저소득층 시민의 생활환경문제와 도시사회의 특성인 비인간성 문제 등 근대 도시문제를 제일 먼저 겪는 나라가 되면서 무엇보다도 주택난과 위생관리문제는 시행정 당국이 직접 개입하여야 한다는 정책문제가 대두되었다.

산업혁명의 정점시기에 에베네저 하워드(Ebenezer Howard)는 미국 중서부에서의 경험을 반영하여 이러한 근대도시나 생활상태 및 기능에 대한 제문제의식의 혁신적인 접근으로 전원도시(garden city)안을 제안하게 된다.

전원도시를 도시계획의 측면에서 설명하면, 첫째 대도시에서 그렇게 멀지 않으면서 그곳과 교통기관이 연결되고, 둘째로 도시면이 2,400만㎢ 정도로 중앙부 400만㎢는 주거, 상공업용의 이른바 순도시적 부분이고, 그 주위는 농경지이다. 셋째로 인구는 3만 명 정도를 한도로 한다. 그 도시부분은 방사상의 기하학적 설계로서 중심부는 대광장으로 공공시설의 소재지, 그 바깥쪽에 상점가, 그 밖을 도는 환상노선을 따라 주택지가 설정된다. 주택지의 표준단위는 전면 6m, 넓이 220㎡ 정도로 하고 있다. 도시부의 외주부에는 공장, 창고 등이 배치되고, 그 외곽에 농경지가 펼쳐진다.

레치워스 전원도시(Letchworth Garden City)는 1903년 하워드의 전원도시계획 주장에 따라 런던에서 약 56㎢ 떨어진 지역에 계획인구 3만 명 정도의 자급도시로 건설되었다. 하워드는 1903년 런던에서 약 56㎢ 북쪽에 토지를 매입하여 그가 평소 생각했던 자족도시로서 전원도시를 건설하려고 하였다. 그러나 당초 기대했던 것보다 도시성장이 완만하여 재원상환이 어렵게 됨으로써 구상대로의 조성은 실패하고 말았지만 이후 계속 성장을 하고 있는 도시이다. 이 도시는 하워드의 전원도시론이 처음으로 시도된 계획도시라는 점에서 도시계획사의 중요한 도시로 꼽힌다. 특히 이 도시는 전원의 아늑함과 공업생산력을 갖추고 도시 구성면에서 균형을 갖춘 점으로써 타도시의 경우 경제적으로 자급자족을 할 수 있는 많은 도시가 시민생활 환경악화로 큰 도시문제를 일으키고 있는 것과 크게 대조를 이룬다. 이 도시의 세부설계는 주택집단별로 다양한 구성과 설계로 계획하였다.

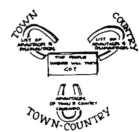

르 코르뷔제의 빛나는 도시

르 코르뷔제(Le Corbusier)가 제시한 도시계획사상과 주거유형은 20세기에서 가장 위대한 정신적 모험으로 간주된다. 1887년 스위스의 한적한 소도시에서 시계공의 아들로 태어난 르 코르뷔제는 지중해 지방을 여행하면서, 그리고 유명한 건축가 밑에서 수련을 쌓으면서 독자적으로 건축을 익혀 나갔다. 1918년 파리로 이주하여 1965년 사망할 때까지 많은 건축작품과 도시 프로젝트를 남기며 근대건축사상 가장 위대한 건축가로, 도시계획가로 그리고 사상가로 불리게 되었다.

그의 도시계획적인 가설들은 제1차 세계대전 이후 프랑스를 짓눌렀던 사회문제를 해결하기 위해 이루어졌다. 급격한 도시의 집중과 제1차 세계대전 이후 느리게 진행된 복구작업으로 가중된 파리의 주택난, 자동차의 등장으로 새롭게 대두된 교통난, 불결한 파리의 뒷골목과 슬럼들, 도시의 팽창을 저해하는 도시구조는 그의 급진적 개혁의 필요성을 정당화하였다.

르 코르뷔제는 그의 도시계획적 원칙들을 모델이나 도판으로 만들어서 1922년 살롱 드톤느전에 전시하였는데 이것이 '300만 주민을 위한 현대 도

그림 13-3 | 하워드의 전원도시 구상안 : 하워드는 농촌적 분위기와 거시적 편리함을 동시에 추구하는 도시계획안을 제시하였다.

그림 13-4 | 레치워스 전원도시 : 레치워스는 하워드의 전원도시 구상안이 처음으로 시도된 도시이다.

그림 13-5 | 전원도시의 2층 연립 주거단지

시(Ville contemporaire pour 300 millions d' habitants)' 이다. 그것은 산업시설, 교통, 주거와 여가시설을 포함하는 공업도시의 일반을 검토하고 있고, 가르니에(Garnier)의 주장을 받아들여 이들 각 도시기능들을 위해 각각의 구역을 지정하였다. 또한 이것은 철, 콘크리트, 대량생산 기술을 이용해 지은 고층건물들로 계획되어 밀도가 높다. 특히 중앙부분은 240m 높이로 된 24개의 마천루들로 둘러싸여 있는데, 이 마천루들은 십자가형의 평면으로 되어 있고, 기념비적인 형태가 유지하도록 일렬로 늘어서 있다. 중산층을 위한 아파트 건물은 두 가지 타입으로 되어 있다. 하나는 르당(redent) 타입으로 건물이 지그재그로 후퇴되는 형태이다. 또 하나는 빌라(immeuble villas) 타입으로, 하나의 중정을 공유하고 있다. 건물 사이의 빈 공간에는 차량의 흐름과 완전히 분리된 거대한 공원이 들어섰다. 녹지는 그의 도시적 원칙에 가장 핵심적인 부분이었다. 도시 대부분의 지역은 잔디밭과 정원, 테니스 코트, 대로와 공원으로 뒤덮여 있다. 스위스의 라 쇼드퐁(La chaux-de-fonds)에서 성장하면서 그리고 러스킨의 영향을 많이 받은 이후로, 그는 나무를 정신 질서의 상징으로 생각했다. 그는 도심공원을 허파라고 하였는데, 공원이 사람들이 숨쉴 장소를 제공한다고 생각했기 때문이다. 자연은 슬럼 지역과 19세기의 찌들은 도시에 해독제가 될 수 있었고, 또한 여가시간에 좋은 공간으로 활용될 수 있었다. 빛, 공간, 녹지로 구성된 이 공간들은 모든 사람들이 이용할 수 있도록 개방되었다. 이런 생각은 도시 분산과 도시 근교로의 확장을 주장하는 도시계획들과는 근본부터 다른 것이었다. 르 코르뷔제는 이것을 반도시적이고 토지의 낭비라고 생각했다.

르 코르뷔제는 1925년 응용예술박람회에서 파리의 센강 북쪽에 위치한 곳에 '파리를 위한 부아쟁 계획(Plan Voisin pour Paris)'을 발표하였다. 파리 부아쟁 계획이라고 알려진 이 계획은 거대 인공지반을 통한 대중 교통수단을 지하에 설치하고, 거대 마천루를 통해 필요한 건축면적을 수용하는 수직적 도시 그리고 요철형 방식을 통한 다양한 건축형식의 수용 등으로 요약된다.

르 코르뷔제는 위 두 가지 도시계획을 묶어서 『도시계획(Urbanisme)』이라는 책으로 발간하고, 이어서 1930년에 '빛나는 도시(La Ville radieuse)'를

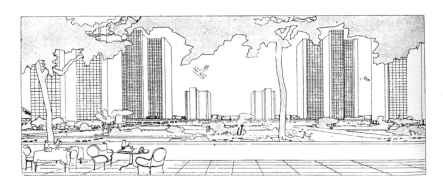

발표하고, 후에 같은 이름의 책으로 확대 출판하였다. 이런 르 코르뷔제의 모든 노력들은 근대 도시에 대한 방향을 제시한 것으로 여기서 나타나는 도시계획의 원칙은 전후 유럽과 미국 그리고 아시아의 많은 도시에서 도시계획의 기준으로 작용하게 된다.

르 코르뷔제가 제시한 도시 모델들은 새로운 사회질서에 적합한 이념형을 찾아나섰다는 점에서, 그리고 그것이 적절한 전망을 제시하였다는 점에서 큰 의미를 가진다. 그는 미래 공업도시에 지배적으로 나타나게 될 건물유형과 교통 시스템을 매우 정확하게 예언했다. 그리고 거기에 자연의 풍부함과 질서를 부여하려고 하였다. 그렇지만 현대 도시에서 자주 발생하는 도시의 황량함과 획일적이고도 기계적인 개발을 비판하는 사람들은 그 책임을 르 코르뷔제에게 많은 부분 돌린다. 그것은 르 코르뷔제의 도시계획안이 가지는 결함 때문이다. 먼저 르 코르뷔제가 기존 도시에 들이 댄 칼은 너무나 강력해서, 도시를 살리기보다는 도시의 정신을 죽일 위험도 있다는 점이다. 그가 제안한 도시의 총체성은 수세기 동안 발전되어온 도시조직과는 잘 들어맞지 않는다는 것이다. 또한 르 코르뷔제의 철저한 위생관념으로 인해 오래된 가로(rue corridor) 개념이 파괴되었고, 이에 따라 가로의 사회적 역할이 축소되었다. 그리고 대규모 간선도로의 설치로 인해, 이전의 도시에 대한 역사적 기억이나 장소성이 잘 보존될 수 없었다. 도시와 주거는 익명적으로 되고, 사람들은 거기서 자신의 정체성을 확인할 수 없게 된 것이다. 그리고 마지막으로 그가 주장한 생각들은 부동산개발의 이익을 위해 너무 쉽게 남용되는 문제를 가지고 있었다. 그것은 르 코르뷔제가 제안한 계획안의 지나치게 기계적이고 기능적인 성격 때문이라고 할 수 있다.

좋은 도시 만들기를 위한 우리나라의 노력 : : 지속 가능한 도시대상제도

최근 우리나라 건설교통부에서 실시하고 있는 도시대상 시상제도는 어떤 도시가 좋은 도시인가에 대한 지표를 제시하고 있다. 도시대상은 지방자치제 실시 이후 무분별한 개발 위주의 도시관리로 인하여 삶의 질이 저하되는 것을 방지하고 쾌적한 도시조성을 위한 지방자치단체의 자발적인 노력을 유도하기 위하여 2000년부터 실시해 오고 있다.

도시대상제도는 국토의 계획 및 이용에 관한 법률 제정, 도시 및 주거환경 정비법 제정 등 도시계획 및 도시개발과 관련한 새로운 제도 시행에 따라 지방자치단체가 대응전략을 수립하는 데 방향을 설정해 줌으로써 향후 우리나라 도시개발의 나아갈 길을 제시하고 있다고도 할 수 있다.

도시대상의 평가항목은 이 시대에 어떤 도시가 바람직한가에 관한 내용을 제시해 주고 있다고 할 수 있으므로 여기서 소개해 보고자 한다. 도시대상 평

표 13-1 | 지속 가능한 도시대상 평가 항목

평가부문	평가항목	평가부문	평가항목
친환경	녹지·생태	주민참여	주민요구에 의한 참여
	경관·친수		
	난개발 방지		지자체에 의한 참여유도
	자원절약 및 공해방지		
	친환경 관련 정책운영		
도시관리	경쟁력 제고	정보화	정보화 비전과 의지
	도시안전 확보		정보 인프라의 구축
	주민복지 제고		정보 서비스의 제공
녹색교통	자전거 이용	문화	지자체의 비전과 의지 및 정책
	보행환경		지역문화시설의 확충과 이용실적
	대중교통		지역문화의 육성 프로그램
	교통안전		지역문화관련 투자

가분야 및 방법은 시범도시 사업분야를 감안하여 친환경, 주민참여, 도시관리, 정보화, 녹색교통, 문화 등 6개 부문으로 구분하여 평가하고 있다. 각 부문별 평가항목은 표 13-1과 같다.

좋은 도시의 사례

이상적인 도시구상안들의 공통적 핵심은 공동체 구성원들이 다함께 잘 살 수 있는 풍요롭고도 공평한 사회의 구현이었다. 그러면 현재 지구상의 수많은 도시들 중 어떤 도시가 이에 해당하는가?

세계적으로 경제력을 행사하는 런던, 뉴욕, 교토 등과 오염되지 않은 미래 환경도시의 모델로 꼽히는 오슬로, 햇빛의 도시라 일컬어질 만큼 기후가 좋은 도시 시드니 등 여러 도시가 살기 좋은 도시로 열거될 수 있지만 오늘날까지 진정한 '유토피아적' 도시는 여전히 미래의 희망으로 남아 있다고 할 수 있다.

우리나라의 경우 천년의 도읍지로 문화적 전통을 유지하면서 친환경정책을 통하여 도시를 잘 관리하고 있는 경주, 계획적인 신도시 중에서 르 코르뷔제의 빛나는 도시계획안을 바탕으로 계획되어 안정된 도시로 자리잡은 과천, 녹지율을 전국 어떤 도시보다 높게 계획하여 전원도시풍으로 거주자 만족도가 높은 일산 신도시 그리고 2000년 시행 당시부터 매년 수상대상이 되어 단연 살 만한 도시라고 평가받고 있는 순천 등을 살기 좋은 도시로 꼽을 수 있을 것이다.

여기서는 좋은 도시의 사례로서 우리나라의 경우는 2000년부터 국토계획학회를 중심으로 시행된 지속 가능한 도시대상에 연속 수상되어 온 순천시에 대해 알아본다. 그리고 외국의 경우는 제3세계의 도시 가운데 국제 사회에서 유일하게 '지구에서 환경적으로 가장 올바르게 사는 도시', '세계에서 가장 현명한 도시(smart cities)' 중의 하나로 언급되면서 세계 유수의 언론기관들이 앞다투어 찬사를 보내며 칭찬해 마지 않는 브라질의 외딴도시 쿠리치바에 대하여 알아본다.

도시대상 연속 수상도시 순천

순천시는 건설교통부가 주최하고, 대한국토계획학회와 경실련 도시개혁센터가 공동주관한 2003년 지속 가능한 도시평가에서 최우수 도시로 선정되어 전국에서 가장 살기 좋은 도시로 평가받고 있다. 순천시가 2000년 친환경 부문에서 최우수도시로 선정된 뒤, 2001년 자족부문 국무총리상에 이어 2003년 종합부문 대통령상을 수상하여 우리나라에서 가장 좋은 도시임을 공인받고 있는 데에는 순천시의 남다른 노력이 있었다.

순천시는 시민의 안전과 건강하고 쾌적한 삶을 유지할 수 있는 도시를 구현하기 위해 1996년 '그린 순천 21' 추진 계획을 수립하고, 친환경문화 창출을 위해 시, 시민, 사업자가 지켜야 할 사항을 정해 놓은 '순천시 환경 기본조례'를 기초단체로서는 최초로 제정 시행하고 있다.

또한 인간과 자연의 조화를 이루는 지속 가능한 도시로 발전시켜 풍요로운 미래를 후손들에게 물려주기 위하여, 시민 행동요령의 적극준수와 참여, 환경훼손 행위에 대한 감시를 다짐하는 내용으로 1996년 10월에 '그린순천 21 환경선언문'을 제정하여 사업을 전개하고 있다. 즉 '그린 순천 21'의 운동을 시민들의 일상생활 속으로 확산시키기 위하여 환경관련 우수연구논문 및 그린 순천 21의 활동상황을 체계적으로 정리한 「그린 순천 21 소식지」를 발간하여 시민들에게 배포함으로써, 시민들의 고견 개진 및 의견을 나눌 수 있는 토론장을 제공, 시민들의 환경보전에 대한 인식을 새롭게 정립해 나가고 있다.

또한, 생활주변에서 쓰레기 형태로 버려질 수 있는 생활관련 용품들을 체계적으로 수거하고 있다. 특히 아파트 등에 재활용품 수집함을 별도로 비치하여 수거된 재활용품은 제품의 성격에 따라 옷 종류는 수선하여 세탁해 아나바다 장터나 이동식 물물교환 장터 등에서 시민들이 매우 저렴한 가격에 구입할 수 있도록 하고, 폐식용유를 레스토랑이나 가정에서 수거해 재활용 비누를 만들어 판매하는 등으로 얻어진 수익금은 결식어린이 및 모자·부자

그림 13-7 | 가로변에 코스모스를 심고 있는 순천시민

가정 어린이 돌보기 등에 전달하여, 환경보전은 물론 함께 더불어 살아가는 사회를 만들어 가는 데 노력하고 있다.

  푸른 순천을 가꾸고 아름답고 쾌적한 정주공간을 만들어 가기 위해 1997년부터 철쭉, 동백, 왕벚꽃나무, 고로쇠 등의 나무와 우리 꽃과 꽃씨 등을 시민들에게 무료로 나누어 주어, 공동주택단지와 진입로 주변에 식재토록 하였다. 또한 도심의 중심을 남북으로 가로지르고 있는 동천변에 대규모 개나리 군락단지를 만들기 위하여 500m 집중 식재와 더불어, 우리 고유의 토종 꽃과 꽃나무를 둔치에 종류별로 집단화하여 이들 꽃들이 개화하기 시작하는 봄철에는 아름다운 장관을 이루고 있다. 또한 콘크리트와 아스팔트에 묻혀 있는 삭막한 도시공간을 살아 있는 녹색공간으로 가꾸어 가기 위하여 아파트 담장 등 95개 단지에 덩굴장미를 식재하였다.

  순천시는 고령자와 장애인 등 교통약자를 위해 과거 자동차 위주의 교통정책에서 인간중심으로 교통시설을 확대하고 있다. 교통약자인 어린이, 노약자, 장애인 등이 안전하게 도시를 왕래할 수 있도록 교통약자를 위한 교통시설 확충을 위해 '1998년 7월 도시교통정비 기본계획'을 수립하였으며, 2000년 10월 도시교통정비 중기계획을 수립하였다.

  흰 지팡이를 사용하는 완전맹인을 위해서 그동안 노면의 요철, 도랑, 틈새

등 통행에 위험한 노면요철을 미끄럼 소재로 교체하였고, 목적지까지 보행경로 위치 확인이 어려웠던 도로에 정보제공 장치를 부착하여 맹인의 편의를 도모토록 하였다. 또한, 노상공중 장애물과 충돌위험이 있던 각종 시설물에 정보 제공장치와 연동된 장애인기기를 보유토록 하였으며 교차로, 차고출입구의 교체 부분에서 신호와 위험인지가 곤란하던 것을 음성정보를 제공할 수 있도록 보도 끝부분 구획가로의 교차보도 단부에 신호기를 설치하였다. 맹도견의 도움이 필요한 맹인을 위해서는 맹도견과 병행할 수 있는 노폭이 확보되지 않아 위험요소가 많으므로 보도와 연도부지의 차이를 줄였으며, 보도의 폭을 넓히고 연도부지의 장애물을 제거하여 안전하게 통행할 수 있도록 하였다. 약시장애인의 편의를 위해서 그동안 신호등 색의 명도차가 적어 식별이 곤란하였던 점을 보완하여 유도 블록과 동일색의 노면을 피하도록 신호등을 교체하였으며, 글자가 작아 판독이 불가능한 부분에 안내표지를 설치하여 식별이 용이토록 하였다. 그리고 전혀 듣지 못한 난청자는 안내시설이 없어 불편하였으나 긴급 시 정보를 제공할 수 있도록 신호체계를 조정하였다.

한편, 언어장애인은 통행 시 의사전달이 곤란함에 따라 표시에 의한 정보를 제공토록 하였다. 뇌성마비 장애인은 보행속도가 늦고 판단 반응이 느리기 때문에 사고 위험이 많으므로 신호제어등에 보행공간 2단계 횡단할 수 있도록 신호체계를 정비하였다. 또한, 장시간 서 있지 못하고 손으로 기계 조작이 어려운 장애인을 위해서는 벤치를 포함한 휴식시설을 설치토록 하였으며 버튼식 신호설비를 제작하였다. 임산부, 어린이, 화물을 든 보행인은 교통혼잡 시 이동이 곤란할 뿐 아니라 급하게 이동이 어려우므로 완속차선을 검토하여 시설정비 시 눈과 손의 위치를 배려토록 하였다. 장애인과 노약자를 위해 보도포장을 블록에서 아스콘 포장으로 변경하였으며, 휠체어 등이 쉽게 이동할 수 있도록 보도의 턱을 조정하였고 시각장애인을 위한 점자 블록을 설치하였다.

위와 같은 여러 분야에 걸친 노력의 결과 순천시는 도시대상 평가의 전 분야를 통틀어 가장 높은 점수를 획득 2003년 도시대상인 대통령상을 수상하여 모름지기 살기 좋은 도시로 자타가 공인하는 도시가 되었다.

세계에서 가장 현명한 도시 :: 쿠리치바

최근 도시에 관심을 둔 행정가, 계획가들의 관심을 받고 있는 지구촌 남쪽 브라질의 작은 도시 쿠리치바는 어떤 도시일까?

쿠리치바는 많은 학자들이 흔히 진보의 기준으로 내세우는 1인당 소득수준이나 소득 분포를 우리나라 도시와 비교해 보면 그렇게 내세울 만한 도시는 아니다. 게다가 쿠리치바는 아름다운 해변이나 항구는 물론이고 로마나 파리와 같이 선조들의 위대한 문화유산을 가지고 있는 도시는 더 더욱 아니다. 그럼에도 불구하고 쿠리치바가 꿈과 희망의 도시라는 애칭을 얻으면서 국제사회에서 주목을 받는 이유는 어디에 있는 것일까?

브라질 남부의 파라나주의 주도인 쿠리치바시는 리우데자네이루에서 남서쪽으로 약 800㎞ 떨어진 곳으로 평균 고도가 약 900m인 아열대 지역에 위치하고 있고, 총면적이 432㎢로 우리나라의 대전시보다 약 100㎢가 작지만 인구는 160만 명으로 대전보다 약간 많은 도시이다.

그림 13-8 | 쿠리치바의 시 전경 : 주요 도로축을 따라 선형 개발이 이루어지고 있는 도시 전경(사신 제공 : 이종화 교수)

미래의 주거를 보는 관점

그림 13-9 | 쿠리치바 도시
계획도

쿠리치바는 급속한 인구 증가와 도시환경문제로 고통받는 다른 제 3세계 도시와 유사한 상태로 1950년대부터 이주민들이 도시로 몰려들어 도시 주변부의 무허가 정착지에 무분별하게 정주하기 시작했으며, 강과 하천은 자연적인 배수로에 대한 고려 없이 인공수로로 전환되어 빈번히 홍수를 경험하고 있었다. 브라질리아를 제외하고는 브라질에서 가장 높은 자동차 보유율과 보유대수를 가지고 있었고, 국가적인 대규모 프로젝트의 선호로 해외자본의 영향을 받아 대부분의 도시들이 고속도로를 건설했고, 자가용 통행을 위한 육교가 건설되면서 자가용 이용이 계속 조장되는 상황이었다. 이런 상황은 1960년대 초반까지 지속되었고, 도심의 사적지까지 훼손될 위기에 직면하고 있었다.

이러한 파괴적 상황은 쿠리치바 시장 자이메 레르네르(Jaime Lerner)의 출현으로 1962년부터 역전되기 시작했다. 오늘날 여러 가지의 애칭과 함께 '꿈과 희망의 도시'로 쿠리치바가 성공하기까지에는 한 도시를 보존하여 가장 아름답고 살기에 적당한 장소로 만들기 위해 오랜 세월을 봉사했던 레르네르 시장의 헌신적이고 창조적인 노력이 있었다. 파라나의 주지사이자 강력한 대통령 후보였던 레르네르는 무분별한 도시성장의 문제점을 인식하고 5개 주요 간선 교통축을 따라 선형 성장이 가능하도록 토지이용과 교통계획을 통합하였다. 1970년대 초부터 3년 동안 지속되어 온 대중교통 시스템의 발전은 가히 혁명적이었다.

쿠리치바의 사례는 모든 도시들이 급속한 성장의 초기에 통행과 토지이용 양태를 연계해 그들의 공간구조를 바람직한 방향으로 유도해 갈 수 있고 선형 성장이 공공 대중교통을 촉진할 수 있다는 것을 예시하고 있다. 쿠리치바의 생태혁명은 종합계획이 집행되었던 1971년에 본격적으로 시작되었다. 쿠리치바는 도시계획을 지속 가능한 사회로 만들어 가는 새로운 도구의 하나로

그림 13-10 | 쿠리치바시의
대중교통시설 : 쿠리치바의
대중교통체계는 최근 서울의
새로운 대중교통계획수립에
참고가 되었다.(사진 제공 :
이종화 교수)

활용하고, 삶의 질을 추구하는 철학을 경제 · 사회적 목표로 설정하기에 이르
렀다. 이렇게 하여 레르네르가 언급한 바와 같이 '4차원의 혁명'이 계획의
결과로 나타났다. 즉, 물리적 변화, 경제적 변화, 사회적 변화와 그리고 문화
적 변화가 계획과정의 결과로 나타났다.

물리적 변화로서 쿠리치바시 정부는 우선 두 개의 간선교통축과 이와 관련
된 하부구조를 개발하고, 기본적인 공원 네트워크, 자전거도로와 후에 자동
차보다 사람에 우선을 두는 중심지에서의 보행자 도로망을 연계한 공공광장
의 건설을 실행에 옮겼다. 보행자들이 주요 가로와 대부분의 역사 중심지를
이용하게 되고 공원과 녹지의 증가가 홍수통제에 기여하면서 강과 수자원을
보호하게 된 것이다.

경제적 변화는 '쿠리치바 공업단지'가 조성되기 시작한 1973년부터 나타
나기 시작한다. 쿠리치바의 산업도시 구상은 도시의 지속 가능성을 해치는
반환경적인 공업단지가 아니라 오히려 녹색 오픈스페이스에 의해 둘러싸인
공업단지이고, 여기에 주택, 교통과 서비스를 종합적으로 통합시켰다. 게다
가 1980년부터 소규모 산업 및 비공식활동에 행정과 재정 지원을 제공하는

그림 13-11 | 쿠리치바시의 버스 정류장(사진 제공 : 이종화 교수)

그림 13-12 | 쿠리치바시가 보존한 역사적 건물인 지식 등대(사진 제공 : 이종화 교수)

프로그램의 시행으로 쿠리치바시는 견고하게 경제적 기반을 구축해 나가게 되었다.

　사회적 변화는 1980년대 초반부터 시작되었는데 학교, 보건 센터, 성인 및 어린이 보호 프로젝트뿐만 아니라 식품 및 주택 프로그램에서의 민간과 공공 부문의 투자 결과였다. 그것은 1970년대를 벗어나 교육, 주택, 보건, 어린이 보호와 위생시설과 같은 기본 수요를 충족시키는 방향으로 정책기조를 바꾸면서부터 나타나기 시작했다.

　마지막으로 폐쇄적이고 불신으로 가득 찬 쿠리치바시의 생활방식을 바꾼 문화적 혁명은 물리적 변화의 한 결과였고, 도심의 재생, 역사적 건물과 문화유산의 보존, 쿠리치바 역사지구와 문화재단의 창조와 같은 변화가 발생하였다.

　쿠리치바는 환경분야의 오스카상이라 불리는 유엔환경계획(UNEP)의 '우수한 환경과 재생상'을 수상하여 유명하기도 하다. 쿠리치바에는 일련의 사회적 행동과 통합된 두 가지의 혁신적인 폐기물 관리 프로그램이 있다. 도시 전역에서 이루어지는 '쓰레기 아닌 쓰레기' 프로그램은 가두수거와 가구별로 사전에 분리한 재활용품 쓰레기의 수거로 이루어진다. '쓰레기 구매' 프로그램은 기존의 폐기물 관리 체계로는 접근이 어려운 지역을 청소하는 것을 목표로 하고 있다.

　쿠리치바가 세계인의 주목을 받을 만한 도시가 되는 데는 혁신적인 레르네르 시장의 노력과 여기에 기존의 관행을 과감히 벗어던지고 언제나 시민과 함께 하려는 공직자들과 시민들의 능동적인 참여가 함께 있었다. 공무원들은 도시문제를 스스로 현장에서 확인하고, 주민들과 대화하고, 주요 이슈에 대해 주민들과 부단히 토론하였으며, 이를 토대로 도시를 전반적으로 변화시켜 나갔다. 이리하여 쿠리치바는 제3세계 도시이기는 하지만 보전 및 시민정신이 도시환경을 개선할 수 있다는 것을 보여준 빛나는 예가 되고 있다.

생각해 볼 문제

1. 좋은 도시의 사례로 제시했던 순천과 쿠리치바의 공통점은 무엇이었는지를 생각해 보자.

2. 현재 우리나라의 도시들이 공통점으로 안고 있는 문제점은 무엇이고, 이를 해결하기 위해서는 어떻게 해야 할지 생각해 보자.

3. 내가 살고 싶은 도시는 어떠한 도시인지 글로 표현해 보자.

읽어보면 좋은 책

1. 국토연구원 엮음, 세계의 도시, 도시계획가가 본 베스트 53, 한울, 2002
2. 박용남 지음, 꿈의 도시 쿠리치바, 재미와 장난이 만든 생태도시 이야기. 이후, 2000
3. 피터 홀 지음, 임창호 옮김, 내일의 도시, 한울, 2000
4. David Sucher, City Comforts, How to Build an Urban Village, City Comforts Press, Seattle, 1995

미래의 주거

21세기의 주거환경은 최첨단 과학기술과 정보화기술의 지속적인 발전으로 급속히 변화되고 있다. 주거환경 속에 첨단전자, 정보기술이 도입된 홈 오토메이션 시스템과 인터넷 이용환경을 토대로 홈 네트워크를 구축하여 우리의 주생활 패턴을 바꾸어가고 있다. 또한 지구의 에너지의 고갈로 친환경적인 삶과 자연 에너지나 대체 에너지의 활용에 대한 관심도 증가하고 있다. 또한 우리의 고정관념을 깨고 상상 속에서나 존재할 것 같은 다양한 주거환경과 도시의 개발이 공간의 제약을 무너뜨린 새로운 장소에서 새로운 형태로 나타나고 있다.

주거공간은 인구구조, 가족구조, 산업구조 등 사회적 여건의 변화, 기술 및 정보통신의 진전 그리고 사람들의 생활양식의 변화와 함께 항상 변화한다. 앞으로도 우리가 사는 주택의 모습은 이와 같은 요인들로부터 지속적으로 영향을 받으면서 현재 상상하는 것 이상으로 빠르게 변화할 것이다. 궁극적으로 우리 삶의 방식의 변화는 주택의 변화로 이어진다. 따라서 앞으로 우리의 삶이 어떻게 변화할지를 미리 예측해보는 것은 미래의 주거에 대해 가늠해볼 수 있는 좋은 방법이 될 수 있다.

사회변화와 주거

인구구조의 변화

우리나라 인구구조에 가장 큰 영향을 미치고 있는 요인은 출산율 저하로 인한 인구증가율의 둔화이다. 우리나라의 연평균 인구증가율은 2002년에 0.64%에서 2004년에는 0.57%, 2010년에는 0.41%로 지속적인 감소추세에 있고, 이러한 추세는 앞으로도 계속될 것으로 보인다(통계청, 2001). 그러나 전반적인 인구감소에 반해 노인인구는 크게 증가할 것이다. 2000년에 이미 전체 인구 중 노인인구(65세 이상)의 비율이 7.1%로 고령화사회(aging society)에 진입하였고 2010년에는 10.0%, 2020년에는 13.2%로 인구 8명 중 1명이 노인층에 속할 것이다.

따라서 미래에는 인구증가율의 둔화로 전반적인 주택의 수요는 감소되겠지만 특정계층이나 차별화된 욕구에 대응하는 주택에 대한 수요는 증대될 것이다. 특히 자녀수의 감소로 주부의 육아로부터 벗어난 자유시간이 증대되어 자기발전이나 여가활동에 대한 요구가 증가되므로 이를 반영한 주거공간의 필요성이 커질 것이다.

가구유형의 변화

미래의 가구유형도 점점 더 다양해질 것이다. 전형적인 핵가족과 3세대 가구도 여전히 존재하겠지만 그 비율은 점차 감소하고 다른 형태의 가구구성을 갖고 있는 독신가구, 맞벌이부부가구(double income, no kids: DINK족), 맞벌이가구(double Employed with Kids: DEWK족), 비혈연가구 등이 증가할 것이다.

독신가구는 주로 결혼을 늦추고 있는 미혼자들, 이혼한 경우, 독신노인의 증가가 주원인이다. 1인 가구는 1990년에 9%에 지나지 않았으나 2000년에는 15.5%로 크게 증가하였고 2010년에는 18.4%에 이를 것이다(통계청, 2002). 이러한 독신가구의 증가에서 특히 주목할 만한 사실은 결혼은 '필수'가 아닌 '선택'으로 여기는 싱글족(Single族)이 급증하고 있다는 것이다. 이러한 '나홀로 삶'을 선택한 사람들의 증가로 인해 혼자살기에 부족함이 없는 독신자전용 주거공간에 대한 요구도 커지고 있다.

독신노인 가구수도 해마다 크게 증가하는 추세로, 2000년에는 이미 전체 노인가구의 31.3%가 노인 1인 가구로 높은 비중을 차지하였다. 이러한 독신 노인가구의 증가는 주거공간이 노화에 따른 변화에 대처하여 일상적인 주생활이 유지될 수 있도록 지원해줄 수 있고 건강문제에 대처할 수 있는 시스템이 갖추어진 다양한 주거를 요구하게 될 것이다. 외국에서도 혼자 사는 것을 선택하는 사람이 현저히 늘어나고 있다. 스웨덴의 경우만 보더라도 1960년대에는 스웨덴 인구의 9.1%만이 홀로 살았으나, 1985년에는 19.7%로 늘었고 스톡홀름에서는 62.5%의 사람들이 홀로 살고 있다고 한다(Sandstrom, 2003).

자녀 없이 부부만 사는 가구수도 1995년에 10.8%, 2004년에 12.9%, 2009년에 15.4%로 계속 증가하고 있다. 맞벌이가구도 앞으로는 대표적인 가구 유형이 될 것이다. 이미 우리나라 가구의 36.6%가 맞벌이가구로 나와 있으며(한국여성개발연구원, 2002) 앞으로는 가사노동과 양육문제의 해결을 도와줄 수 있는 주거공간의 요구가 점점 더 커져갈 것이다.

이러한 다양한 가구유형은 전통적인 가구유형에 비해 가구원 수가 감소하게 되고 가구원의 생활 패턴도 다른 만큼 그들이 필요로 하는 주거공간도 전통적인 가구유형과는 다를 것이다. 독신이나 2인 중심의 원룸이나 소형주택, 비혈연가구를 위한 공유주택 등 가구구성원의 생활특성과 생활문화에 맞는 맞춤공간에 대한 요구가 커지게 될 것이다.

라이프스타일 및 직업의 다변화

우리가 어떤 라이프스타일로 사는가는 우리의 의식주 생활의 변화와 직접적인 연관이 있다. 부부와 자녀중심의 핵가족은 점점 더 가족 중심의 생활을 중요시하여 가족과 함께 하는 여가생활이 늘고 남편의 가사노동의 분담이나 육아의 참여가 늘 것이다. 특히 주 5일 근무제의 시행은 단순한 토요휴무제도가 아니라 삶의 중심축을 일에서 개인생활로 전환되는 계기가 되어 일상생활 속에서 여가의 비중을 높여 자기발전적, 가족지향적 생활 패턴을 촉진시키는 계기가 될 것이다. 이에 따라 미래의 주택은 여가의 공간이며 가족공동생활의 공간으로서의 중요성이 증대되고 주부를 주요대상으로 개발되는 것이 아니라 모든 가족구성원의 요구가 반영되도록 계획될 것이다.

현대인은 과중한 스트레스, 원인 모를 다양한 질병들의 출현, 성인병의 증가 등으로 인해 건강에 대한 관심이 날로 증가하고 있다. 이는 경제적인 여유와 함께 삶의 질적인 면에 대한 관심이 증가하여 나타나는 변화로 앞으로 이러한 건강중시형 라이프스타일은 점점 더 확산될 것이다. 따라서 주택에서 건강생활을 지원해주는 공간을 계획하고 건강에 도움이 되는 건축재를 사용하는 것 등에 대한 관심은 미래 주거공간의 변화에 크게 영향을 미칠 것이다. 이처럼 미래의 주거는 다양한 라이프스타일의 출현으로 천편일률적인 주거공간에서 벗어나 개성이 강조된 나만의 공간으로 바뀌게 될 것이다.

사람들의 직장에 대한 개념도 바뀌고 있다. 직주분리를 원칙으로 한 직업 패턴에서 장소와 시간을 초월하여 행해지는 직업생활이 가능해지고 있다. 이미 재택근무라는 말이 낯설지 않음에서 그 변화를 가늠해볼 수 있다. 재택근무는 집에 대한 개념을 바꾸어 재택근무자에게 집은 주생활의 공간인 동시에 업무의 공간이기도하다.

재택근무는 정보통신기술의 발달로 집안에서 컴퓨터를 이용하여 각종 사무기능을 수행하는 것은 물론이고 첨단 서비스 기능의 수행도 가능해지면서 집안에서 업무뿐 아니라 쇼핑도 가능해져 직업과 생활 패턴의 일대 변혁을 일으킬 것이다. 재택근무자가 집안에서 머무는 시간은 점점 더 증가하고 집에 대한 중요성도 더 커져갈 것이다. 따라서 재택근무를 지원하면서도 재택근무로 인해 생활 패턴이나 인간관계, 가족관계가 무분별해지지 않도록 지원해주는 주거공간에 대한 요구가 증가할 것이다. 즉 재택근무용 주택이 별도로 개발될 것이고 이러한 주택은 구조나 동선을 분리시켜 독립적인 분위기를 갖추도록 할 것이다.

재택근무의 장·단점

■ 장점

- 통근에 소요되는 시간과 연료를 줄일 수 있다.
- 직장 근처로 주거지가 집중되는 것을 줄여 인구를 분산시키는 효과가 있다.
- 초고속 통신망을 이용하여 세계 각국과 화상회의가 가능하고 실시간 정보의 확보가 가능 하여 업무수준과 업무량이 크게 증대될 것이다.
- 장애자나 주부 등에게 시간과 공간을 초월하여 일할 수 있는 기회를 제공할 수 있다.
- 가족과 함께 보낼 수 있는 시간이나 개인시간이 증대된다.

■ 단점

- 소외감과 고독감에 빠지기 쉽다.
- 일중독증(workaholism)에 빠지기 쉽다.
- 전형적인 가정 내의 역할 분담이 모호해진다.
- 조직 내에 소속감이나 연대감이 약화된다.
- 정보의 기밀 유지가 어렵다.
- 과다한 정보 안에서 과중한 스트레스에 빠지기 쉽다.
- 일과 가정생활 사이에 분리가 어렵다.

친환경 의식의 확산

1990년대 유인 우주선에서 지구를 바라본 우주비행사들은 지구가 회색빛으로 보였다고 보고하여 사람들에게 충격을 주었다. 이러한 사실은 우리의 삶의 터전인 지구가 이미 지나치게 오염되어 있다는 것을 의미한다.

도심의 오존층의 파괴, 스모그 현상, 산성비 등으로 인한 지구환경의 파괴는 이미 위험수위를 넘어섰다. 합성세제 남용으로 인한 생활폐수와 고농도의 중금속 유해물질을 방류하는 공장폐수 등으로 인하여 발생되는 수질오염과 소각이나 매립에 많은 에너지가 소모되고 쓰레기 소각 시 배출되는 환경호르몬인 다이옥신 등 유해한 성분이 배출되는 쓰레기의 증가도 환경오염의 주범이 되고 있다.

이렇듯 지구의 환경오염이 심각해짐에 따라 친환경 주거에 대한 관심도 점점 더 커져갈 것이다. 지금까지의 주택은 과다한 에너지를 소모하고 자원을 낭비하는 인공물로 규정할 수 있으며 주택이나 주생활 자체가 환경오염의 주요한 원인이 되고 있다. 따라서 청정 에너지의 개발에 대한 범세계적인 노력은 물론이고, 1992년 리우 환경회의에서 '지속 가능한 개발(Environmentally Sound And Sustainable Development)'의 개념이 제시된 이후에 각 국가별로 지속 가능한 주거개발에 힘쓰고 있다.

그림 14-1 | 제로 에너지 주택(zero energy house)의 예 : 대형 태양열 집열판이 건물에 일체형으로 계획되어 있다.(자료 : 주거학연구회, 2003)

미래에는 대체 에너지의 개발과 이용이 확대되어야 한다는 인식이 보편화될 것이다. 우리나라의 경우도 이미 태양열, 폐기물 에너지 등 대체 에너지 사용률이 연평균 23%씩 증가하고 있으며, 2006년까지 총 에너지의 2%를 대체 에너지로 공급할 계획이다. 현재 사용되고 있는 대체 에너지 중 가장 많이 이용되는 에너지는 태양열이다. 태양열은 주택의 난방에 주로 이용되고 있다(그림 14-1). 태양열을 에너지로 사용하는 방법에는 직접 난방 에너지로 이용하는 자연형과 전기 에너지로 변환시키는 태양광 발전 등이 있으며, 이들은 각각 자연형 태양열 주택과 설비형 태양열 주택의 형태로 실용화되고 있다.

지열은 오래 전부터 관심을 끌어온 에너지이다. 지열은 지구 자체가 가지고 있는 에너지로 현재 미국과 일본을 중심으로 연구 개발이 활발히 진행 중이며, 유럽에서도 지열을 개발하여 주택의 난방에 사용하고 있다.

또 다른 대체 에너지로는 태양광으로 합성되는 유기물을 가스화하고 연소시켜 전기로 변화시키는 바이오 가스 발전이 있다. 바이오 가스 발전은 우리가 그 동안 쓰레기로 분류하여 공해의 원인이 되어 왔던 각종 음식 쓰레기, 축산 분뇨, 폐수 등을 발효하여 그 과정에서 발생하는 메탄 가스를 에너지로 이용하는 것이다. 그 밖에도 풍력, 수소 에너지, 해양 온도차 발전, 소수력 발전 등이 현재 개발 중에 있다. 이러한 대체 에너지들은 자연에 순응하며 인간에게 풍요로운 삶을 제공하게 될 미래 주거에서 중요한 요소가 될 것이다.

미래의 주거는 친환경성을 빼놓고는 말할 수 없을 만큼 미래의 주거문화와 기술에 핵심적인 개념이 될 것이다. 옛 우리 조상들이 흙이나 나무로 집을 짓거나 자연의 원리 즉 바람, 태양, 물, 지형, 지세 등을 그대로 활용하여 집을 지었던 원리가 다시 강조될 것이다. 현재 개발되고 있는 친환경 요소기술들은 다각적인 실험과 시범적용을 거치면서 기술의 안전성과 경제성을 가져 그 보급이 보편화될 것이다. 그러나 친환경 기술은 어떠한 형태로 정형화될 수 없으며 지역과 주변의 자연적 · 사회적 · 경제적 여건에 따라 다양한 기술로서 나타나게 될 것이다.

정보화와 주거

정보화 사회의 전개와 정보통신기술의 발달은 미래의 주거형태는 물론이고 사회 전반에 걸쳐 일대변혁을 가져올 것이다(그림 14-2). 우리나라는 Cyber Korea 21, e-Korea 건설 등 정부의 강력한 정보화 정책으로 2000년에는 전 국토에 걸쳐 초고속통신망이 완료되었고, 2003년 4월 현재 초고속 인터넷 가입 가구 수가 1,093만 가구에 이르러 OECD 국가 중 가구당 초고속 인터넷 보급률 1위를 차지하게 되었다. 이러한 성과로 1999년 4월에 도입된 '초고속 정보통신건물 인증제도'는 정보화 아파트를 탄생시켰고, 2003년 6월 말 현재 총 2,275건에 인증이 부여되는 급성장을 이루었다.

PC와 인터넷의 발전은 컴퓨터 이용을 더욱 가속화하여 어디서나 존재하고, 항상 연결되고, 무엇이든 인식하는 컴퓨터를 통해 컴퓨터 이용환경이 고도화되어 온라인 중심의 생활 패턴을 낳고 있다. 미래의 주택은 주거의 기능은 물론이고 사무실, 은행, 오락, 교육, 의료의 복합체로 만드는 데 기여할 것이다. 가사노동으로부터 자유로워지는 것은 물론이고 쾌적성 증대, 건강관리, 여가활동 등을 고스란히 집안에서 누릴 수 있게 될 것이다.

주거의 정보화

"2003년 5월 어느 날 아침 9시 잠에서 깬 32살의 샐러리맨 김달수씨는 아침 9시 30분에 예정된 화상회의 자료부터 점검하였다. 외국계 회사에 근무하는 김씨는 하루 전 본사로부터 e-메일로 한국시장동향에 대한 회의에 참석하라는 연락을 받은 터였다. 회의는 화상을 통해 세계 여러 나라의 지사에 근무하는 사람들과 진행된다. 그가 회의를 준비하는 동안 기상과 동시에 커피와 빵이 구워진다. 음성인식 시스템으로 이루어진 커피포트와 토스트기는 아침 9시에 빵이 구워 시도록 입력되어 있다. 간단히 세수를 하고 옷을 갈아입고도 회의 시간까지는 10분 정도가 남았다. 김씨는 그동안 간단한 아침식사를 한다. 오늘 같은 날은 회의가 길어질 수 있으므로 식사를 해두는 것이 좋다."

(자료 : 주택저널, 2000년 1월호)

"겨울을 재촉하는 비가 쏟아지는 오전 6시. 꾀꼬리 같은 목소리의 모닝콜이 울리자 K씨 가족은 일어났다. K씨와 중학교 2학년인 아들은 부스스한 얼굴로 운동복을 입은 채 지하 1층에 마련된 스포츠센터로 향한다. K씨는 실내골프장에서, 아들은 수영장에서 운동을 마치고 사우나를 한 뒤 깔끔한 모습으로 돌아온다. 아내는 9단계로 조정이 가능한 실내조명을 가능한 한 부드러운 톤으로 낮춰 놓고 아침준비를 마친 상태이다. 집 가까운 곳에 고객과 미팅 약속이 있는 K씨는 회사로 출근하지 않고 서재에서 인터넷을 이용하여 업무를 본다. 그 사이에 아내는 TV 화면을 통해 이달치 관리비 명세와 입주민 공지사항을 점검한 뒤 아이들 간식거리를 챙기기 위해 단지 내 슈퍼에 새로 들어온 간식거리가 있는지 TV로 확인해본다. 바깥에 비가 더욱 거세진다. 아내는 집안에 습도를 없애기 위해 공기 정화 강도를 조금 높인 후 여름 이불 빨래를 싸들고 1층에 있는 빨래방으로 향한 아내는 빨래가 다 될 때까지 남는 시간을 이용, 2층에 마련된 카페에서 차를 마시며 가을을 즐긴다."

(자료 : 동아일보, 1999년 10월 29일)

우리나라 가구의 정보화

　미래의 편리한 주생활과 가구원의 삶의 질 향상에 기여할 우리나라 가구의 정보화 실태를 살펴보면 다음과 같다(한국전산원, 2003).

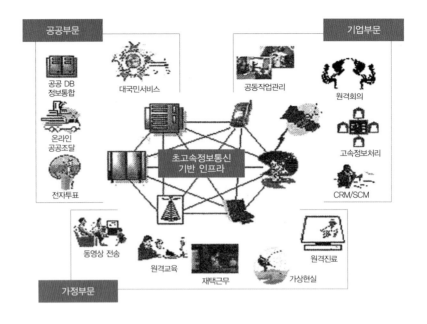

그림 14-2 | 미래 정보통신 사회 개관(자료 : 한국전산원, 2003)

공공부문

공공 DB
정보통합

대국민서비스

온라인
공공조달

전자투표

초고속정보통신
기반 인프라

기업부문

공동작업관리

원격회의

고속정보처리

CRM/SCM

동영상 전송

원격교육

재택근무

가상현실

원격진료

가정부문

전화와 이동통신의 보급

일반전화는 대부분의 국가에서 보편화된 통신수단으로 국가간의 격차는 적다. 오히려 이동전화의 급속한 보급으로 유선통신의 보급이 둔화된 국가도 있고 이러한 현상은 앞으로 더욱 가속화될 것이다. 2002년 세계에서 가장 유선전화회선 보급률이 높은 국가는 스위스로 인구 100인당 전화회선이 73선이고, 우리나라는 인구 100인당 49회선으로 19위를 차지하고 있다.

이동전화의 가입자 수는 무선통신의 규모를 나타내는 대표적 지표이다. 전체 이동전화 가입자 규모는 중국이 2억 6백만 명으로 가입자 수가 많은 50개 국가 전체의 19%를 차지하며 1위를 기록하고 있고 중국을 포함하여 미국, 일본, 독일, 이탈리아의 상위 5개국이 전체 가입자의 49.6%를 차지하고 있다. 우리나라는 52%의 연평균 증가율을 보이면서 전체의 3%인 3천2백만 명의 가입자 수로 세계 10위를 기록했다.

PC와 인터넷 보급과 활용

2002년 12월 기준, 가구의 컴퓨터 보급률은 78.6%로 우리나라 전체 가구의 4/5 정도가 컴퓨터를 보유하고 있다. 컴퓨터의 이용률은 67.4%로 만 6세 이상 인구 10명 중 7명 정도가 컴퓨터를 이용하고 있다. 계층별로는 남성, 학생, 전문직, 사무직, 고소득, 저연령층, 고학력일수록 그리고 거주규모가 클수록 컴퓨터 이용률이 상대적으로 높게 나타났다.

2002년 12월 기준, 우리나라 가구의 인터넷 보급률은 70.2%로 10가구 중 7가구 이상이 가구 내에서 인터넷 접속이 가능한 것으로 나타났다. 인터넷 접속 가능 가구의 97%가 초고속 인터넷 접속방식(xDSL, ISDN, 케이블망)을 이용하고 있다.

일상생활 속에서 인터넷의 이용시간은 지속적으로 증가하고 있어 2000년에는 1주일 평균 11.7시간에서 2001년에는 13.5시간으로 증가하였고 앞으로도 꾸준히 증가할 것으로 전망된다. 인터넷 이용자 중에서 인터넷을 '매일' 이용하는 경우가 71.8%로 높은 비율을 차지하고 있다. 이러한 추세는 인터넷이 우리의 일상생활에 얼마나 깊숙이 침투해 있는지 알 수 있게 하고 인터넷 중심의 생활 패턴이 미래의 주생활 패턴까지도 바꾸어 놓을 것을 짐작케 한다. 실제로 주택 내에서 컴퓨터 및 인터넷의 이용시간이 길어지면서 긍정적인 면과 함께 부정적인 면도 나타나고 있다. 부부(32.4%) 혹은 부모-자녀(46.0%) 간에 각자 자신만의 시간과 영역이 늘어났고, 컴퓨터를 둘러싸고 가족간의 갈등이나 다툼이 있는 경우(28.6%), 가족간의 대화 감소(19.8%), 가족간의 가사참여 감소(14.8%), 가족간의 친밀감 감소(13.2%)의 경우들이 나타나고 있어 가정생활에서의 정보화가 가족생활의 유대를 저해할 수도 있음을 볼 때(한국보건사회연구원, 2002), 미래에는 정보화로 인한 가족관계와 생활의 변화에 대해서 다각적인 연구가 필요하다.

온라인 경제 활동 및 여가·문화생활의 확산

우리나라의 첨단 통신 인프라와 저렴한 이용요금의 덕택으로 온라인 금융 서비스가 급속히 확산되고 있다. 2002년 말 현재 6개월 이내에 인터넷 쇼핑을 해 본 경험이 있는 인터넷 이용자는 31%에 달하고 인터넷 쇼핑 이용경험자는 월 평균 1.4회를 이용하고 있었다. 인터넷 쇼핑의 확산은 주택을 쇼핑의 장소로 이용하는 비율이 증가하고 주택이 사업의 장소인 소호(SOHO: small office home office) 형태의 재택근무가 증가할 것이다.

미래생활 속에서 컴퓨터와 인터넷은 여가·문화생활에서 빼놓을 수 없는 수단으로서 영화나 음악 감상, 게임 등의 여가활동이 인터넷을 통해 이루어지는 것이 보편화될 것이다. 미국의 해리스사가 33세 이상 2천여 명을 대상으로 조사한 결과에 따르면 이미 가정에서 컴퓨터를 사용하고 있는 사람 중의 61%는 PC를 오디오보다 더 중요한 가정용 엔터테인먼트 기기로 생각하고 있었고, 43%는 TV보다 더 중요하다고 생각하고 있었다.

주거공간의 정보화 실현

우리나라는 IMF 이후 미분양 아파트의 누적으로 침체된 경기를 회복시키는 주택정책이 필요했다. 1999년 정부의 '초고속 정보통신건물 인증제도' 도입을 계기로 초고속 통신망을 기본으로 한 본격적인 첨단주택들이 개발되었고 건설회사들마다 사이버 아파트, 인터넷 아파트, 정보통신 아파트 등의 다양한 명칭으로 신규 아파트를 분양하기 시작했다. 2000년부터는 아파트 내의 초고속 정보통신망의 설치와 더불어 근거리 통신망(LAN)을 구축하여 거주자들에게 단지 홈페이지, 지역정보, 아파트관리 등의 각종 서비스를 제공하는 사이버 커뮤니티(cyber community)를 형성하는 데 초점을 맞춘 정보화 아파트가 개발되어 공급되었다.

이후 정보화 아파트보다 한 단계 더 발전된 형태로 인텔리전트 아파트 (Intelligent Apt.)가 등장하였는데 이는 정보화 아파트에 구축된 인터넷 이용 환경을 기반으로 홈 오토메이션(home automation) 시스템과 홈 네트워크 (home network) 환경을 구비하여 주거의 정보화, 편리성, 쾌적성, 안전성, 오락성 등의 주거성능을 증진시키게 되었다(그림 14-3).

최근 정보통신부에서는 차세대핵심성장산업육성의 일환으로 2007년까지 2조원을 투자해 1,000만 가구에 디지털 홈(digital home)을 구축한다고 발표한 바 있다.

디지털 홈은 가정 내 정보가전을 하나의 네트워크로 묶어 거주자 특성과 요

구에 따라 누구나 기기, 시간, 장소에 구애받지 않고 편리하게 이용할 수 있
도록 하는 미래지향적 가정환경으로서 PDA, TV, 에어컨, 냉장고 등을 원격
으로 조정하는 시스템을 말한다(그림 14-4).

미래의 디지털 홈은 다양한 IT, 디지털 기술이 건축공간에 실현될 수 있도
록 초고속정보통신망, 홈 네트워크, 홈 오토메이션 등의 관련 기술계획과 공

그림 14-3 | 홈 오토메이션
시스템을 갖추어 한층 더 지
능이 높아진 인텔리전트 아
파트(자료 : 주택저널, 2002
년 1월호)

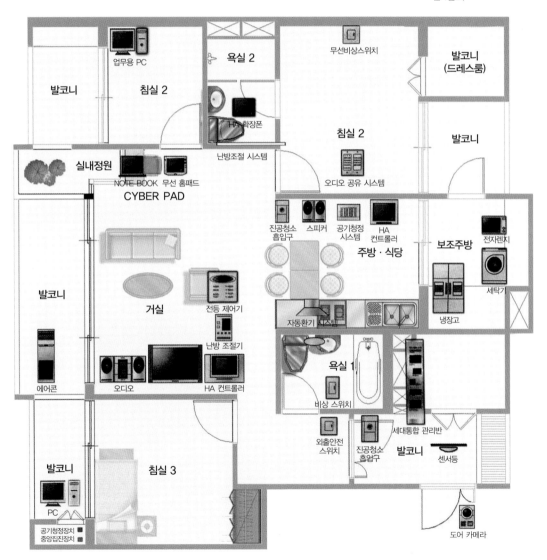

인텔리전트 아파트의 주요기능

① **업무용 PC 공간** : 재택근무자는 PC를 통해 회사에 나가지 않고도, 네트워크 기능을 통해 업무를 수행할 수 있다.

② **난방조절 시스템** : 난방조절기를 이용하여 각 실의 난방관리를 효율적으로 하고 에너지도 절감할 수 있다.

③ **무선 홈패드(cyber pad)** : HA 시스템이나, 각종 사이버 기능을 조절할 수 있는 사이버 패드는 가족 모두가 인터넷을 즐길 수 있는 공간으로 활용된다. 또한 무선 LAN을 이용하여 세대 어디에서나 인터넷도 즐기고 TV 시청과 세대 내 HA 시스템도 운용하는 단말기이다. 무선 홈패드를 통해 집안 구석구석을 볼 수 있다.

④ **원격검침** : 주거공간에 설치된 디지털 계량기로 검침원 없이 별도의 통신매체를 이용하여 전력, 수도, 온수, 가스, 난방의 사용량을 세대 내 또는 관리사무소에서 검침하는 시스템으로 정확한 계량과 자동검침이 가능하다.

⑤ **진공청소** : 각 실의 출입구에 청소 호스를 연결시켜 사용하는 가사노동 절감 시스템이다.

⑥ **HA 컨트롤러** : 가정 내 각종 기기들을 통합 제어하고 생활환경을 자동으로 관리하는 단말기이다. 거주자가 선택한 조건에 따라 냉·난방 시스템, 조명장치, 시큐리티시스템 등이 자동으로 조절되며 엔터테인먼트나 가사생활, 건강생활 시스템을 지원한다.

⑦ **오디오 공유** : 하나의 오디오 설치로 각 방에서 음악을 들을 수 있는 첨단기기다.

⑧ **가전제어** : 전력선을 이용하여 별도의 추가 배선 없이 가전제품을 제어하는 기술로 전자제품을 구입하여 전원만 연결시키면 컴퓨터로 조정이 가능하다. 세탁기, 에어컨, 전자레인지, 냉장고 등을 제어하고 음성인식 시스템 등의 기능을 갖추고 있다.

⑨ **자동 환기 시스템, 공기청정 시스템** : 음식냄새 배출 시 신선한 외기가 공급되어 쾌적한 환경을 유지하고 가스누출 감지 시 자동 작동하는 시스템이다. 문을 열면 자동 환기 시스템의 작동으로 공기순환이 된다. 세대 내의 공기를 환기시켜 항상 쾌적한 실내 환경을 조성하며 전열 교환기가 내장된 에너지 절약 시스템이다. 각 실의 공기정화작용역할도 담당한다.

⑩ **세대통합관리반** : 세대에 들어오는 전기·통신·TV 등을 한쪽으로 집중시키고 홈 네트워크를 위한 각종 제어장비를 설치하여 조종할 수 있다. 향후 통신환경의 변화에 대처할 수 있는 신개념 주택설비로 인텔리전트 아파트의 핵심이다. 거주자는 개인 아이디를 부여받고, 이를 통해 밖에서도 집안을 관리할 수 있다.

간계획, 설비계획, 시공계획 등과 같은 건축계획이 유기적·종합적으로 수행되어야 한다.

앞으로도 우리나라는 세계 최고의 정보 인프라 보유와 최초의 사이버 아파트 상용화라는 기술의 축적에 힘입어 주거공간의 정보화는 지속적으로 발전하며 미래의 주생활 패턴을 바꾸어 나갈 것이다.

예를 들어, 미래의 주택은 병이 나면 가벼운 자가치료나 정기검진의 자가화가 가능하고 집안에서 진료기관과 연계도 보편화될 것이다. 저렴한 가격으로 가정 내의 자가검진기를 이용해 정기적으로 건강을 체크함으로써 큰 병을 조기 발견하거나 병세의 치유 정도에 따라 자가치료를 할 수 있는 홈 호스피탈 장치도 설치될 수 있다(박학길, 2000). 화장실에는 체중계, 혈압계, 체온계

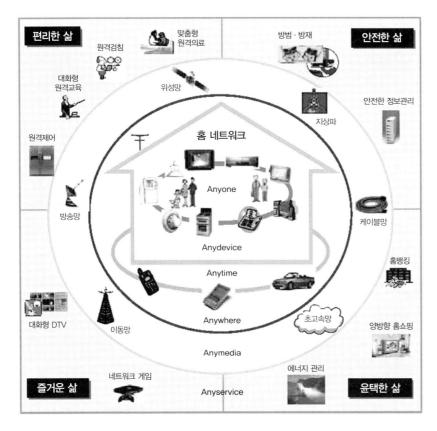

그림 14-4 ㅣ 디지털 홈의 개요(자료 : 정보통신부, 2003년 5월, Digital Life 실현을 위한 Digital Home 구축계획)

원격진료·첨단방범·애완동물 돌보기…

똑똑해진 디지털아파트

리모컨이나 휴대폰으로 집안의 불을 켜거나 가전기기를 작동시키는 수준이던 '디지털 아파트'가 진화를 거듭하고 있다. 건설업체들은 최근 원격 의료 진료시스템과 첨단 방범시스템은 물론 애완동물 돌보기까지 디지털로 해결할 수 있는 첨단 '토털 홈 네트워크 시스템'을 앞다퉈 개발하고 있다.

중견 건설업체인 동문건설은 11일 자체 홈 네트워크 브랜드인 '트 네트'를 출시했다. 이 시스템은 거실 관리, 원격 검침 기능에다 주방·거실·침실에 설치된 산소·음이온 발생기, 공기청정기를 통해 실내 탈취·유해화학 성분을 제거하는 기능을 갖췄다. 특히 혈압·맥박·혈당수치·체온을 측정하는 센서가 달린 화장실 비데도 개발, 입주자들의 건강 관리 기능을 추가할 예정이다. 센서가 수집한 각종 데이터를 인터넷 이메일을 통해 병원으로 전송하면 전담 의사가 검토하는 방식이다. 동문건설은 내년에 입주하는 파주 동문 굿모닝힐 3000여가구에 이 시스템을 설치하는 것을 시작으로 화성 안녕리, 구리 인창지구 등 앞으로 분양하는 단지들에 차례로 적용할 계획이다.

LG건설은 최근 원격으로 개나 고양이 같은 애완동물을 관리해주는 '펫 케어링' 서비스를 개발했다. 이 서비스는 출장이나 여행을 갔을 경우 인터넷으로 접속한 뒤 사료 버튼을 눌러 애완동물에게 먹이를 주고, 사료 배급 기계에 장착된 카메라를 통해 애완동물이 노는 보습도 확인할 수 있다. LG 건설은 앞으로 짓는 모든 아파트에 홈 네트워크의 기반이 되는 1기가급 광통신망을 설치할 계획이다. LG건설 김용한 주택사업본부장은 "그동안 일부 고급 주상복합아파트에만 한정 공급했던 홈 네트워크 시스템을 일반 아파트에도 확대 보급할 계획"이라고 말했다.

LG건설이 지은 '방배 자이' 아파트 입주자가 홈 네트워크를 이용해 이웃과 화상통화를 하고 있다.

불켜기등 단순기능서 한단계 업그레이드
고급 주상복합서 일반아파트까지 확산

대림산업도 앞으로 인터넷을 통해 건강 상담과 정기 검진이 가능한 원격 영상의료시스템을 개발, 신규 분양하는 아파트에 설치할 예정이다.

삼성물산은 삼성전자·삼성의료원·삼성에버랜드가 제휴를 맺고 언제 어디서나 엔터테인먼트·의료·레저 서비스를 제공받을 수 있는 '유비쿼터스 시스템'을 개발, 올해부터 시범 단지를 운영할 예정이다. 내집마련정보사 김영진 사장은 "소비자들의 수준이 높아지고 삶의 질에 대한 욕구가 커지면서 웰빙 아파트나 디지털 아파트 등 소비자들의 기호에 맞는 아파트를 개발하려는 건설사들의 경쟁이 갈수록 치열해질 것"이라고 말했다.

동문건설이 11일 개발한 홈 네트워크 시스템 '트네트' 시연회를 가졌다. 이 시스템은 휴대폰이나 인터넷으로 디지털 가전기기를 작동시킬 뿐만 아니라 원격진료도 가능하다.

방상수기자 ssbang@chosun.com

등이 필수품이 되고 더 나아가 소형 패키지화된 자가건강진단 시스템으로 스스로 건강진단을 하고 TV나 전화와 연결된 비디오폰이 장착되어 의사를 직접 찾지 않은 채로 진단과 상담이 가능해질 것이다. 이러한 건강관리 및 의료시스템은 특히 노인층이나 신체장애인 계층을 위한 주택에 좀 더 폭넓게 채택될 것이다. 직장인에게는 집 밖에서도 집 안의 상태를 점검할 수 있어 집안에 도둑이 들거나 가스레인지를 켜 놓고 출근하지 않았나 하는 걱정 등을 덜수 있게 될 것이다.

그러나 이러한 첨단의 정보통신기술이 주거공간에 도입되었을 때 가정생활이 과연 긍정적인 면으로만 변화될 것인가는 앞으로 주목해 보아야 할 일이다. 아마도 수요자 중심으로 수요자 특성에 맞는 차별화된 서비스 공급으로 기능성을 향상시키고 비용을 절감하는 방안이 얼마나 현실화되는가가 주거공간의 정보화 실현의 성패를 좌우할 것이다.

정보화 기술이 구현된 주택이 인간에게 미치는 영향

가정기기와 인터넷이 공유되고 이들을 내외부에서 제어하고 모니터링할 수 있는 최첨단 주택은 우리의 주거생활을 보다 풍부하고 편리하고 즐겁고 행복하게 만들 수 있는 것이 사실이다. 그러나 이러한 주택을 받아들이는 데는 어느 정도의 시간의 흐름이 요구되며 개인·가정마다 받아들이는 정도에도 차이가 있는 것이다. 주택이 기계에 의해 전자동으로 각종 기능을 수행하기 위해서는 주택의 구조, 건축적 계획이나 배치 그리고 지리적 위치에도 영향을 미치게 된다는 점과 주택의 기계화에서 파생되는 역기능에 대해서 항시 염두에 두어야 할 것이다.

주거의 성보화가 가정이나 개개인에게 미칠 수 있는 긍정적 혹은 부정적 영향에 대해 정리해보면 다음과 같다.

집 전화(家電話) 시대에서 개인 전화(個電話) 시대로 전환

이제까지 전화는 한 가정을 단위로 속해 있었던 시대였으나 앞으로는 네트워크를 기반으로 커뮤니티를 형성하여 사이버 상에서의 사회적 관계를 형성할 것이다. 최첨단 정보통신 주택에서는 전화가 한 가정에 속하는 것이 아니라 개개인에게 속하여 일종의 컴퓨터 단말장치와 같이 정보의 수립·전달·검색 등의 다기능을 수행한다. 이러한 개인전화 경향은 주부들에게 가사의 편리성과 자동화를 촉진시키고 특히 노인이나 장애자의 경우에도 비상연락망 구축, 타인의 인적 도움 없이도 긴급 상황에 대비, 가전기기 조작의 간편화 등이 이루어져 좀 더 자립적인 생활을 가능케 해준다.

거주자의 생활 패턴의 구속 가능성

대형 건설회사가 주도한 ISP에 의해 제공되는 인터넷 부가서비스는 자칫 거주자의 라이프스타일을 획일화시키고 구속할 수도 있다(임미숙, 2003). 많은 자회사들을 협력업체로 구성한 대기업이 주도하는 ISP 업체들은 독점적인 소비자망을 형성하는 방향으로 디지털 홈을 활용할 수도 있기 때문이다.

정보의 빈부차 발생

현대사회의 무궁무진한 정보의 홍수 속에서 많은 정보가 거의 일방적이며 강제적으로 보내져 수신자 입장에서 볼 때 정보검색만 해도 엄청난 시간을 소모하고 무엇이 자신에게 필요한 정보인가를 판단하고 수신 범위를 명확히 하는 것도 상당히 어려운 과정이다. 그러나 무언가 필요한 정보를 놓치지 않을까 하는 일종의 '정보 폐소(閉訴) 공포증'이 생길 수도 있다.

따라서 주어지는 정보를 체계적으로 정리·이용할 능력이 있는 사람은 컴퓨터 지능이 투입되어 풍부한 정보가 제공되는 생활 속에서 점점 더 삶의 질을 높여 나가며 그렇지 못한 사람과 정보의 빈부차를 더욱 더 넓혀 나가게 될 것이다. 이러한 정보의 빈부차는 통신기기를 사용할 수 있는 사람과 없는 사람, 통신설비의 접근이 가능한 지역과 가능하지 않는 지역, 더 나아가 국가간에도 나타날 수 있다.

앞으로 중대형 아파트 거주자는 인프라 구축이 용이한 인터넷 이용환경을 통해 개인의 정보화가 용이해지고 각종의 생활 서비스를 제공받게 되나, 소비수준이 낮아 디지털 아파트 건설업체들에게 관심 밖의 대상이 되고 있는 소형 임대아파트는 정보화 아파트로 개발되기가 어려워 거주기피 현상이나 슬럼화가 될 가능성이 높다(임미숙, 2003). 이러한 아파트에 거주하는 아동, 청소년, 노인, 장애인 등은 더 쉽게 정보화 소외계층이 될 수 있는 것이다.

여성 활동 영역의 증대

홈오토메이션 시스템에 의한 가사의 효율성 증대로 여성을 가정에 구속시키지 않고 사회진출을 할 수 있는 가능성이 커졌다. 특히 인터넷 이용환경의 구축과 재택근무의 용이성은 주부의 취업 가능성을 높였으나 가정에서 가사일과 직장업무를 함께 처리하는 일로 오히려 여성의 스트레스를 증대시킬 수도 있다. 또한 이제껏 여성이 담당해왔던 가사일에 많은 부분이 홈오토메이션 시스템으로 대체되기도 하고 홈 네트워크를 통해 외부에서 각종 서비스를 제공받기도 하나 어떠한 서비스를 선택해야 하는가와 이를 관리하는 문제는 여전히 여성의 역할로 남을 것으로 예상된다.

소외와 고독감의 증대

주택에 디지털 기술을 첨가하는 것은 주생활의 효율성 증대로 나머지 시간을 보다 인간적으로 사용하기 위한 수단으로서 도입된 것이다. 그러나 인간이 첨단기계 사용에 너무 몰두한다면, 예를 들면 커다란 모니터가 벽 전체를 차지하고 그곳을 통해 가상현실과 만나고 화상통신만 즐기면서 밖에는 나가지도 않고 모든 일상생활에서 발생하는 업무를 주택 내에서 처리하고 다른 사람들과의 인간적 접촉을 필요로 하지 않게 된다면 지능이 있는 주택은 오히려 주택의 본질에서 벗어나 우리의 삶을 오히려 더 삭막하게 할 수도 있다.

앞으로 컴퓨터 사용자는 점점 더 증가할 것이고 전자 · 정보 · 통신기술은 더 혁신적으로 발달할 것이고 반면에 에너지 위기는 지속될 것이며 집을 모든 종류의 활동 중심지로 여기는 의식은 더욱 더 증대할 것이라고 볼 때, 최첨단 정보통신 기술이 구현된 주택이 우리가 꿈꿔왔던 유토피아로서 주거생활의 많은 변화와 함께 발전해 나갈 수도 있을 것이다. 그러나 지극히 편리성만 추구하는 주거문화는 인간소외와 극단적인 개인주의의 만연을 야기할 수 있으며 우리의 전통문화도 도외시될 가능성이 크다. 특히, 홈 오토메이션 시스템에 의해 일상생활이 모두 처리된다면 이는 오히려 비인간적이고 가족간의 접촉을 저해시키는 부작용을 낳게 될 것이다.

최근 몇몇 조사에 따르면(Levy and Nylund, 2000; Industrifakta, 2001) 인터넷을 이용한 주택의 조절보다는 이웃의 존재, 자연과의 가까움, 넓은 공간, 환경친화적이고 에너지 절약적인 것과 같은 요소들에 사람들이 더 흥미를 느낀다는 것이 밝혀졌다. 건강, 자유, 가족, 우정과 같은 감정적인 개념들은 기술발달에 의한 기능성보다 더 소중하다. 결국 주택이 인간의 생활과 본질을 담지 못한다면 주택으로서 그 역할을 충분히 해낼 수 없다. 주택에서의 첨단기술의 도입은 쾌적한 주생활을 위한 수단일 뿐이지 목적이 될 수는 없는 것이다. 주택은 시대를 막론하고 바람직한 가족관계와 인간관계 형성을 위한 접근이 이루어져야 한다.

미래의 도시와 주거

산업혁명 이래 도시는 계속적인 성장을 거듭하여 왔으며 현재 세계인구의 반 정도가 도시에서 살고 있다. 그러나 미래에도 이와 같은 성장을 계속할 것인가에 대해서는 학자들 사이에서는 비관적 예측과 낙관적 예측이 모두 나타나고 있다. 앞으로 도시의 미래가 어떻게 변화할 것인가를 예측하는 것은 어려운 일이다. 분명한 것은 도시의 미래는 도시가 직면한 여러 가지 문제점들을 해결하기 위한 인간의 노력에 달려 있다는 것이다. 따라서 도시가 안고 있는 문제점을 극복하기 위하여 미래도시를 위한 다양한 개발이 구상되고 있다.

지하도시의 개발

20세기에 들어 도시가 점차 비대해지면서 지상의 공간부족이 심화되자 일부 기능을 지하에서 처리하는 방법이 모색되기 시작했으며 인류가 적극적으로 지하공간을 개발하는 계기가 되었다. 지금까지 지하공간의 개발은 개인 건물의 지하층 건설과 같은 개인이용 시설과 공공을 위한 교통, 복지, 문화 공간으로 이용되어왔다. 그러나 이러한 시설들이 주변의 지하철, 지하상가, 지하보도 등과 직접적으로 연결될 필요성이 높아지면서 지하공간의 개발은 지하도시를 구축한다는 개념으로 발전하게 되었다.

21세기에 들어서면서 지하도시의 개발은 상상 속의 이야기가 아닌 현실로 구체화하고자 하는 움직임이 나라마다 활발히 나타나고 있다. 지하공간은 어둡고 칙칙한 곳이라는 인상을 갖기 쉽지만 사실 21세기의 광케이블 기술을 이용하면 지상과 다름없는 밝기를 가질 수 있다. 지하는 전파의 방해나 날씨의 변화가 없어 컴퓨터나 반도체 생산업체, 생물공학기업들의 작업장으로 적당하다. 또한 지상보다 소음이 적고 음향효과도 뛰어나고 도시의 하수처리장이나 쓰레기 소각장등을 만들기에도 적당하다. 단지 하늘과 태양을 볼 수 없어 심리적으로 밀폐된 느낌을 지울 수 없다는 단점이 여전히 존재한다.

일본의 경우 오래 전부터 지하공간을 우주와 해양에 이은 제 3의 미개척지로 간주하고 연구와 실험을 계속하고 있다. 통산성 산하 산업과학기술청이 중심이 되어 지하 50m 하부에 돔형 지하도시를 개발하는 내용의 지오프런트 계획이 추진되고 있다. 이 계획의 일부인 '지오 그리드' 계획은 지하 40~50m 아래에 격자무늬식으로 흩어진 지하 거점을 하나로 연결해 도시의 개념을 구현한다는 것으로 일본 왕궁을 중심으로 반지름 20km에 10여 개의 대형 지하공간을 건설하고 이들 거점을 지하철 등 교통수단으로 연결한다는 구상이다.

현재까지 실용화된 가장 큰 지하공간은 미국의 캔사스 주에 있는데, 이곳은 약 5백만 평의 규모이고 이중 약 70만 평은 도로와 저장창고로 사용하고 있고 이로 인해 약 30%의 에너지 절감효과를 내고 있다. 북유럽에서도 추운 날씨조건 때문에 일찍부터 지하공간을 이용해왔는데 주로 발전소, 하수처리장, 군사비축기지, 도서관, 스포츠 센터, 문화시설과 같은 공공시설 등이 설치되고 있다.

우리나라의 경우에도 이미 지상공간의 이용이 포화상태에 이른 대도시를 중심으로 지하공간 개발에 관심이 쏠리고 있다. "반도체 연구원인 L씨는 천안에서 고속전철을 타고 서울역에 도착하여 엘리베이터를 타고 지하 100m로 내려갔다. 엘리베이터 문이 열리자 지상과 같은 밝기의 지하도시가 모습을 드러냈다. 이 도시는 광섬유와 특수 대형 렌즈를 통해 채집된 태양빛으로 조명을 한다. L씨는 이곳 지하역사에서 경전철로 갈아타고 서울 교외에 있는 연구소로 출근했다. L씨가 도착한 곳은 연구소 표지판만 서 있을 뿐 지상에는 6홀짜리 공영 골프 코스만이 보인다. L씨가 클럽하우스에서 초고속 엘리베이터를 타고 지하로 200m 가량 내려가자 우주선 기지 같은 연구소가 나타났다. 이곳은 초정밀 반도체를 연구·생산하는 지하단지이다. 지상과 달리 먼지 소음, 전자파 등을 완벽히 차단해 지상에서 10%에도 못 미치는 갈륨비소 1C기판의 제품 생산율을 90%까지 끌어올리고 있다." 공상과학소설 같은 이 이야기는 국내 모 건설회사가 구상 중인 지하도시 '지오네스 시티'의 모습이다. 지오네스 시티는 서울 남대문 일대를 중심으로 한 지하복합도시로 시청앞, 남대문, 서울역, 잠실, 신촌, 청량리 등 도심과 부도심, 지하철 역세

권 등 21곳에 첨단정보, 상업, 업무, 레저 시설을 갖춘 대규모 지하도시를 건설하는 내용이 포함되어 있다. 광화문과 남대문을 잇는 도심지역에 지하 5층 규모의 지하광장을 조성하고 지하 순환도로를 건설하여 지하공간 내에서의 순환교통 체계를 갖추도록 계획되고 있다.

해양도시의 개발

바다는 제 2의 국토로서 지구규모에서 보면 해양은 육지면적의 약 2.5배이고, 부피는 약 10배가 크다. 따라서 해양은 육상공간의 과밀화를 해소하여 제 2의 인간의 거주공간을 만들 수 있는 무한한 개발 영역을 갖추고 있다. 21세기에 들어 해양개발은 지구에서 충당할 수 없는 주거지, 식량, 에너지를 확보할 수 있는 방안으로 선진국에서는 이미 해양개발의 중요성을 인식하고 이에 대한 관심을 기울이고 연구와 개발을 시도하고 있다.

일본에서는 1980년대부터 해양개발에 큰 관심을 두고 각 지방자치단체가 솔선하여 독자적인 해양개발을 구상해왔다. 일본은 바다 위에 인공섬을 이용하여 주택과 사무실, 호텔, 레저 시설 등을 건설하여 안전하고 쾌적한 해양도시가 창출하고 있다. 해상 주택도시의 개발개념은 사람과 자연과의 공존, 또한 해양을 쾌적하게 이용하는 데 있다. 바다의 생태계를 파괴하지 않는 에너지, 정화 시스템을 갖추고 발전, 성장해 나간다는 것이다.

최근 들어 우리나라에서도 해양개발 및 해양건축에 대한 관심이 증가되고 있다. 해안의 매립이나 인공섬을 만들어 항만, 공항시설을 건설하고 해양도시를 개발하려는 것이다. 또한 해안에 인접한 넓은 대지 위에 정보통신 인프라가 구축된 텔레포트의 건설이 국가적 관심을 끌고 있으며, 해양박물관이나 등대와 같은 해양건축물들이 설계되고 건설될 계획을 갖고 있다(이한석, 1998).

그러나 바다속의 환경은 여러 가지 장애가 많다. 물 속에서는 전자파가 이동하지 못하기 때문에 무전기와 같은 통신수단을 사용하지 못한다. 돌고래가 사용하는 초음파가 이용될 수 있으나 이를 인간의 음역으로 바꿀 수 있는 장치가 아직까지 고안되지 못하고 있다.

우주도시의 개발

우주개발은 미국을 중심으로 활발히 진행되고 있다. 미국의 항공우주국(NASA)은 21세기 화성유인 탐험이 끝나면 지구 주변에 '우주 식민지(space colony)'라고 불리는 우주도시를 건설할 계획이다. 우주 식민지의 위치는 지구와 달의 중력이 균형을 이루는 궤도상에 건설될 것이며, 대부분의 기술적 실험은 이미 끝난 상태이다. 우주도시의 건설은 우주 왕복선이 운반하는 여러 개의 모듈로 구성될 것이며 이것은 계속적으로 추가될 수 있는 형태이다. 우주 식민지에는 지구와 같은 환경이 복제될 것이며 1만여 명의 사람들이 거주하게 될 것으로 예상하고 있다. 우주 식민지는 지구에서 가져간 각종 곡물 및 야채 등이 직접 재배된다. 완전 멸균된 환경에서 생활하기 때문에 해충이나 전염병 등의 질병으로 인한 피해는 존재하지 않는다. 지구의 원조 없이 자급자족이 가능하도록 구상되고 있다.

또한 화성을 제 2의 지구로 개조하려는 계획도 구상 중이다. 화성에는 지구와 같은 대기가 만들어질 것이며 각종 식물과 동물들이 사육될 것이다. 화성의 붉은 대지는 점차 녹색으로 변화될 것이고 많은 사람들이 지구로부터 이주하여 생활하게 될 것이다.

인간에게 있어서 주거는 언제나 편히 쉴 수 있고 돌아갈 수 있는 고향과 같은 장소이다. 우리의 안식처인 주거는 거대한 도시의 일부분이며 어느덧 인간은 도시를 떠나서는 살 수 없는 존재가 되어가고 있다. 원하든 원하지 않던 간에 인간이 도시에서 살아가야 한다면 보다 나은 도시의 건설이 우리에게 주어진 과제일 것이다. 현재의 도시는 주택, 식량, 교통 문제뿐 아니라 대기오염, 쓰레기 문제 등의 심각한 환경문제와 정치 사회적 문제로 위기를 맞고 있으며 이러한 문제들을 해결하기 위해 여러 가지 구상들이 계획되고 있다. 21세기를 맞이하는 현 시점에서 우리나라도 우리에게 적합한 미래의 주거와 도시에 대한 구체적인 논의가 이루어져야 할 것이다.

생각해 볼 문제

1. 미래의 주거가 어떠한 모습으로 변화될지 생각해 보고 변화를 주도할 요인들에 대해 생각해 보자.

2. 급속히 발전해가고 있는 정보통신기술이 우리의 주생활을 윤택하게 만드는 데 어떻게 기여할 것인지 생각해 보자.

3. 미래의 주택을 주제로 한 주택전시관을 견학하고 미래 주거공간에서 진정으로 필요한 요소들이 무엇일까 생각해 보자.

4. 각 가족구성원별로 어떤 종류와 수준의 홈 오토메이션 시스템이 우리 가정에 도입되기를 원하는지 알아보자.

읽어보면 좋은 책

1. 이연숙 편(2003). 한국인의 삶과 미래주택, 연세대학교 출판부.
2. 한국전산원(2000, 2001, 2002, 2003). 국가정보화백서, 한국전산원.
3. 주택저널(2000.1). 특집 새천년주택 이렇게 바뀐다.
4. 현대주택(2000.2). 전망-인텔리전트 아파트-첨단기술이 빚어낸 똑똑한 아파트.

참고문헌

국내

- 강대기(1990). 현대도시론, 민음사.
- 강선중(1986). 농촌자연마을의 보편적 구조, 건축과 환경, 5월호, 21-28.
- 강영환(2002). 새로 쓰는 한국주거문화의 역사, 기문당.
- 강인호(1997). 주거단지계획과 도시 공동체, 주택 제 58집.
- 경실련 도시개혁센터(1997). 시민의 도시, 한울.
- 공동주택연구회(1999). 한국공동주택계획의 역사
- 공동주택연구회(2000). 도시집합주택의 계획 11+44, 발언.
- 공동주택연구회(2001). 한국 공동주택계획의 역사, 세진사.
- 국토연구원 엮음(2002). 세계의 도시, 도시계획가가 본 베스트 53, 한울.
- 권오정 · 하해화(2000). 주택욕실의 사례분석에 따른 유니버설 디자인 적용방안, 건국 대학교 생활 · 문화 · 예술 논집, 23집, pp.5-28.
- 김광현(1995). 삼성 주택 생활체험관 관련 〈주거론〉 연구용역보고서.
- 김대년 외(1995). 여성의 삶과 공간환경, 한울아카데미.
- 김선재(1987) 한국 근대도시 주택의 변천에 관한 연구, 서울대학교대학원 석사학위 논문.
- 김수임(1997). 환경친화적 건축의 계획과 설계, 건축 41권 12호, 대한건축학회, pp.28-35.
- 김영섭(1998). 청송재 · 능소헌, 이상건축, 9803, pp.32-40.
- 김용미(1985). 한국농촌마을의 건축적 질서에 관한 연구. 서울대학교대학원 석사학위 논문.
- 김철수(1996). 단지계획, 기문당.

- 김태곤(1987). **한국민간신앙연구**, 집문당.
- 김현수(1997). 생태도시의 실현을 위한 기반기술의 개발, **건축** 41권 12호, 대한건축학회, pp.48-54.
- 김혜정(2002). 초고층 건축에 관한 한국인 의식조사, 한국 초고층건축 포럼.
- 김홍식(1992). **한국의 민가**, 한길사.
- Null, R.L. & Cherry, K.(1996), 이연숙 연구실 편역(1999). **유니버설 디자인**, 태림문화사.
- 다카다 미츠오(1995). 적층집주공간의 계획수법에 관한 연구, **연구연보** n.22, 주택종합연구재단
- 대한국토도시계획학회(2000). 살고 싶은 도시 만들기-지속가능한 도시대상.
- 대한주택공사 주택연구소(1996), 환경친화형 주거단지 모델 개발에 관한 연구, p.14.
- 대한주택공사 주택연구소(2000). 공동주택단지 리모델링 방안 연구 보고서.
- 대한주택공사(1979). **주택단지총람 '54-'70**.
- 대한주택공사(2002). **주공 40년**.
- 동아일보사(1978). **사진으로 보는 한국 백년**.
- 류중석(1995). 초고층주상복합건물의 도시공간적 역할, **이상건축**, 1995년 10월호, pp.118-121.
- 문영미(1996). **새벽의 집**, 도서출판 보리.
- 박경옥(2000). 확대가족으로 성장하는 마을 유코트, **세계의 코하우징**, 교문사 pp.166-180.
- 박광재(1998). 집합주거단지의 공간질서와 계획기법 연구, 건국대학교 박사학위논문.
- 박명덕(1991). 영남지방 동족마을의 분파형태와 건축특성에 관한 연구, 홍익대학교 대학원 박사학위논문.
- 박용남 지음(2000). **꿈의 도시 꾸리찌바, 재미와 장난이 만든 생태도시 이야기**, 이후.
- 박정아(2000). 유니버설 디자인 환경 및 제품의 디자인 특성 분석 연구: 주생활 공간 및 제품을 중심으로, 연세대학교 대학원 박사학위논문.
- 박철수(1999.6). 주상복합건물, 도심주거의 새로운 유형, 건축문화.
- 박학길(2000.1). 새천년주택, 이렇게 바뀐다: 기능의 변화-사이버공간 실현으로 사무기능 강화된 주거공간, pp.42-43.
- Sandstrom. G.(2003). 스웨덴의 미래주택, **한국인의 삶과 미래주택**, pp.192-207, 연세대학교 출판부
- 서울시정개발연구원(2000). 마을도시 도시계획의 실험, 마을만들기: 사례와 시사점,

서울시정개발연구소.

- 서울특별시 편(1979). **서울 600년사** 제3권.
- 서울특별시 편(1984). **사진으로 보는 서울 백년.**
- 손세관(1995). 북경의 주택, 열화당미술문고.
- 손세관(2002). **깊게 본 중국의 주택,** 열화당미술책방.
- 승효상(1993). 학동 수졸당, PLUS 9307, pp.144-151.
- 신경주 · 장상옥(2001). 유니버설 디자인 욕실로의 개조, 한양대학교 한국생활과학연구, 제19호, pp.53-69.
- 신혜경(1995). 여성의 역할변화를 수용하는 주거 및 도시계획, **여성의 삶과 공간환경,** 한울아카데미.
- 심재현(2003.6). **주상복합건축의 가능성,** 정림포럼.
- 아모스 로포포트, 송보영 · 최영식 공역(1985). **주거형태와 문화,** 태림문화사.
- 엘던아이즈먼(2003). 가비오 따스(세상을 다시 창조하는 마을), 도서출판 월간 말.
- 엘리시스키(1994). **러시아: 세계혁명을 위한 건축,** 세진사.
- 연세대학교 주생활학과 동창회 편. **한국주택자료집.**
- **월간 현대주택**(1998). 해방에서 90년대까지, 주거생활 반세기 이렇게 살아왔다
- 유호천 · 이시욱 · 심기용(2002.10.). 친환경 건축물의 에너지 절약요소에 관한 연구, 한국태양에너지학회 발표논문집.
- 윤복자 외(2000). **세계의 주거문화,** 신광출판사.
- 윤세한(2003.11). 주상복합의 공유공간 설계와 가족공동체 주거문화, 한국가족학회 추계학술대회.
- 윤정숙 · 김선중(2000.9). 대림 아크로빌의 입주후 거주성 평가, 연구보고서.
- 이경희(1996). 주거문화와 여성, **한국여성학** 12권 2호, 한국여성학회.
- 이규인(2003). **세계의 테마형 도시집합주택,** 발언.
- 이규인(2003), 한국의 환경친화형 주택사례, 연세대학교 밀레니엄 환경디자인연구소, **친환경공간디자인,** 연세대학교 출판부, pp.222-223.
- 이동근(1997). 도시의 환경친화성 기술, **건축** 41권12호, 대한건축학회, pp.36-47.
- 이연숙(1995). **미래주택과 공유공간,** 경춘사
- 이왕기 · 이일형 · 이승우 공역(1996). **세계의 민속주택,** 세진사.
- 이태구(2001). 자연과 인간이 공존하는 생태건축, 한국그린빌딩협의회 춘계학술강연회 논문집, pp.21-32.
- 임미숙(2003). 디지털 사회와 미래주택, **한국인의 삶과 미래주택,** 연세대학교 출판부,

pp.146-171.

- 임상채(2003). 디지털 홈 인증제도 추진현황, (사) IBS KOREA 디지털홈연구회.
- 임창복(2000). 서울지방 근대한옥의 공간분석연구, **성균관대학교 과학기술연구소 논문집** 51권, 2호.
- 장상옥 · 신경주(2002). 부엌공간의 유니버설 디자인 고찰, **한양대학교 한국생활과학연구**, 제20호, pp.189-204.
- 장성수(1995). 미래 주상복합건축-건설 배경과 공간의 대응전망, **건축문화** 9507, pp.167-169.
- 장임종(2002.12). 우리주변의 거주문화를 통해 본 주상복합 아파트, **건축**, 대한건축학회
- 전봉희 · 이광로(1991). 조선시대 씨족마을의 건축적 특성에 관한 연구, **대한건축학회 논문집**, 7(5), pp.37-44.
- 정기철(1990). 전통농촌마을의 공간구조에 대한 예술사회학적 시론, 윤장섭(편), **한국 건축사론**, 기문당, pp.337-373.
- 정은진(2002). 서울시 주상복합건물의 지역별 주거특성, 서울대학교 국토문제연구소.
- 주강현 · 장정룡(1993). **조선땅 마을지킴이**, 열화당.
- 주거학연구회(1999). **새로 쓰는 주거문화**, 교문사.
- 주거학연구회(2003). **친환경주거(자연과 더불어 사는 삶의 실천)**, 발언.
- 주민참여 도시 만들기 지원센터(2004). 주민 스스로 만드는 주민 도시 세미나집.
- 주택저널 편집팀(2000년 1월호). 21세기의 주거 어떻게 바뀔까-자연과 첨단 사무기능 어우러진 신개념 주거 출현, **주택저널**, pp.38-41.
- 村山智順, 최길성 옮김(1990). **朝鮮의 風水**. 민음사.
- 최재순 · 최정신(2003), 그린 라이프 만들기, 연세대학교 밀레니엄 환경디자인연구소, **친환경 공간디자인**, 연세대학교 출판부, pp.307-315.
- 최정신(2003). 덴마크 자치관리모델 노인용 코하우징의 디자인 특성, **대한가정학회논문집** 41(4), pp.1-19.
- 최정신 · 김대년 · 권오정 · 조명희(2000). 개발이념별로 본 스웨덴의 치매노인용 그룹홈, **대한건축학회 논문집 계획계**, 16(7), pp.21-30.
- 통계청(2002). 인구주택총조사 각 연도 및 장례인구추계, 장래가구추계.
- 피터 손더스, 김찬호 외 역(1998). **도시와 사회이론**, 한울 아카데미.
- 피터홀 지음, 임창호 옮김(2000). **내일의 도시**, 한울.
- 한겨레신문(1999.9.17.). 자연과 통합된 마을, p.17.

- 한국건축가협회(1994). **한국의 현대건축**, 기문당.
- 한국건축역사학회(1997). 마을의 민가 구성원리. '97 한일민가심포지엄.
- 한국보건사회연구원(2002). 사이버시대의 가족생활변화 실태조사.
- 한국여성개발연구원(2002). 제4차 여성의 취업실태조사.
- 한국전산원(2003). 국가정보화백서.
- 한국주거학회(2002). 공동주택단지 견학회, **한국주거학회** 2002년도 춘계견학회.
- 한동수 옮김(1994). **그림으로 보는 중국전통민가**, 발언.
- 한옥공간연구회(2004). **한옥의 공간문화**, 교문사.
- 한필원(1991). 농촌동족마을의 공간구조 특성과 변화연구, 서울대학교 대학원 박사학위논문.
- Hall, E.T., 김지명 역(1984). **숨겨진 차원**(Hidden Demension), 정음사.
- 홍형옥(1997, 2004). **한국주거사**, 민음사.
- 환경공생주택 추진협의회 편저(1998). **환경공생주택 A–Z**, (주)BIO CITY.
- 황희연 외(2002). **도시생태학과 도시공간구조**, 보성각.

국외

- Almberg, C.(1997). *Servicelagenheter och Gruppbostader, En utvardering nybyggda sarskilda boendeformer i Alingsås kommun*, Chalmers tekniska hogskola, Göteborg.
- Altman, I. and A. Churchman(1994). *Women and Environment*, Plenum.
- Clarkson, J., Coleman, R., Keates, S. & Lebbon, C.(Eds.)(2003). *Inclusive Design: Design for the Whole Population*, London: Springer.
- David Sucher(1995). *City Comforts, How to Build an Urban Village*, City Comforts Press, Seattle.
- Deardorff, C.J. & Birdsong, C.(2003). *Universal Design: Clarifying a common vocabulary*, Housing and Society, 30(2), pp.117–138.
- Dobkin, I. L. & Peterson, M. J.(1999). *Universal Interiors by Design: Gracious Spaces*, New York, N.Y.: McGraw–Hill.
- Duncan, J.(1982). *From Container of Women to Status Symbol, Housing and Identity*, ed. by James Duncan, New York, Holmes and Meier, pp.36–59.

- Duncan, J.(1985). *The House as Symbol of Social Structure, Home Environments*, ed. by Irwin Altman and C. M. Werner, New York, Plenum.
- Hausinformation im Hundertwasserhaus(2000). *Hundertwasser Haus, Beauty Appeal GesmbH.*
- Hayden, D.(1984). *Redesigning the American Dream*, New York, Norton.
- Imrie, R. & Hall, P.(2001). *Inclusive Design: Designing and developing accessible environments*, London: Spon Press.
- James W. Wentling(1999). *Housing by Lifestyle*, McGraw-Hill, Inc.
- Jean Jenger(2000). *Le Corbusier; Architect of a New Age*, Thames & Hudson Ltd,.
- Juan Jose Lahuerta, Pere Vivas, Ricard Pla(2001). *Casa Batllo*, Triangle Postals S. L.
- Leibrock, C. A. & Terry, J. E.(1999). *Beautiful Universal Design: A Vidual Guide*, New York, N.Y.: John Wiley and Sons, Inc.
- Leibrock, C. A. & Terry, J. E.(1999). *Beautiful Universal Design: A Vidual guide*, New York, N.Y.: John Wiley and Sons, Inc.
- Loyd, Bonnie(1982). *Women, Home and Status, Housing and Identity*, ed. by James Duncan, New York, Holmes and Meier, pp.181-197.
- Mace, R.(1998). *Universal design in housing*, Assistive Technology, 10(1), pp.21-28.
- McCamant, K. and Durrett, C.(1994). *Cohousing*, Berkeley, Ten Speed Press.
- Null, R.(2003). *Commentary on universal design.* Housing and Society, 30(2), pp.109-118.
- Regnier, V.(2002). *Design for Assisted Living: Guidelines for Housing The Physically And Mentally Frail*, New York, N.Y.: John Wiley and Sons, Inc.
- Riley, C. A.(1999). *High-Access Home: Design and decoration for barrier-free living.* New York, N.Y.: Rizzoli International Publications, Inc.
- Sapin, D.(1992). *Gendered Spaces*, The University of North Carolina Press.
- U.S. Department Housing and Urban Development & Steven Winter Association, Inc.(1996). *Home for Everyone: Universal Design Principles in Practice.*

- Watson, Sophie(1986). *Women and Housing or Feminist Housing Analysis?*, Housing Studies, 1-1, pp.1-7.
- Wolfe, M.(1985). *Community Group Homes*, Van Nostrand Reinhold Company.

인터넷 사이트

- http://adaptenvi.org
- http://blog.voiceofpeople.org
- http://design.ncsu.edu:8120/cud
- http://fcs.iastate.edu/udll
- http://karasu.net
- http://recycling.ats.go.kr(산업자원부 기술표준원 자연재활용기술개발센터)
- http://www.aarp.org/life/homedesign
- http://www.arick.or.kr
- http://www.arsvi.com
- http://www.countryhome.co.kr
- http://www.dcinside.com
- http://www.goldenvil.com
- http://www.greenkorea.org
- http://www.homemods.org
- http://www.kela.or.kr(환경마크협회)
- http://www.kict.re.kr/arch/shkim/image/eco/eco2-21.htm(한국건설기술연구원)
- http://www.ksu.edu/humec/atid/udf
- http://www.me.go.kr(환경부)
- http://www.mocie.go.kr(산업자원부)
- http://www.search.nso.go.kr/cgi-bin/search_SSDB/SearchR0.cgi
- http://www.seoul.go.kr
- http://www.sunoo.com/research/plan/2001-10-04.htm
- http://www.ur-net.go.jp

찾아보기

ㅈ

주거학연구회

강순주 건국대학교 예술문화대학 소비자 · 주거학과 교수
곽인숙 우석대학교 이공대학 주거인테리어디자인학과 교수
권오정 건국대학교 예술문화대학 소비자 · 주거학과 교수
김대년 서원대학교 조형예술학부 건축학과 교수
김선중 울산대학교 생활과학대학 주거환경학과 교수
박경옥 충북대학교 생활과학대학 주거환경 · 소비자학과 교수
박정희 목포대학교 생활과학부 아동청소년 · 주거학전공 교수
이경희 중앙대학교 생활과학대학 주거학과 교수
전남일 가톨릭대학교 생활과학부 소비자 · 주거학전공 교수
조재순 한국교원대 제3대학 가정교육과 교수
주서령 경희대학교 생활과학대학 주거환경전공 교수
최재순 인천대학교 자연과학대학 생활과학부 교수
최정신 가톨릭대학교 생활과학부 소비자 · 주거학전공 교수
홍형옥 경희대학교 생활과학대학 주거환경전공 교수

안팎에서 본 주거문화

2004년 8월 31일 초판 발행
2014년 8월 13일 8쇄 발행

저자   주거학연구회
발행인   류 제 동
발행처   ㈜ 教文社

주소   (우)413-756 경기도 파주시 교하읍 문발리
          출판문화정보산업단지 536-2
전화   031-955-6111(代)
팩스   031-955-0955
등록   1960. 10. 28. 제406-2006-000035호
홈페이지 www.kyomunsa.co.kr
E-mail   webmaster@kyomunsa.co.kr
ISBN   89-363-0707-X (93590)

＊잘못된 책은 바꿔드립니다.
값 20,000원